平面多配位碳化合物理论研究

郭谨昌 著

Theoretical Study on the
Compounds Containing Planar Hypercoordinate Carbons

化学工业出版社
·北京·

　　本书简要概述了四十多年来国际和国内在平面多配位碳化合物领域的研究进展，主要介绍了平面多配位碳化合物的概念、发展、稳定策略及应用策略预测的结构和性质等，重点总结了作者在平面多配位碳化合物理论研究方面取得的系列成果，包括金属烃平面多配位碳、平面多配位碳过渡金属夹心化合物、平面多配位碳金属链夹心化合物、平面多配位碳金属层夹心化合物、平面多配位碳超碱金属化合物、平面多配位其它原子化合物等。

　　本书可供高等院校及科研院所计算化学、无机化学等专业的本科生、研究生和相关领域科研工作者参考。

图书在版编目（CIP）数据

　　平面多配位碳化合物理论研究 / 郭谨昌著. —北京：
化学工业出版社，2017.12
　　ISBN 978-7-122-30937-2

　　Ⅰ.①平…　Ⅱ.①郭…　Ⅲ.①碳化合物-研究
Ⅳ.①O613.71

　　中国版本图书馆 CIP 数据核字（2017）第 272569 号

责任编辑：李晓红　　　　　　　　　　　　装帧设计：王晓宇
责任校对：王　静

出版发行：化学工业出版社（北京市东城区青年湖南街 13 号　邮政编码 100011）
印　　刷：三河市航远印刷有限公司
装　　订：三河市瞰发装订厂
710mm×1000mm　1/16　印张 10¾　字数 184 千字　2017 年 12 月北京第 1 版第 1 次印刷

购书咨询：010-64518888（传真：010-64519686）　　售后服务：010-64518899
网　　址：http://www.cip.com.cn
凡购买本书，如有缺损质量问题，本社销售中心负责调换。

定　　价：58.00 元

前言
FOREWORD

随着理论方法和计算资源的快速发展，理论化学以其独特的优势受到研究者青睐，成为新型化合物及材料发现和设计的重要推手。长期以来，碳化学由四面体四配位碳、平面三配位碳、直线二配位碳主导，富勒烯、碳纳米管、石墨烯的发现使得碳化学"风景这边独好"，1970年诺贝尔奖得主Roald Hoffmann提出平面多配位碳概念，可谓"于无声处听惊雷"，开启了碳化学的又一次革命。

本书主要介绍了平面多配位碳化合物的概念、发展、稳定策略及应用策略预测的平面多配位碳化合物结构和性质等，重点总结了本人近十余年来围绕平面多配位碳化合物理论研究方面独立（及参与）取得的系列成果，主要包括金属烃平面多配位碳、平面多配位碳过渡金属夹心化合物、平面多配位碳金属链夹心化合物、平面多配位碳金属层夹心化合物、平面多配位碳超碱金属化合物、平面多配位其它原子化合物等。这些理论预测的平面多配位碳化合物结构新颖、成键独特，对于推动化学键理论及平面多配位碳化合物研究有着重要意义。

这些研究成果凝结了很多人的辛劳，非常感谢我的硕士及博士生导师山西大学李思殿教授、翟华金教授、吴艳波教授及忻州师范学院任光明教授、苗常青副教授多年来的支持和帮助。全书的策划和内容编排得到我博士后合作导师董川教授的精心指导，在此表示感谢。感谢山西省1331工程重点学科建设计划、山西省高等学校科技创新项目（2017170）及中国博士后科学基金第61批面上项目（2017M611193）对本书研究工作的大力支持和经费资助。

本书出版得到了化学工业出版社的大力支持，借此机会表示诚挚的谢意。

平面多配位碳化合物研究领域相当宽泛，新的理论和实验成果层出不穷，本书仅介绍了其中部分内容，可谓"管中窥豹，略见一斑"。由于作者水平和时间所限，书中不妥及疏漏之处，敬请专家、学术同行和读者朋友不吝指正。

郭谨昌

2017年10月

于忻州师范学院

目录
CONTENTS

第6章　平面多配位碳过渡金属层夹心化合物 ················· 95

第1章　绪论

物质世界异彩纷呈，目前人类已发现、创造的有机及无机化合物多达六千多万种，而且与日俱增，然而如此天量的化合物其实仅由有限的118种元素组成，着实令人惊叹。创造奇迹的正是化学键！通常化学键包括共价键、离子键和金属键。作为化学的灵魂，化学键一直受到理论和实验研究者的关注，探索原子新颖成键模式，设计或合成特殊成键化合物成为化学研究者永恒的追求，与此同时，化学键理论内涵及应用范围也被不断拓展和创新。

人们对于非金属原子探针——碳原子的成键特征可谓"情有独钟"，自然也受益匪浅。1857年，德国有机化学家凯库勒提出了碳的四价学说，1874年荷兰化学家范特霍夫（Vant Hoff）和法国化学家勒贝尔（Le Bel）分别独立提出碳的四面体构型学说[1,2]，逐步构建了经典的有机结构理论。此后一百多年，有机化学蓬勃发展，有机饱和烃分子结构均可由碳四面体结构理论做出合理解释。配体原子与碳原子中心结合形成稳定化合物，主要有三种典型方式：乙炔的线型两配位、苯环的三角形三配位和甲烷的四面体四配位。这三种成键方式已经主导碳化学一百余年，是否还有其它非经典配位模式呢？

1968年，Monkhorst理论研究不对称碳对映异构体之间进行非断键转化时，发现过渡态中心碳原子与周边基团以平面四配位方式成键[3]。1970年，诺贝尔奖得主Roald Hoffmann等[4,5]创造性地提出平面四配位碳概念（planar tetracoordinate carbon），并探讨了平面四配位碳化合物存在的可能性及稳定策略，揭开了平面多配位碳化合物的研究序幕。对于平面多配位碳化合物的探索始于量子化学理论计算。随着新的量化理论和计算方法的稳步发展，以及计算机运算能力的不断增强，理论研究者可以采用严格的量化计算获得与实验结果相媲美的结果，有时甚至比实验结果更准确。此外，Gaussian、ADF、Gamess、NWChem等量化程序功能的日益强大，从头算和密度泛函等理论方法日益完善，使得理论预测、

Roald Hoffmann

设计平面多配位碳分子对于实验上制备宏观量的产品有着愈加重要的意义。从平面四配位碳概念提出至今四十多年来，理论设计、实验合成、表征含有平面多配位碳的新型化合物成为化学界一个新的研究热点，研究内容和方法不断拓展，相应成果不断积累[6-13]。

1.1 平面四配位碳稳定策略

经典四面体构型碳的键角为 $109°28'$，而平面四配位碳（D_{4h} 对称性）的键角为 $90°$，因此平面四配位碳原子体系因存在较大张力而不易稳定。如图 1-1 所示，在 B3LYP/def2-TZVP 水平上，含平面四配位碳的 D_{4h} 结构有 4 个虚频，且能量比四面体甲烷高 529.51kJ/mol，这个能差明显大于 C-H 键的解离能 433.44kJ/mol。如何能够稳定平面四配位碳呢？

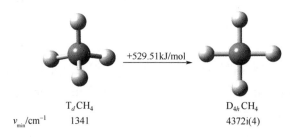

$$+529.51\text{kJ/mol}$$

T_d CH$_4$	D_{4h} CH$_4$

$v_{\min}$/cm^{-1} 1341   4372i(4)

图 1-1   B3LYP/def2-TZVP 水平上甲烷四面体和平面 D_{4h} 两种结构

图 1-2 列出了 D_{4h} CH$_4$ 的分子轨道：平面甲烷中的 C 原子为 sp^2 杂化，其中两个杂化轨道和两个 H 原子形成二中心二电子 C-H σ 键；另一个空的杂化轨道和 H 原子剩余的电子形成三中心二电子 σ 键；C 原子上剩余的两个价电子以孤对电子的方式占据垂直于分子平面的 2p$_z$ 轨道。平面甲烷分子的成键呈现如下特征：①C-H 键强度与四面体甲烷中的相比较弱；②三中心二电子键的形成主要是 H 原子 1s 电子的贡献，电负性差异使 H 向 C 有明显的电子转移；③平面四配位碳原子的孤对电子占据的 2p$_z$ 轨道比较肥大弥散。

1970 年，Hoffmann 在探讨平面四配碳化合物稳定性时，提出了电子效应稳定和刚性结构机械稳定两种基本策略[4]。平面四配位碳可用于面内成键的仅有 HOMO-1、HOMO-2 上的 6 个电子，与形成平面四配位所需的 8 个电子相比明显不足；同时，垂直于分子平面的 HOMO 上却拥有一对电子，达到饱和，因 H 原子没有 2p$_z$ 轨道而未能有效离域，从而使得 D_{4h} CH$_4$ 不能稳定存在。要想稳定平面四配位碳，我们需要调整其电子分布，具有σ供体和π受体双重性质的配体正好可以一举两得，在增加面内σ电子的同时分散 2p$_z$ 轨道上的电子，即电子效应稳定策略。

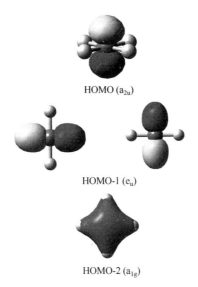

HOMO (a_{2u})

HOMO-1 (e_u)

HOMO-2 (a_{1g})

图 1-2　B3LYP/def2-TZVP 水平上平面甲烷的价分子轨道

P. v. R. Schleyer

与之平行，平面四配位碳还可以利用环或者笼状等刚性结构的机械力来稳定，即刚性结构机械稳定策略。L. Radom[14]运用这一策略理论设计了系列含平面四配位碳的中性笼状碳氢化物。然而仅利用分子刚性结构稳定平面四配位碳往往仅能得到准平面四配位碳，为弥补这一不足，在系列研究基础上，P. v. R. Schleyer 等提出利用刚性结构稳定平面四配位碳时应辅之相应的电子效应，这样使平面四配位碳能够完全平面化，即刚性结构电子补偿稳定策略[15]。

借助这些稳定策略，人们理论设计、预测了大量平面多配位碳化合物及材料。

1.2　一些代表性平面多配位碳化合物

1.2.1　首例理论预测的平面四配位碳分子 $C_3H_4Li_2$

1976 年，P. v. R. Schleyer 课题组采用两个金属 Li 原子替代环丙烷一个碳原子上的两个 H，在 RHF/STO-3G 水平上预测了第一个稳定的平面四配位碳(ptC)分子 $C_3H_4Li_2$[16]。受当时计算条件所限，理论方法及基组并不严格。为了解其成键特征，我们在 B3LYP/def2-TZVP 水平上重新优化了该结构。图 1-3 列出了 C_{2v} $C_3H_4Li_2$ 的优化结构及 HOMO 轨道。

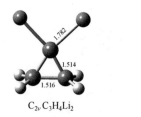

C_{2v} $C_3H_4Li_2$ HOMO(b_1)

图 1-3   B3LYP/def2-TZVP 水平上 C_{2v} $C_3H_4Li_2$ 优化结构及 HOMO 轨道

振动频率分析揭示 C_{2v} $C_3H_4Li_2$ 为势能面上的真正极小，ptC-Li 之间韦伯键级为 0.38，表明主要为离子键作用，同时还有部分共价键存在。ptC 携带的电荷为−1.23|e|，总键级为 2.96，进一步验证其与 Li 原子之间主要为离子键。平面四配位分子 C_{2v} $C_3H_4Li_2$ 结构和成键简单，但它作为首例理论预测的平面四配位碳分子，受到学界的广泛关注，开启了平面四配位碳化合物理论研究的大门。

1.2.2   首例实验合成的平面四配位碳配合物

1977 年，F. A. Cotton 等[17]制备并用 X 射线测定了 $V_2[C_6H_3(OCH_3)_2]_4 \cdot 2THF$ 晶体结构，发现和 V 相连的苯环上的两个碳原子所成的键在同一平面，即为平面四配位碳（如图 1-4 所示）。当时 F. A. Cotton 等人主要关注该化合物中的 V-V 键，并没有探讨其中的平面四配位碳，但这仍是第一个实验室制备的含有平面四配位碳的有机金属配合物分子。1981 年，H. Schori、B. B. Patil 和 R. Keese 用 MINDO-III 和 MNDO-calculation 对 $V_2[C_6H_3(OCH_3)_2]_4 \cdot 2THF$[18]中存在的平面四配位碳做了理论探讨。由于平面四配位碳不易稳定，平面四配位碳有机金属配合物 $V_2[C_6H_3(OCH_3)_2]_4 \cdot 2THF$ 的合成为人们实验研究平面四配位碳化合物提供了新的思路。

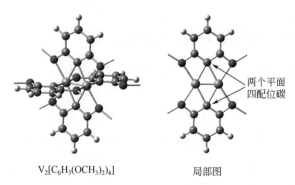

$V_2[C_6H_3(OCH_3)_2]_4$ 局部图

两个平面四配位碳

图 1-4   含两个平面四配位碳的 $V_2[C_6H_3(OCH_3)_2]_4$ 的结构

1.2.3 首例气相合成的五原子平面四配位碳团簇 CAl₄⁻

对于新颖平面四配位碳体系的研究，早期主要集中于团簇。1999 年，Lai-Sheng Wang 课题组与 A. I. Boldyrev 课题组合作采用光电子能谱实验结合密度泛函理论计算的方法确证了 CAl₄⁻团簇的基态结构，发现 C 原子处于四个 Al 原子形成的正方形中心，为平面四配位碳[19]。在 B3LYP/def2-TZVP 水平上，具有完美 D_{4h} 对称性的 CAl₄⁻最小振动频率为 52cm⁻¹，C-Al 键长为 1.984Å，Al-Al 键长为 2.806Å。值得一提的是，CAl₄⁻增加一个电子则得到具有 18 电子的 CAl₄²⁻，其钠盐 NaAl₄C⁻及与其等电子的五原子团簇 CAl₃Si⁻、CAl₃Ge⁻的光电子能谱随后于 2000 年被美国太平洋西北国家实验室 Lai-Sheng Wang 课题组报道[20,21]。CAl₄⁻和 NaAl₄C⁻的光电子能谱见图 1-5。Lai-Sheng Wang（王来生）是国际顶尖的物理、化学家，现为美国布朗大学教授。有趣的是，与 CAl₄²⁻等电子的 CSi₂Al₂ 早在 1991 年就被 Schleyer 和 Boldyrev 合作报道[22]。CAl₄⁻等五原子平面四配位碳团簇光电子能谱的成功测定，开辟了一条理论和实验结合确定新颖平面多配位碳团簇结构的新途径，从而进一步激发了理论研究者设计新颖平面多配位碳团簇的热情。

Lai-Sheng Wang   A. I. Boldyrev

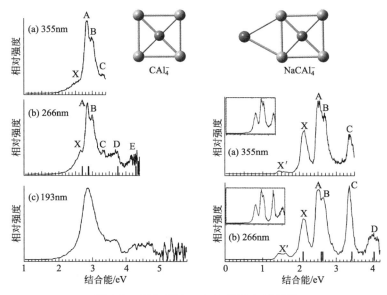

图 1-5 CAl₄⁻和 NaAl₄C⁻的光电子能谱

1.2.4 首例平面五、六配位碳全局极小 D_{5h} CAl$_5^+$和 D_{3h} CO$_3$Li$_3^+$

传统的碳原子最多可以形成四键，而平面多配位碳由于特殊的成键形式而可以同时和四个以上的原子成键。2000—2001 年 Schleyer 课题组连续在"*Science*"上报道了理论预测的平面六配位（D_{6h} B$_6$C^{2-}）及平面五配位碳（C_{2v} B$_3$C$_2$H$_2$C）系列化合物[23,24]。B$_6$C^{2-}和苯环类似，具有 6 个 π 电子，同时他们还预测了平面七配位碳团簇 B$_7$C$^-$团簇。但遗憾的是，这些预测的平面五、六、七配位碳新颖体系并非基态结构。2007—2008 年，Boldyrev 和 L.-S. Wang 采用从头算和光电子能谱实验相结合的方法确定了 B$_6$C^{2-}、B$_7$C$^-$的全局极小结构[25,26]，而含平面六、七配位碳的 D_{6h} CB$_6^{2-}$、D_{7h} CB$_7^-$仅为高能量局域极小，见图 1-6。由于计算条件所限，早期理论预测的绝大多数平面多配位碳化合物不是体系的全局极小结构，只是局域极小。然而，CB$_6^{2-}$、CB$_7^-$团簇的报道让研究者开始注重平面多配位碳化合物的全局极小，因为只有全局极小才最有可能被气相光电子能谱实验表征。2008 年，美国内布拉斯加大学林肯分校的物理学家 Xiao-Cheng Zeng(曾晓成)与 Schleyer 等人合作理论预测了第一个平面五配位碳全局极小团簇 D_{5h} Al$_5$C$^+$[27]，其与 D_{4h} CAl$_4^{2-}$为等电子体。我们在 B3LYP/def2-TZVP 基组水平上重新优化了 D_{5h} Al$_5$C$^+$。C-Al 键长为 2.100Å，Al-Al 键长为 2.468Å，与 CAl$_4^-$相比，C-Al 键略变长，而 Al-Al 键略变短。C、Al 原子携带的电荷分别为−2.67|e|及 0.73|e|，Al$_5$C$^+$团簇整体具有芳香性。平面五配位碳全局极小团簇 D_{5h} Al$_5$C$^+$的发现对理论研究者研究平面多配位体系提出了更高的要求，但唯有如此，设计出的团簇才更容易被光电子能谱或其它气相谱学实验证实。

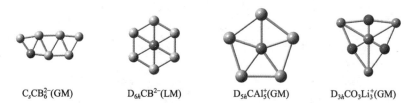

C$_s$CB$_6^{2-}$(GM)   D$_{6h}$CB^{2-}(LM)   D$_{5h}$CAl$_5^+$(GM)   D$_{3h}$CO$_3$Li$_3^+$(GM)

图 1-6　D_{6h} CB$_6^{2-}$及其全局极小，以及平面五、六配位碳全局极小 D_{5h} Al$_5$C$^+$和 D_{3h} CO$_3$Li$_3^+$

对于平面六配位碳团簇，文献报道得较少。稳定平面六配位碳，需要 C 原子和周边配体原子几何尺寸和电子结构的良好匹配，但和 C 原子尺寸接近电子结构又匹配的原子很有限。尽管理论设计的平面六配位碳团簇 D_{6h} CB$_6^{2-}$具有芳香性，但其能量上并不占优，光电子能谱实验无法检测到，硼碳团簇中硼原子"喜欢"占据中心，而碳原子宁愿"靠边"。虽然理论研究者在 CB$_6^{2-}$基础上拓展设计了一些平面六配位碳体系，但也都是局域极小。二元团簇全局极小结构中似乎不可能

含平面六配位碳，三元团簇或许是一个较好的选择。含平面六配位碳的全局极小团簇目前只有山西大学吴艳波等人报道的 D_{3h} $CO_3Li_3^+$，与其等电子的 D_{3h} $CN_3Be_3^+$ 为动力学稳定的局域极小[28,29]。D_{3h} $CO_3Li_3^+$中，C 原子与 O 原子之间主要为共价键作用，Li 原子的电子基本被电负性大的 O 原子夺去，在 B3LYP/def2-TZVP 理论水平上，Li 原子携带的电荷为 0.94|e|，C-Li 之间的距离为 2.188Å，虽然有点长，但中心碳原子仍应看作平面六配位。

1.2.5 首例平面四配位、五配位、六配位碳二维平面材料

含一个及多个平面多配位碳体系的成功设计或发现，使人们得以进一步将其拓展至平面四、五、六配位碳二维平面材料。2008 年，陕西师范大学的张聪杰和厦门大学的曹泽星课题组合作，以 $C_3B_2H_4$ 为结构单元，理论设计了含平面四配位碳的"锯齿形"硼-碳二元纳米带和纳米管［如图 1-7（a）所示］[30]。2009 年，美国内布拉斯加大学林肯分校的华裔物理学家 Xiao-Cheng Zeng（曾晓成）课题组采用第一性原理方法理论预测了含平面四配位碳的 B_2C 类石墨烯、纳米管、纳米带等二维无机材料的结构和性质[31]。与碳石墨烯相类似，单原子厚度的 B_2C 类石墨烯具有良好的稳定性。值得一提的是，平面 B_2C 类石墨烯卷曲即可得到系列单壁富电子性质的 B_2C 纳米管［如图 1-7（b）所示］。同时，如果平面 B_2C 类石

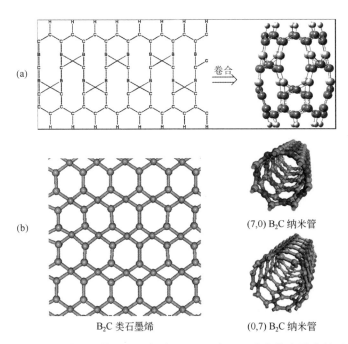

图 1-7　理论设计的（a）"锯齿形"硼-碳二元纳米带和纳米管及
（b）B_2C 类石墨烯、纳米管二维无机材料

墨烯两侧采用氢原子饱和，则可得到宽度不等的系列 B_2C 纳米带，它们具有金属性。这些理论设计的平面四配位碳类石墨烯、纳米管、纳米带等二维无机材料具有新颖的结构和性质，揭开了平面多配位碳二维材料的研究序幕。

在 B_2C 等系列平面四配位碳二维材料的研究基础上，2014 年，南京师范大学李亚飞与美国波多黎各大学 Zhong-Fang Chen（陈中方）教授课题组合作，采用第一性原理方法预测了首例含准平面六配位碳（phC）的 Be_2C 二维材料的结构和性质[32]。值得一提的是图 1-8（a）中所示的 Be_2C 准平面材料为全局极小结构，这一发现将平面六配位碳体系由团簇拓展至二维周期性材料。2016 年，他们又报道了首例含准平面五配位碳（ppC）的 Be_5C_2 平面材料 ［如图 1-8（b）所示］，其具有准金属性[33]。

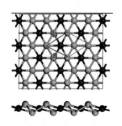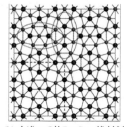

(a) 含准phC的Be_2C二维材料　　(b) 含准ppC的Be_5C_2二维材料

图 1-8　含准平面五、六配位碳的 Be_5C_2, Be_2C 二维材料

平面四配位、五配位、六配位碳二维平面材料的成功预测为进一步实验合成、表征提供了理论依据。

从诺贝尔奖得主 Roald Hoffmann 提出平面四配位碳概念至今，平面多配位碳化合物从理论设计、谱学检测到化合物制备；从简单微团簇、金属有机配合物到二维平面材料；平面碳原子配位数从四到五、六；平面多配位原子从碳拓展至硅、锗、磷、砷、过渡金属原子，在诸多方面取得重要进展，对于丰富化学键基础理论，拓展研究者创新思维，设计和制备新型功能化合物、先进材料等有着重要意义。在平面多配位碳化合物理论研究方面，国际上 P. v. R. Schleyer 教授、Lai-Sheng Wang 教授、A. I. Boldyrev 教授、Zhong-Fang Chen 教授、G. Merino 教授、Xiao-Cheng Zeng 教授、M. T. Nguyen 教授、C. A. Tsipis 教授、Li-Ming Yang 博士及国内中国科学院大学汪志祥教授、山西大学李思殿教授（原忻州师范学院）、吉林大学丁益宏教授、厦门大学曹泽星教授、陕西师范大学张聪杰教授、华南师范大学李前树及罗琼教授、山西大学吴艳波教授、湘潭大学裴勇教授等人作出了重要贡献，共同推动着平面多配位碳化合物研究不断前行。我们相信，平面多配位碳化合物终将与四面体碳化合物平行，共同撑起含碳化合物及材料的蓝天。

参 考 文 献

[1]   Van't Hoff, J. H. *Arch Neerl. Sci. Exactes Nat.* [J], **1874**, 9: 445-454.

[2]   Le Bel, J. A. *Bull. Soc. Chim. Fr.* [J], **1874**, 22: 337-347.

[3]   Monkhorst, H. J. *Chem. Commun.* [J], **1968**, 1111-1112.

[4]   Hoffmann, R.; Alder, R. W.; Wilcox, C. F. Jr. *J. Am. Chem. Soc.* [J], **1970**, 92: 4992-4993.

[5]   Hoffmann, R. *Pure Appl. Chem.* [J], **1971**, 28:181-194.

[6]   Sorger, K.; Schleyer, P. v. R. *J. Mol. Struct.: THEOCHEM* [J], **1995**, 338: 317-346.

[7]   Rottger, D.; Erker, G. *Angew. Chem., Int. Ed.* [J], **1997**, 36: 812-827.

[8]   Radom. L.; Rasmussen, D. R. *Pure Appl. Chem.* [J], **1998**, 70: 1977-1984.

[9]   Siebert, W., Gunale, A. *Chem. Soc. Rev.* [J], **1999**, 28: 367-371.

[10]   Minkin, V. I.; Minyaev, R. M.; Hoffmann, R. *Russ. Chem. Rev.* [J], **2002**, 71: 869-892.

[11]   Keese, R. *Chem. Rev.* [J], **2006**, 106: 4787-4808.

[12]   Merino, G.; Mendez-Rojas, M. A.; Vela, A.; et al. *J. Comput.Chem.* [J], **2007**, 28: 362-372.

[13]   Yang, L. M.; Ganz, E.; Chen, Z. F.; et al. *Angew. Chem., Int. Ed.* [J], **2015**, 54: 9468-9501.

[14]   McGrath, M. P.; Radom. L. *J. Am. Chem. Soc.* [J], **1993**, 115: 3320-3321.

[15]   Wang, Z.X.; Schleyer, P. v. R. *J. Am. Chem. Soc.* [J], **2001**, 123: 994-995.

[16]   Collins, J. B.; Dill, J. D.; Jemmis, E. D.; et al. *J. Am. Chem. Soc.* [J], **1976,** 98: 5419-5427.

[17]   Cotton, F. A.; Michelle M. *J. Am. Chem. Soc.* [J], **1977**, 99: 7886-7891.

[18]   Schori, H.;Patil, B.B.; Keese, R. *Tetrahedron.* [J], **1981**, 37: 4457-4463.

[19]   Li, X.; Wang, L. S.; Boldyrev, A. I.;et al. *J. Am. Chem. Soc.* [J], **1999**, 121: 6033-6038.

[20]   Li, X.; Zhang, H. F.; Wang, L. S.; et al. *Angew. Chem., Int. Ed.* [J], **2000**, 39: 3630-3632.

[21]   Wang, L. S.; Boldyrev, A. I.; Li, X.; et al. *J. Am. Chem. Soc.* [J], **2000**, 122: 7681-7687.

[22]   Schleyer, P. v. R.; Boldyrev, A. I. *J. Chem. Soc., Chem. Commun.* [J], **1991**, 1536-1538.

[23]   Exner, K.; Schleyer, P. v. R. *Science* [J], **2000**, 290: 1937-1940.

[24]   Wang, Z. X.; Schleyer, P. v. R. *Science* [J], **2001**, 292: 2465-2469.

[25]   Wang, L. M.; Huang, W.; Averkiev, B. B.; et al. Angew. Chem. Int. Ed. [J], **2007, 46**: 4550-4553.

[26]   Averkiev, B. B.; Zubarev, D. Y.; Wang, L. M. ; et al. *J. Am. Chem. Soc.* [J], **2000**, 130: 9248-9250.

[27]   Pei, Y.; An, W.; Ito, K.; et al. *J. Am. Chem. Soc.* [J], **2008**, 130: 10394-10400.

[28]   Wu, Y. B.; Duan, Y.; Lu, G.; et al. *Phys. Chem. Chem. Phys.* [J], **2012**,14: 14760-14763.

[29]   Zhang, C. F.; Han, S. J.; Wu, Y. B.; et al. *J. Phys. Chem. A* [J], **2014**, 118: 3319-3325.

[30]   Zhang C. J.; Sun, W. X.; Cao, Z. X. *J. Am. Chem. Soc.* [J], **2008**, 130: 5638-5639.

[31]   Wu, X. J.; Pei, Y.; Zeng, X. C. *Nono. Lett.* [J], **2009**, 9: 1577-1582.

[32]   Li, Y. F.; Liao, Y. L.; Chen, Z. F. Angew. Chem. Int. Ed. [J], **2014**, 53: 7248-7252.

[33]   Wang, Y.; Li, F.; Li, Y. F.; et al. *Nat.Commun.* [J], **2016**, 7: 11488(1-7).

第 2 章　理论基础与研究方法

化学的核心为化学键，所有研究均围绕化学键的形成、断裂、变化等展开，化学键的变化对于化合物整体即是其电子结构和几何结构变化。化学键本质就是电子配对，因此人们总是关注反应中电子的配对、得失和转移。化学问题实质是电子的问题，电子作为微观粒子的代表，本质上遵循 1925—1926 年间发展起来的量子力学。自然而然，电子成为了量子力学和化学相结合的纽带。量子力学真正确立的标志是 1926 年奥地利物理学家薛定谔建立了量子力学基本方程即薛定谔方程。后续发展的诸多理论方法主要围绕如何改善求解薛定谔方程的速度和精度。

量子化学即是采用量子力学理论和方法来研究化学问题。早在 1927 年，德国物理学家沃尔特·海特勒（W. Heitler）和弗里茨·伦敦（F. London）用量子力学方法成功处理氢分子[1]，近似算出氢分子体系的波函数，首次在理论水平上揭示了化学键本质，使人们领略到量子力学在研究分子结构问题方面的巨大魅力，开创了量子力学与化学的交叉学科——量子化学。随着量化理论的不断完善和计算机技术的突飞猛进，目前人们已经可以把量化计算应用于几乎所有的分子、配合物及晶体，研究它们的结构和性质。

1998 年，诺贝尔化学奖授予了密度泛函理论创立者美国物理学家、化学家沃尔特·科恩和为发展量化计算方法作出巨大贡献的英国化学家约翰·波普，极大地推动了量子化学的发展。随着计算服务器集群和大型计算工作站的出现及量化软件（例如 Gaussian, Gamess, ADF 等）的推出，量化计算逐渐成为化学理论研究的主流。现在量化计算可以给出和实验相媲美的结果，不仅可以诠释已有实验结果，而且还能揭示反应机理，并通过理论预测来设计实验。

近年来，量化计算不仅深受理论研究者所青睐，也逐渐成为实验研究者进行研究的有力武器。量化计算已成功应用于化学学科所有的分支中，同时还与物理、生物、数学、计算机等学科交叉。随着多学科之间相互交叉和渗透，量化计算的研究领域不断拓宽，研究方法不断创新，在化学研究中发挥着愈来愈重要的作用。

2.1 理论基础

2.1.1 分子轨道理论

分子轨道理论[2]（又称 MO 法）是以薛定谔波动方程为基础，可近似处理双原子分子及多原子分子结构的量化理论。1928 年，美国化学家、物理学家罗伯特·马利肯（Mulliken）提出分子轨道理论，分子轨道由原子轨道线性组合（linear combination of atomic orbitals，LCAO）而成，组合后能量低于原子轨道的称为成键轨道，高于原子轨道的称为反键轨道。1931 年，德国物理学家、化学家休克尔提出适用于 π 电子体系的休克尔分子轨道法，成功应用于简单共轭分子体系。分子轨道理论和价键理论相比更注重分子的整体性，允许电子在整个分子中运动，而不局限于特定的化学键上。分子中的电子根据泡利不相容原理、能量最低原理和洪特规则填充到各分子轨道中。采用分子轨道理论研究体系时所得结果可靠，计算量相对较小，且得到光电子能谱实验支持，在现代化学键理论中占主导地位。

分子轨道法主要基于三个基本近似：非相对论近似、定核近似和轨道近似。第一个基本近似是非相对论近似，它可以使人们只需求解非相对论性的薛定谔方程，而不考虑相对论的狄拉克方程。对于不含重金属元素的体系，采用非相对论近似讨论一般的化学问题是可行的。而对于第二过渡周期及其后的元素，相对论效应就变得十分重要。第二个基本近似是定核近似，也叫波恩-奥本海默近似：由于离子实质量远大于电子质量，离子实的运动速度远小于电子的运动速度。当离子实运动时，电子极易调整它的位置，跟上离子实的运动。而当电子运动时，可近似认为离子实来不及跟上，从而保持不动。这样，可把电子的运动与离子实的运动分开处理，从而把一个多粒子体系问题简化为一个多电子体系问题。第三个基本近似是轨道近似，也叫单电子近似。由于多电子体系仍然很复杂，直接求解非常困难，需要进一步简化。1928 年，D·R·哈特里（Hartree）提出了一个假设，即将 N 个电子体系中的每一个电子都看成是由其余的 $N-1$ 个电子所提供的平均势场运动，称为哈特里-福克（Hartree-Fock）自洽场近似，也称为单电子近似。单电子近似可以把一个多电子问题简化为类单电子问题。这样对于体系中的每一个电子都得到了一个单电子方程（表示这个电子运动状态的量子力学方程），称为哈特里方程。使用自洽场迭代方式求解这个方程（自洽场分子轨道法），就可以得到体系的电子结构和性质。但将哈特里-福克方程用于计算多原子分子，会遇到计算上的困难。1951 年，C·C·J·罗特汉（Roothaan）提出将分子轨道向组成分子的原子轨道（AO）展开，这样的分子轨道被称为原子轨道的线性组合（简称 LCAO）。

使用 LCAO-MO，原来积分微分形式的哈特里-福克方程就变为易于求解的代数方程，称为哈特里-福克-罗特汉方程，简称 HFR 方程。HFR 方程是 LCAO-MO 条件下的自洽场分子轨道方程，是量化计算的基本方程。

按照分子轨道理论，原子轨道的数目与形成的分子轨道数目是相等的，原子轨道组成分子轨道还必须满足对称性匹配、能量相近和轨道最大重叠三个条件。

2.1.2　从头算方法

分子轨道法的核心是哈特里-福克-罗特汉方程（HFR 方程）。HFR 方程是多电子体系 Schrödinger 方程引入三个近似后的基本表达，严格求解分子的 HFR 方程，可获得 MO 波函数及其能级，并利用波函数进一步计算分子的其它性质。从头算方法，即进行全电子体系非相对论的量子力学方程计算，这种方法仅仅在非相对论近似、Born-Oppenheimer 近似、轨道近似这三个基本近似的基础上利用 Planck 常数、电子质量和电量三个基本物理常数以及元素的原子序数对分子的全部积分进行严格计算，不借助任何经验或半经验参数，达到求解量子力学 Schrödinger 方程的目的。

解 HFR 方程时，有两个困难需要克服：一是非线性二次方程组，需要用自洽方法求解；二是计算矩阵元时要计算大量的积分，积分数量与方程阶数 n 的 4 次方成正比，而且这些积分通常含有较难处理的多中心积分。因而"从头算"方法需要使用诸多近似，还不是真正意义上的"第一性原理"，但是近似方法的运用使得量化计算得以实现。例如最基本的从头算方法哈特里-富克方法，是平均场近似的一种，它把所讨论的电子视为在离子势场和其它电子的平均势场中运动，通过变分法和自洽迭代可进行求解。

从头算的结果具有相当的可靠性，大大优于半经验的一些计算方法，某些精确的从头算结果产生的误差甚至比实验误差还小。目前，从头算不断受到研究者青睐，应用范围愈来愈广，成为量子化学计算的主流。

2.1.3　密度泛函理论

密度泛函理论（Density Functional Theory，DFT）的建立是量子化学理论取得的重大进展之一[3]。该方法通过体系的电子密度分布确定体系的各种性质，计算量大体与 N^3 成正比（与 SCF 相当），可适用于中等大小的体系。与量子化学中基于分子轨道理论发展而来的众多通过构造多电子体系波函数的方法（如哈特里-富克类方法）不同，这一方法基于 Hohenberg-Kohn 第一和第二定理。密度泛函理论最普遍的应用是通过 Kohn-Sham 方法实现的。在 Kohn-Sham DFT 的框架中，最难处理的多体问题（由于处在一个外部静电势中的电子相互作用而产生的）被简化成了一个没有相互作用的电子在有效势场中运动的问题。这个有效势场包括了外部势场以及电子间库仑相互作用的影响，例如交换和相关作用。处理交换相关作用是 KS DFT 中的难点之一。目前仍没有精确求解交换相关能 EXC 的方法。最简单的近似求解方法为局域密度近似（LDA）。LDA 近似使用均匀电子气来计算体系的交换能（均匀电子气的交换能是可以精确求解的），而相关能部分则采用对自由电子气进行拟合的方法来处理。

从 1970 年至今，密度泛函理论在量化计算中得到广泛应用。人们通过改进泛函来不断提高密度泛函理论方法的精度。对很多体系，密度泛函理论方法所得结果和从头算方法精度相当，而速度明显比从头算方法更快。目前，密度泛函理论方法成为量化研究领域中电子结构计算的领先方法。

2.1.4　微扰理论

对于较为复杂的体系，要精确求解其薛定谔方程十分困难，只能用近似方法求解。微扰理论是量子力学主要的近似方法之一。该方法起源于宏观体系的"三体问题"。由于行星间的相互作用远小于太阳对行星的作用，作为零级近似暂不考虑行星间的相互作用，只求出行星在太阳引力作用下的运动。然后再考虑行星间的相互作用，使轨道产生微小的改变，即所谓一级近似，如此反复，二级近似……，直到最好的近似。可以采用类似的方法研究量子力学体系，尽管微观体系的情况更为复杂。微扰理论适用于只与可精确求解的体系有微小差别的待求体系。可以先求近似解，然后加上微小的修正项。在许多具体问题中，微扰理论处理的结果能较好地与实验结果相吻合。微扰理论中有两种情况：一种是微扰是时间的函数，在微扰的作用下，体系不可能处于定态中，将在各定态（未微扰时的）之间跃迁；另一种是微扰与时间无关，即体系处于定态中，此时微扰的作用在于改变体系的运动状态（能谱或概率分布）。

微扰理论的实质是把体系的哈密顿写成两项和的形式：$\hat{H} = \hat{H}^{(0)} + \hat{H}'$。其中 $\hat{H}^{(0)}$ 的解已知或可精确求解，它包括了体系的主要性质；$\hat{H}'$ 对体系的影响很小，可作扰动处理。这样，在 $\hat{H}^{(0)}$ 的解的基础上用 $\hat{H}'$ 修正 $\hat{H}^{(0)}$ 的解，就得到了复杂体系的 $\hat{H}$ 的近似解。微扰级数越高结果精度越高，但考虑到计算量因素，实际量化计算中用得最多的是精度和速度性价比高的二级微扰 MP2 方法。

2.2　研究方法

2.2.1　程序简介

功能强大的量子化学软件 Gaussian 最早由诺贝尔化学奖得主 John A. Pople 在

20 世纪 60 年代末主导开发。经过四十多年不断创新拓展,博采众长,兼收并蓄,Gaussian 已经成为一款以量子化学从头算和密度泛函理论计算为主、多种计算方法兼备的通用标准软件,具有全面性、简单性、易用性、发展性的诸多优点。从 Gaussian 70 开始,至今已经推出 13 个升级版本。作为国际上公认的功能最为强大、使用最为广泛的量子化学标准程序库,目前 Gaussian 软件广泛应用于化学、物理学、生物学和材料学的研究中,其主要功能包括分子结构、分子轨道、原子电荷和电势、振动频率、红外和拉曼光谱、核磁性质、极化率和超极化率、热力学性质、键和反应能量、过渡态能量和结构、反应路径、周期体系等。Gaussian 软件配有图形输入输出界面 GaussView,使用者编写输入、读取输出文件十分便捷。本书中计算工作主要采用 Gaussian 09 程序(D.01 版本)[4]完成。

2.2.2 结构优化和频率计算

自然条件下,分子主要以能量最低形式存在,能量最低构型的性质才能代表所研究体系的性质。在构建目标分子过程中无法保证所建立的模型具有最低能量,这就需要对所构建的分子进行结构优化,通过键长、键角、二面角等调整得到一个能量极小点。结构优化(opt)通常依据能量最小化原理进行,在一定理论水平上获取分子最优的几何结构参数。

程序从输入的分子结构开始沿势能面进行优化计算,其目的是找到一个梯度为零的点,即静态点(也就是上面所说的极小点)。所有成功的优化都会找到一个静态点,尽管有时它并不是想要的静态点。优化得到的结构在相应势能面上是极小结构还是过渡态或鞍点,需要进一步通过频率分析(Freq)才能判断。振动频率计算通过求能量对坐标的二阶导数,得到力常数,然后除以原子质量,求得振动频率。最小振动频率为正值则该结构为极小结构,仅有一个负值,则为过渡态,有多个负值的为鞍点。理论计算的振动频率,与实验上的红外和拉曼光谱(根据对称性,判断是否有红外或拉曼活性)相对应。需要注意的是,振动频率计算需要在结构优化基础上进行,且所采用的方法和基组应与结构优化相一致。

2.2.3 异构体全局搜索

结构决定性质,确定团簇或化合物的结构是研究其相关性质的前提。对于团簇和痕量、短寿命化合物,实验上很难直接检测到其结构,于是理论计算便成了人们获得它们稳定结构的主要途径。基态结构往往代表体系的真实构型,在实验中最容易被观测到,因此确定基态结构是团簇性质研究的前提。基态结构可以通过所有可能的局域极小结构的能量比较进行确定,能量最低的通常被认为是基态结构。而每一个搜索到的团簇异构需要结构优化和频率分析确定是否为极小结构。

从几何结构看，团簇异构体的数量随着其所含原子数目呈现指数增长，理论上很难得到较大团簇（几十个原子以上）的全部异构体。然而对于 20 个原子以下的微团簇，目前已有较好的异构体全局搜索程序，如基于梯度遗传算法的 GEGA（the Gradient Embedded Genetic Algorithm procedure）[5]、基于蒙特卡罗模型随机产生结构的 GXYZ[6]以及 Coalescence-Kick（CK）[7]等。这些程序通常需要嵌入 Gaussian 09 程序中使用，借助 Gaussian 程序优化和频率的计算进行异构体的筛选，从而搜寻全局极小结构。遗传算法（genetic algorithm）是借鉴自然界生物进化论的规律——优胜劣汰，步步逼近最优解的一种算法，它在研究过程中使用选择、杂交、变异等遗传算子，在繁衍过程中对群体中的个体进行筛选，选择最优个体或过程。本书所研究的平面多配位原子化合物，异构体搜索时根据体系情况选用 GEGA、GXYZ、CK 其中之一进行，它们均和 Gaussian 09 程序配合使用。

2.2.4　自然键轨道（NBO）分析

分子轨道本质是离域的，但有时人们更关注的不是整个体系，而是其中两个原子或局部几个原子的相互作用，这时分子轨道分析不能满足要求。自然键轨道是一种对密度矩阵部分对角化，将分子轨道部分定域化的量化理论，可以弥补分子轨道分析的不足。依据对角化和定域化程度的不同，该理论（广义）包括自然原子轨道（NAO）、自然杂化轨道（NHO）、自然键轨道（NBO）和自然半定域化分子轨道（NLMO）。Lowdin 等于 1955 年首次提出自然轨道的概念。在此基础上，Weinhold 和 Reed 等人进一步拓展完善，比较系统地提出了自然自旋轨道、自然键轨道和自然杂化轨道等概念，将其发展为 NBO 理论[8]。Gaussian 09 程序中嵌入了 NBO3.1 程序，使用 pop=nbo 关键词，可以对所研究的体系进行自然键轨道（NBO）分析，得到轨道的类型、布居数、原子电荷及键级等，使用 SaveNBOs 关键词可以把自然键轨道保存在“.checkpoint”文件中，可用 GView 程序可视化显示。

2.2.5　分子轨道分析

化学键的有无、强弱对于判断分子的稳定性及反应活性有着重要意义，而原子轨道的有效重叠是化学键形成的关键，人们可以借助可视化分子轨道图来对所研究体系的成键特征进行分析。在 Gaussian 09 程序中，输入“pop=full”关键词可以在输出文件得到全部分子轨道的轨道系数，然后将其保存为“.chk”文件或转换为“.fchk”文件，通过图形化界面程序 GaussView 即可观察所研究体系的分子轨道轮廓图，从而直观地获取原子轨道相互作用的情况。在采用 GaussView 观察体系的分子轨道轮廓图时，可通过 Isovalue 值调整图像的清晰度，最终获得清晰且准确的轨道相互作用图。

2.2.6 适应性自然密度划分

2008 年，美国犹他大学的 Zubarev 和 Boldyrev 提出一种分析多中心键的新方法 Adaptive natural density partitioning（AdNDP，适配性自然密度划分），并开发出 AdNDP 程序[9]。AdNDP 可以说是 NBO 的创新拓展，它不仅可以和 NBO 一样分析定域轨道（1c-2e，2c-2e），而且还弥补了 NBO 方法无法处理三中心以上离域键的不足，能搜索出所有 nc-2e 键（$n \leqslant$ 体系总原子数）。AdNDP 分析以体系自然原子轨道（NAO）的密度矩阵为基础，合理键密度在密度矩阵中依次扣除（占据数在 1.60～2.00|e|即认为合理），先搜索 1c-2e（孤对电子）、2c-2e 定域键，然后再依次搜索 n 值更大的多中心键。AdNDP 程序开发至今，已经在诸多体系研究中得到成功应用。AdNDP 方法简约但并不简单，搜索时需要使用者根据体系的实际情况进行取舍，多中心轨道有时容易受人为因素影响，同一体系可能出现不同方案。对使用者而言，使用 AdNDP 搜索多中心键时应注意每一步取舍是否得当，取舍不当将影响结果的合理性，甚至得到错误的结论。因此需要使用者对多种分析方案进行比较，最好结合多中心键级及电子定域函数（ELF）、核独立化学位移（NICS）[10]值等结果进行比对，这样得出的结果更为可靠。

2012 年，卢天博士（现任北京科音自然科学研究中心主任）将 AdNDP 方法融入其自主开发的量化程序 Multiwfn（Multifunctional wavefunction analyzer）[11]中，使用起来更加方便。Multiwfn 是一个功能强大的波函数分析程序，能够实现量子化学领域几乎全部最重要的波函数分析方法，且具有免费、开源、高效、灵活、界面友好等优点。Multiwfn 程序开发至今，版本不断升级，功能不断完善，用户遍及世界各地，深受使用者青睐，成为理论研究者的得力助手。

2.3 本书所用方法和基组

本书第 3～7 章中介绍的平面多配位原子化合物，主要基于作者 10 多年来发表的研究成果（笔者为第一作者或参与者），这些论文由于时间跨度较大，所采用的方法和基组差异较大。为避免因方法、基组等不同而影响全书内容的衔接，我们在原论文基础上对所有平面多配位原子化合物全部在 B3LYP/def2-TZVP[12,13]水平上进行了优化及频率计算，分子轨道、自然键轨道分析、核独立化学位移(NICS)等均在同样水平进行。异构体全局搜索根据体系实际情况选用 GEGA, GXYZ 和 CK 程序之一，我们主要采用文献中搜索的结果，主要的低能量结构在 B3LYP/

def2-TZVP 水平上进行优化及频率计算，并在 CCSD(T)/def2-TZVP[14]//B3LYP/ def2-TZVP 水平上计算其与基态结构的能差（包括零点能校正）。因讨论需要，部分化合物还在 MP2/def2-TZVP[15]水平上进行了计算，部分化合物全局极小确定时能量采用 CCSD(T)/def2-TZVP//B3LYP/def2-TZVP 水平上单点能。基态化合物的垂直电子剥离能（VDE）、垂直电子亲和势（VEA）采用 OVGF 方法[16]，在 def2-TZVP 基组水平上进行计算。AdNDP 分析采用 multiwfn 软件，在 B3LYP/6-31G(d)水平上完成。分子结构及轨道图的绘制根据体系情况选用 Gview5.0，CYLview[17]，Molekel 5.4[18] 软件。

参 考 文 献

[1] Heitler, W.; London F., *Z. Phys.* [J] **1927**, 44: 455-472.

[2] (a) F. Flurry Jr., Quantam chemistry-An Introduction [M], Prentice-Hall Inc. London, 1983. (b) Barden, C. J.; Schaefer Ⅲ., H. F. *Pure and Applied Chemistry*[J], **2000**, 72: 1405-1423.

[3] (a) Hohenberg, P.; Kohn. W. *Phys Rev B* [J]. **1964**, 136: 864-867. (b) Kohn, W.; Sham, L.J. *Phys. Rev. A* [J], **1965**, 140: 1133-1136.

[4] Frisch, M. J.; Trucks, G. W.; Schlegel, H. B.; et al. Gaussian 09, Revision D.01, Gaussian, Inc.,Wallingford, CT, **2009**.

[5] Alexandrova, A. N.; Boldyrev. A.I. *J. Chem. Theory. Comput.* [J], **2005**, 1: 566-580.

[6] Lu, H. G.; Wu, Y. B. GXYZ. Shanxi University: Taiyuan, China, **2008**.

[7] (a) Sergeeva, A. P.; Averkiev, B. B.; Zhai, H. J. *J. Chem. Phys.* [J], **2011**, 134: 224304. (b)Saunders, M. *J. Comput. Chem.* [J], **2004**, 25: 621-626. (c) Bera, P. P.; Sattelmeyer, K. W.; Saunders, M.; et al. *J. Phys. Chem. A* [J], **2006**, 110: 4287-4289.

[8] Foster, J. P.; Weinhold, F. *J. Am. Chem. Soc.* [J], **1980**, 102: 7211-7221.

[9] (a) Zubarev, D. Y.; Boldyrev, A. I. *Phys. Chem. Chem.Phys.* [J], **2008**, 10: 5207-5217. (b) Zubarev, D. Y.; Boldyrev, A. I. *J. Org. Chem.* [J], **2008**, 73: 9251-9258.

[10] (a) Schleyer, P. v. R.; Maerker, C.; Dransfeld, A.; et al. *J. Am. Chem. Soc.* [J], **1996**, 118: 6317-6318. (b) Schleyer, P. v. R.; Jiao, H.; Hommes, N. J. R. E.; et al. *J. Am. Chem. Soc.* [J], **1997**, 119: 12669-12670. (c) Corminboeuf, C.; Heine, T.; Seifert, G.; et al. *Phys. Chem. Chem. Phys.* [J], **2004**, 6: 273-276.

[11] Lu, T.; Chen, F.W. *J. Comp.Chem.* [J], **2012**, 33: 580-592.

[12] (a) Becke, A. D. *J. Chem. Phys.* [J], **1993**, 98: 5648-5652. (b) Lee, C.; Yang, W.; Parr, R. G. *Phys. Rev. B: Condens. Matter Mater. Phys.* [J], **1988**, 37: 785-789.

[13] Weigend, F.; Ahlrichs, R. *Phys. Chem. Chem. Phys.* [J], **2005**, 7: 3297-3305.

[14] (a) Pople, J. A.; Head-Gordon, M.; Raghavachari, K. *J. Chem. Phys.* [J], **1987**, 87: 5968-5975. (b) Scuseria, G. E.; Janssen, C. L.; Schaefer Ⅲ., H. F. *J. Chem. Phys.* [J], **1988**, 89:7382-7387. (c) Scuseria, G. E.; Schaefer Ⅲ., H. F. *J. Chem. Phys.* [J], **1989**, 90, 3700-3703.

[15] Head-Gordon, M.; Pople, J.A.; Frisch, M.J. *Chem. Phys. Lett.* [J], **1988**, 153: 503-506.

[16] Ortiz, J.V. *Adv.Quantum Chem.* [J], **1999**, 35: 33-52.

[17] Legault, C. Y. C.Y. Lview, 1.0b. Universite de Sherbrooke, **2009**, http://www.cylview.org.

[18] Varetto, U. Molekel, version 5.4.0.8. Swiss National Supercomputing Centre: Manno, Switzerland, **2009**.

第 3 章 过渡金属（卤）烃平面四配位碳、硅、锗化合物

3.1 过渡金属烃平面四配位碳化合物 CM_4H_4（ M=Ni, Pd, Pt ）

1970 年，Hoffmann 平面四配位碳概念及稳定策略的提出，开启了平面四配位碳（ptC）化合物的研究序幕。最简单的平面四配位碳体系为五原子团簇。中性团簇 CSi_2Al_2、CSi_2Ga_2 和 CGe_2Al_2 的理论预测及其等电子体 ptC 阴离子团簇 CAl_4^-、$NaAl_4C^-$、CAl_3Si^-、CAl_3Ge^- 气相光电子能谱实验的精确表征使这些五原子 ptC 体系备受关注[1-5]。2003 和 2004 年，Merino 等用 MP2 和杂化密度泛函方法在 6-311++G(2d) 理论水平上预测了含平面四配位碳的 D_{2h} C_5^{2-} 及 C_5Li^-、C_5Li_2 体系[6,7]。C_5^{2-} 是只含碳元素的最小的 ptC 团簇，高水平计算结果表明 C_5^{2-} 是势能面上的一个局域极小值，而不是全局极小，加入反离子碱金属 Li^+ 等后可以形成稳定的平面配位碳体系 C_5Li^- 和 C_5Li_2。这些结构简单、成键新颖的小分子或离子体系，大大拓宽和丰富了人们对碳成键能力及其本质的认识，对碳传统的四面体配位提出了挑战。值得注意的是，这些团簇中与 ptC 配位的原子均为主族原子。是否可以采用过渡金属稳定 ptC 中心呢？其实早在 1991 年报道的 $Ca_4Ni_3C_5$ 晶体中就含有平面四配位碳[8]，晶体中所有 C 原子处于 Ni_4 形成的正方形中心。1998 年，Hoffmann 等对 $Ca_4Ni_3C_5$ 中的 ptC 成键特征及稳定性进行了深入探讨[9]。2002 年，Tsipis 等理论设计了新颖的环状铜烃 Cu_nH_n（n=3～6）[10,11]，其与环烯烃类似，具有芳香性。Cu_nH_n（n=3～6）的中心是否可以引入碳原子呢？2004 年，李思殿课题组采用密度泛函理论方法预测了含平面四配位碳的 CCu_4H_4 和 CNi_4H_4[12]。需要注意的是，在 B3LYP 理论水平上 D_{4h} CCu_4H_4 仅为过渡态结构，消除虚频后得到稳定的 C_{4v} CCu_4H_4，其中 C 原子高出 Cu_4 环平面 0.5Å，为准平面四配位碳。

与 C_{4v} CCu_4H_4 不同，CNi_4H_4 基态为完美的 D_{4h} 结构，其中 Ni_4 环与中心 ptC 几何和电子结构均能良好匹配。将 D_{4h} CNi_4H_4 中的过渡金属 Ni 用更重的同族原子 Pd 和 Pt 替代，即可得到稳定的 D_{4h} CPd_4H_4 和 CPt_4H_4[13]。需要指出的是，具有

D_{4h} 对称性的过渡金属烃 M_4H_4 (M=Ni, Pd, Pt)本身并不稳定，当引入平面四配位碳形成中心占位的 D_{4h} CM_4H_4 化合物时，体系得以稳定。

3.1.1　完美的平面方形结构

本节我们对文献中已报道的过渡金属烃平面四配位碳化合物 CM_4H_4（M=Ni, Pd, Pt）进行了重新优化和自然键轨道(NBO)分析。虽然文献报道了平面四配位碳金属烃化合物 CM_4H_4（M=Ni, Pd, Pt）的结构和性质，但没有明确它们是否为势能面上的全局极小。为确定 CM_4H_4（M=Ni, Pd, Pt）的热力学稳定性，我们采用 CK 程序在 B3LYP/Lanl2dz 水平上对 CM_4H_4（M=Ni, Pd, Pt）的异构体进行了全局搜索；对前 10 个低能量异构体在 def2-TZVP 基组水平上进一步精确优化，通过能量对比确定 CM_4H_4 (M=Ni, Pd, Pt)的全局极小结构。

图 3-1 列出了 B3LYP/def2-TZVP 水平上优化的 CM_4H_4（M=Ni, Pd, Pt）的全局极小结构及三个低能量异构体。如图 3-1 所示，完美的具有 D_{4h} 对称性的 CM_4H_4

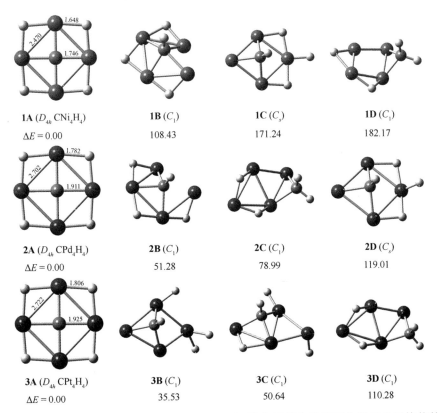

1A (D_{4h} CNi$_4$H$_4$)　　　**1B** (C_1)　　　　**1C** (C_s)　　　　**1D** (C_1)
$\Delta E = 0.00$　　　　　　　108.43　　　　　　　171.24　　　　　　182.17

2A (D_{4h} CPd$_4$H$_4$)　　**2B** (C_1)　　　　**2C** (C_1)　　　　**2D** (C_s)
$\Delta E = 0.00$　　　　　　　51.28　　　　　　　78.99　　　　　　119.01

3A (D_{4h} CPt$_4$H$_4$)　　**3B** (C_1)　　　　**3C** (C_1)　　　　**3D** (C_1)
$\Delta E = 0.00$　　　　　　　35.53　　　　　　　50.64　　　　　　110.28

图 3-1　B3LYP 水平上 CM_4H_4（M=Ni, Pd, Pt）的全局极小及其三个低能量异构体的优化结构，B3LYP/def2-TZVP 水平上的相对能量（kJ/mol）一并列出

（M=Ni, Pd, Pt）结构为相应势能面上的全局极小结构。它们分别比第二异构体能量低 108.43kJ/mol、51.28kJ/mol、35.53kJ/mol。基态结构 **1A** 中的 1 个桥 H 迁移至中心 C 原子上方，并与其成键则得到 **1B** 结构；如果 **1B** 结构中的 1 个桥氢迁移至另 2 个桥氢共享的 Ni 原子上，以端基方式与其成键，则得到 **1C**；**1B** 中心的-CH 迁移至桥氢处并与之结合形成桥亚甲基则可得到 **1D**。CPd_4H_4、CPt_4H_4 的低能量结构与其类似，相对能差略有变化。C 原子处于过渡金属环中心明显比其作为桥基更稳定，C 原子与过渡金属 M 结合比其与 H 原子结合更有利。CM_4H_4（M=Ni, Pd, Pt）的基态结构中 M-C、M-M、M-H 键均在合理范围，表明 M_4H_4 环与 C 原子在几何和电子结构上均能良好匹配。

3.1.2 M-C 共价作用及 M-H-M 三中心键

为揭示这些平面四配位碳化合物的成键特征，我们进行了自然键轨道（NBO）分析。表 3-1 列出了 CM_4H_4（M=Ni, Pd, Pt）重要的性质参数。

表 3-1 B3LYP/def2-TZVP 水平上 CM_4H_4（M=Ni, Pd, Pt）的对称性、最小振动频率、原子自然电荷、韦伯键级、HOMO-LUMO 能隙

CM_4H_4	对称性	v_{min} /cm^{-1}	q_C/|e|	q_M/|e|	q_H/|e|	WBI_C	WBI_M	WBI_H	WBI_{C-M}	WBI_{M-M}	WBI_{M-H}	ΔE_g /(kJ/mol)
CNi_4H_4	D_{4h}	101	−0.24	0.25	−0.19	3.83	2.12	0.97	0.81	0.24	0.37	288.88
CPd_4H_4	D_{4h}	66	−0.18	0.23	−0.19	3.80	2.00	0.98	0.80	0.21	0.34	342.05
CPt_4H_4	D_{4h}	54	−0.25	0.25	−0.19	3.91	2.23	0.98	0.88	0.26	0.35	335.54

根据表 3-1 给出的自然电荷结果，这些具有 D_{4h} 高对称性化合物中，电负性相对较大的 ptC 中心原子携带-0.18～-0.25|e|的负电荷，过渡金属原子的电荷介于 0.23～0.25|e|，而处于桥连位置的 H 原子电荷为-0.19|e|，化合物整体呈现负-正-负交错的环状电荷分布，揭示不同原子之间电荷转移不是很明显，成键应以共价键为主。这些 ptC 化合物中 C、M、H 原子韦伯总键级分别为 3.80～3.91、2.00～2.23、0.97～0.98，均满足八隅律共价成键要求，其中过渡金属原子 M 和 ptC 原子之间的韦伯键级为 0.80～0.88，表明 M-C 之间接近于共价单键；过渡金属 M-M 键级为 0.21～0.26，存在部分共价作用；H 原子以桥键与过渡金属 M 相键连，WBI_{M-H} 介于 0.34～0.37，表明除共价键外它们之间还有部分离子键。需要指出的是，C-H 之间也有弱的成键（WBI_{C-H}=0.10～0.15），整个体系尚存在由于轨道离域作用形成的涉及 ptC 及过渡金属 M 的多中心键。稳定的波函数、

较大的 HOMO-LUMO 能隙（$\Delta E_g=288.88\sim342.05$kJ/mol）进一步支持这些化合物 CM_4H_4（M=Ni, Pd, Pt）的稳定性。CM_4H_4（M=Ni, Pd, Pt）中 Ni、Pd、Pt 对 ptC 有着类似的配位性质，这一性质对于过渡金属催化材料和储碳、储氢材料具有重要意义。

3.1.3 分子轨道（MO）及 AdNDP 分析

分子轨道分析可以帮助我们理解这些平面四配位碳化合物的成键性质。图 3-2 列出了 D_{4h} CNi_4H_4 的价分子轨道。HOMO(b_{1g})、HOMO-2(a_{1u})、HOMO-3(b_{2u})、HOMO-4(e_g)、HOMO-5(b_{1g})、HOMO-6(a_{2g})、HOMO-7(a_{1g}) 基本为过渡金属 Ni 原子的 3d 轨道孤对电子的贡献；简并的 HOMO-1(e_u) 轨道主要为 Ni $3d_{z^2}$ 轨道的贡献，其与中心碳原子的 $2p_x$、$2p_y$ 有部分作用；HOMO-8(e_u) 轨道揭示过渡金属 Ni 原子 $3d_{x^2-y^2}$ 和中心碳 $2p_x$、$2p_y$ 有部分键合作用；HOMO-9(e_g)、HOMO-10(b_{1u})为过渡金属 Ni 原子 3d 轨道之间形成的 π 键作用；HOMO-11(b_{2g})、HOMO-12(b_{2g}) 为过渡金属 Ni 原子 3d 轨道之间形成的 σ 键作用；HOMO-13(a_{2u})为过渡金属 Ni 原子的 $3d_{xz}$、$3d_{yz}$ 轨道和 ptC 的 $2p_z$ 轨道之间有效重叠，形成了离域 π 键；简并的 HOMO-14(e_u)、HOMO-16(e_u)揭示过渡金属 Ni 3d 轨道与 ptC 之间 $2p_x$、$2p_y$ 轨道也有部分作用；HOMO-15(a_{1g})、HOMO-17(a_{1g})表明中心 ptC 的 2s 轨道也有部分贡献。CPd_4H_4、CPt_4H_4 的分子轨道特征与 CNi_4H_4 类似，部分轨道能级略有差异，这里不再赘述。

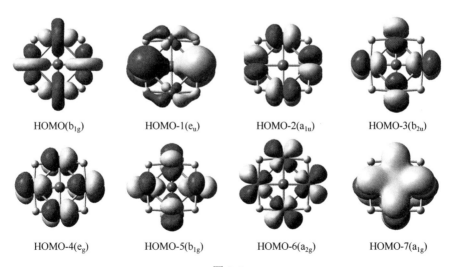

HOMO(b_{1g})　　HOMO-1(e_u)　　HOMO-2(a_{1u})　　HOMO-3(b_{2u})

HOMO-4(e_g)　　HOMO-5(b_{1g})　　HOMO-6(a_{2g})　　HOMO-7(a_{1g})

图 3-2

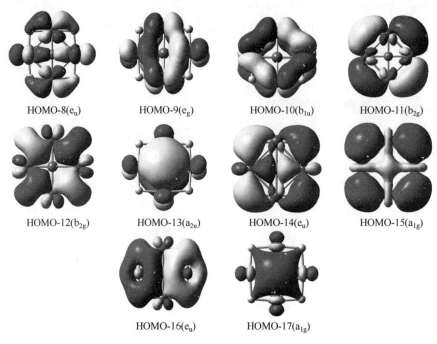

HOMO-8(e_u)　　HOMO-9(e_g)　　HOMO-10(b_{1u})　　HOMO-11(b_{2g})

HOMO-12(b_{2g})　　HOMO-13(a_{2u})　　HOMO-14(e_u)　　HOMO-15(a_{1g})

HOMO-16(e_u)　　HOMO-17(a_{1g})

图 3-2　B3LYP/def2-TZVP 水平上 D_{4h} CNi$_4$H$_4$ 的价分子轨道图

3.2　红外光谱模拟

在 B3LYP/def2-TZVP 水平上我们理论模拟了 CM$_4$H$_4$（M=Ni, Pd, Pt）的红外光谱。如图 3-3 所示，CNi$_4$H$_4$ 的红外光谱中，丰度最高的吸收峰位于 1410cm^{-1}，为四个 H 原子的面内反对称伸缩振动；1187cm^{-1} 处的吸收峰为 H-Ni 反对称伸缩振动；910cm^{-1} 处的吸收峰为 C 的面内振动；696cm^{-1} 处的吸收峰对应于 H 脱离平面的振动，253cm^{-1} 处峰为中心 C 原子脱离环平面的振动。CPd$_4$H$_4$、CPt$_4$H$_4$ 的红外光谱和 Ni$_4$H$_4$C 的基本类似，主要吸收峰的峰位、丰度略有差异。与 CNi$_4$H$_4$ 相比，CPd$_4$H$_4$ 中 C-Pd 反对称伸缩振动产生的吸收峰丰度较大，而 CPt$_4$H$_4$ 中 C-Pt 反对称伸缩振动产生的吸收峰成为最强峰。

本节理论预测的系列平面四配位碳化合物 D_{4h} M$_4$H$_4$C（M=Ni, Pd, Pt）结构完美，成键新颖，最重要的是它们均为体系势能面上的全局极小结构，我们期待进一步得到实验验证，从而拓展人们对于过渡金属与 C 作用的认识，并丰富平面四配位碳化合物研究领域。

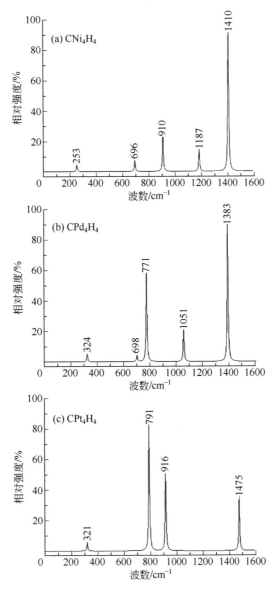

图 3-3　D_{4h} M₄H₄C（M=Ni, Pd, Pt）的红外光谱图

3.3　含多个平面四配位碳的过渡金属烃化合物

平面四配位碳（ptC）体系对于发现新颖成键、揭示奇特性质、设计新型材料等都有着重要意义。然而早期文献主要关注含有一个 ptC 的体系，对于含两个及多个 ptC 体系研究不足。相对于单个 ptC 化合物，含多个 ptC 的化合物及其一维、

二维、三维晶体（或材料）的研究更有助于实际应用。单个分子中可能存在多个平面配位碳吗？答案是肯定的。

2002 年，汪志祥、Schleyer[14]等用密度泛函方法研究了含两个平面五配位及六配位碳的硼氢分子轮稳定的可能性，报道了稳定两个平面配位碳的系列分子。在 CAl_4^{2-} 的研究基础上，Boldyrev 等[15]采用从头算方法研究并报道了含两个 ptC 单元的双体结构$[Na_2(CAl_4)]_2$，探讨了用平面碳分子线状排列构筑固体材料的可能性。2004 年 Sastry 等[16]研究了含有三个平面四配位碳的 $C_6H_6^{2+}$ 离子，这是首次报道有机烃中含有多个平面四配位碳。在五原子 ptC 团簇 C_5^{2-} 的研究基础上，Hoffmann 等进一步研究了含两个、三个及多个 C_5^{2-} 单元的体系，并将其拓展至一维晶体、三维晶体[17]。2005 年 Schleyer 等[18]用理论方法研究了含两个、三个及五个平面四配位碳原子的硼碳团簇。在此基础上，吴艳波、杨频等[19] 2006 年用 B3LYP 方法在 6-311+(2df)水平上研究了含有六个完美 ptC 的 $B_{12}C_6^{2-}$硼-碳分子轮。Minyaev 等[20]研究了含有两个、三个平面四配位碳的环状硼-碳烃体系。在 Ni_4H_4C 的基础上，李思殿等[21]用密度泛函理论预测了 $(Ni_4H_3C)_2B_2O_2^{2+}$、$(Mg_4H_3C)_2B_2O_2^{2+}$含两个平面四配位碳的配合物分子。这些理论研究大大丰富了人们对平面配位碳分子的认识，表明单个分子中可能含有多个平面配位碳。

CM_4H_4（M=Ni, Pd, Pt）作为平面四配位碳全局极小结构，是否可以作为结构基元构筑含多个平面四配位碳的过渡金属烃化合物呢？本节我们将深入探讨含多个 ptC 的过渡金属烃化合物的结构和性质，并尝试将其进行一维和二维拓展形成 ptC 纳米带和纳米管。

3.3.1　拓展策略

本节我们将 CM_4H_4（M=Ni, Pd, Pt）作为结构基元，设计含多个平面四配位碳的过渡金属烃化合物，也可以看作是 CM_4H_4 在一维、二维的自然拓展。图 3-4 列出了 CNi_4H_4 为结构基元的一维、二维拓展模式。由图 3-4 可见，CNi_4H_4 为结构基元的一维拓展是可行的。在此基础上，我们尝试进行二维拓展，得到一些纳米管状的极小结构。这些含多个 ptC 的化合物通过 CNi_4H_4 单元之间脱氢缩合得到，没有再引入其它桥原子，便于将来实验合成和检测。尽管目前合成平面四配位碳化合物面临诸多挑战，但随着实验技术的不断发展，这些新颖的含多个平面四配位碳的化合物将被实验合成和表征。

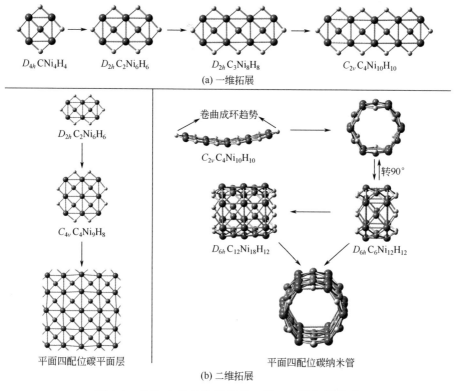

（a）一维拓展

（b）二维拓展

图 3-4　CNi₄H₄ 为结构基元的一维、二维拓展模式

3.3.2　一维拓展化合物 $C_nM_{2n+2}H_{2n+2}$（M=Ni, Pd, Pt）

图 3-5 列出了 B3LYP 水平上含多个 ptC 化合物 $C_nM_{2n+2}H_{2n+2}$（M=Ni, Pd, Pt；n=2~4）的优化结构。除 $C_4Ni_{10}H_{10}$ 为准平面的 C_{2v} 结构外，其余化合物均为完美的平面结构。表 3-2 列出了这些多 ptC 化合物的重要结构和性质参数。需要指出的是，含 Ni₄ 孔洞化合物 $M_{2n+2}H_{2n+2}$ 并不稳定，频率分析表明其为过渡态或高级鞍点，M₄ 环中心 C 原子引入后得到稳定的 $C_nM_{2n+2}H_{2n+2}$（M=Ni, Pd, Pt；n=2~4）系列化合物，可见 ptC 对于这些化合物的稳定性十分重要。如表 3-2 所示，这些含多个平面四配位碳化合物 $C_nM_{2n+2}H_{2n+2}$（M=Ni, Pd, Pt；n=2~4）的最高占据轨道能量均低于−652.46kJ/mol，且相应的 HOMO-LUMO 能隙大于 305.29kJ/mol，表明这些单重态结构具有良好的热力学稳定性。

随着 n 值的不断增大，$C_nM_{2n+2}H_{2n+2}$（M=Ni, Pd, Pt；n=2~4）化合物中的 C-M、M-M、M-H 键逐渐变长，最小振动频率 ν_{min} 也逐渐变小。如果 n 值进一步增大，$C_nM_{2n+2}H_{2n+2}$ 平面结构可能变得不稳定，然而这仅仅是理论上，溶剂效应、晶格能等并未考虑。虽然受限于计算资源，我们无法研究 $C_nM_{2n+2}H_{2n+2}$ 一维材料的稳定

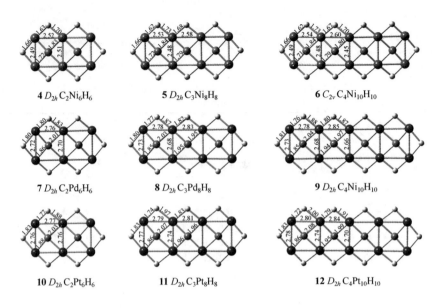

图 3-5　B3LYP 水平上 ptC 化合物 $C_nNi_{2n+2}H_{2n+2}$ （$n=2\sim4$）的优化结构

表 3-2　B3LYP/def2-TZVP 水平上 CM_4H_4（M=Ni, Pd, Pt）的对称性、最小振动频率、韦伯键级、HOMO-LUMO 能隙

化合物	对称性	ν_{min}/cm^{-1}	WBI_C	WBI_M	E_{HOMO} /(kJ/mol)	ΔE_{gap} /(kJ/mol)
4	D_{2h}	37	3.82	2.19/2.84	−591.47	264.28
5	D_{2h}	31	3.76	2.08/2.63	−638.76	281.48
6	D_{2v}	29	3.85	2.36/2.72	−652.46	305.29
7	D_{2h}	11	3.81/3.79	2.21/2.86	−590.92	224.87
8	D_{2h}	11	3.75/3.73	2.12/2.65	−621.46	229.44
9	D_{2h}	12	3.83/3.82	2.45/2.76	−621.22	240.26
10	C_{2h}	1	3.81/3.78	2.21/2.87/2.89	−597.12	209.41
11	D_{2h}	2	3.74/3.71	2.12/2.67/2.66	−617.91	205.13
12	D_{2h}	4	3.82/3.80	2.47/2.80/2.79	−609.61	208.65

性，但计算表明至少当 n 值小于 10 时含多个平面四配位碳的化合物 $C_nM_{2n+2}H_{2n+2}$（M=Ni, Pd, Pt）是稳定的。如图 3-4 所示，当结构基元 CNi_4H_4 进行一维拓展时，所有碳原子保持以平面四配位的方式与周边 Ni 原子成键，而过渡金属则从平面五配位变为平面七配位。自然键轨道（NBO）分析表明 ptC 的总韦伯键级介于 3.71～3.85，而过渡金属 Ni、Pd、Pt 的总韦伯键级则介于 2.08～2.89。从 n=1 到 n=4，WBI_C 值逐渐变小，而 WBI_M 值则逐渐增大。过渡金属 Ni、Pd、Pt 强的成键能力

使得 CM_4H_4 可作为结构基元进行一维拓展。

用 σ 供体、π 受体的芳香性环稳定中心 C 原子是获得平面四配位碳化合物的有效策略。过渡金属 Ni、Pd、Pt 外层 s 轨道上的电子可以作为 σ 供体，其 d 轨道则作为 π 受体，因此该策略对于本节中所设计的 ptC 化合物是有效的。随着 n 值的增大，$C_nM_{2n+2}H_{2n+2}$（M=Ni, Pd, Pt）的芳香性逐渐增大，使其易于一维拓展。该结果容易理解：首先，如图 3-5 所示，$C_nM_{2n+2}H_{2n+2}$（M=Ni, Pd, Pt; n=2～4）中 C-M 键长接近于有机金属化合物中过渡金属和芳香环配体（如苯环）上的 C 之间

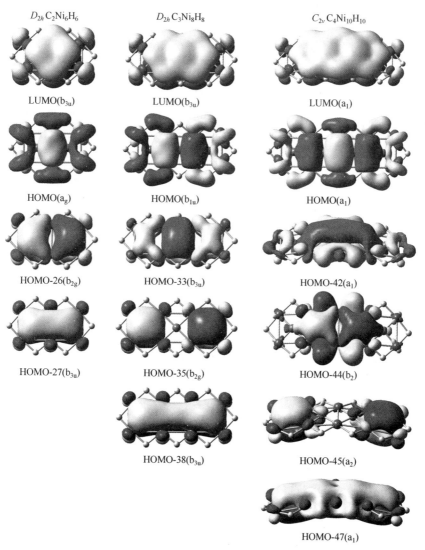

$D_{2h}\,C_2Ni_6H_6$ $D_{2h}\,C_3Ni_8H_8$ $C_{2v}\,C_4Ni_{10}H_{10}$

LUMO(b_{3u})   LUMO(b_{3u})   LUMO(a_1)

HOMO(a_g)   HOMO(b_{1u})   HOMO(a_1)

HOMO-26(b_{2g})   HOMO-33(b_{3u})   HOMO-42(a_1)

HOMO-27(b_{3u})   HOMO-35(b_{2g})   HOMO-44(b_2)

HOMO-38(b_{3u})   HOMO-45(a_2)

HOMO-47(a_1)

图 3-6 $C_nNi_{2n+2}H_{2n+2}$（n=2～4）化合物的 LUMO、HOMO 及典型的 π 轨道

的键长，表明中心 ptC 原子处于芳香性环境。ptC 原子的成键与芳香性环多烯中 sp^2 杂化 C 原子的成键类似。

图 3-6 列出了 $C_nNi_{2n+2}H_{2n+2}$（$n=2\sim4$）化合物的 LUMO、HOMO 及典型的 π 轨道。如图所示，D_{2h} $C_2Ni_6H_6$、D_{2h} $C_3Ni_8H_8$、C_{2v} $C_4Ni_{10}H_{10}$ 的最低空轨道（LUMO）均为离域 π 轨道，其主要是平面四配位碳原子 $2p_z$ 轨道的贡献，周边 Ni 原子的 3d 轨道与其位相相反而没有参与。$C_nNi_{2n+2}H_{2n+2}$（$n=2\sim4$）的最高占据轨道（HOMO）为典型的 σ 轨道，主要为 C $2p_x$（和 $2p_y$）与 Ni 3d 轨道的贡献。D_{2h} $C_2Ni_6H_6$、D_{2h} $C_3Ni_8H_8$、C_{2v} $C_4Ni_{10}H_{10}$ 分别有 2、3、4 个离域的 π 轨道。按照休克尔 $4n+2$ 芳香性规则，它们整体不具有 π 芳香性。但是，如果按照 Ni_4C 单元，$C_2Ni_6H_6$ 含有两个 Ni_4C 单元，每个单元具有两个 π 电子，则 $C_2Ni_6H_6$ 具有芳香性，可以看作类似平面硼团簇的片断芳香性。这些离域 π 轨道，可以使体系能量进一步降低，稳定性增强。随着 ptC 原子数的增加，相应的离域 π 轨道也逐渐增多，从而使芳香性增强。D_{2h} $C_3Ni_8H_8$、C_{2v} $C_4Ni_{10}H_{10}$ 的轨道特征与 D_{2h} $C_2Ni_6H_6$ 类似，只是 $C_4Ni_{10}H_{10}$ 结构平面略弯，使得轨道离域效果不及平面结构，但影响不大。可以进一步判断，$C_nNi_{2n+2}H_{2n+2}$ 体系中的 π 轨道数目为 n，随着 n 值增大，电子离域范围进一步增大，从而增强整体稳定性。同时，n 值增大，整体平面结构的弯曲程度也将增大，使得离域效果进一步减弱。

3.3.3 二维拓展

以 CM_4H_4（M=Ni, Pd, Pt）为结构基元是否可进行二维拓展呢？我们开始设想的二维拓展方式见图 3-4 左下角，可得到稳定的准平面 C_{4v} $C_5Ni_9H_8$ 结构，进而可能形成大的 ptC 平面化合物，甚至平面材料。当 n 值大于 3 时，$C_nNi_{2n+2}H_{2n+2}$ 稳定结构呈准平面的 C_{2v} 结构，且随着 n 值的增大，$C_nNi_{2n+2}H_{2n+2}$ 化合物结构弯曲程度也逐渐增大，这种趋势使其有可能成环。

尽管现有的计算资源不能满足这种成环过程的从头算要求，但对于这些 ptC 环状化合物的稳定性我们仍进行了研究。结果表明，含（准）平面四配位碳的三个系列金属烃化合物 $C_nM_{2n}H_{2n}$ 均能形成稳定的环状结构。图 3-7 列出了代表性二维拓展的氢封闭桶状 ptC 化合物 $C_5Ni_{10}H_{10}$ 和 $C_6Ni_{12}H_{12}$ 及管状化合物 $C_{10}Ni_{15}H_{10}$ 和 $C_{12}Ni_{18}H_{12}$，其中所有的 C 原子均为准平面四配位。这里 Ni 原子可以进一步拓展至 Pd、Pt，同时金属原子数目也可进一步增大，得到直径更大的桶状结构。由于计算资源所限，我们仅以 $C_5Ni_{10}H_{10}$、$C_6Ni_{12}H_{12}$ 为例。虽然桶状结构的 $C_nM_{2n}H_{2n}$（M=Ni, Pd, Pt）本质上仍是 CM_4H_4 的一维拓展化合物，但如果它们能沿着中心轴进一步拓展，则可得到新颖的二维拓展化合物。我们对这种拓展进行了系统研究，发现过渡金属 M 为 Ni、Pd、Pt 时这种二维拓展是可行的。值得注意的是，这些化合物中间层的过渡金属 M 从准平面七配位变为平面八配位，而 C 原子则仍然保持准平面四配位。由于 Ni、Pd 能够以平面八配位方式稳定，这些桶状结构有望进一步沿着中心轴进行拓展得到含大量 ptC 的新颖纳米管。

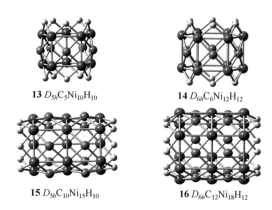

13 D_{5h}C$_5$Ni$_{10}$H$_{10}$ **14** D_{6h}C$_6$Ni$_{12}$H$_{12}$

15 D_{5h}C$_{10}$Ni$_{15}$H$_{10}$ **16** D_{6h}C$_{12}$Ni$_{18}$H$_{12}$

图 3-7 平面四配位碳桶状化合物 C$_5$Ni$_{10}$H$_{10}$ 和 C$_6$Ni$_{12}$H$_{12}$ 及
管状化合物 C$_{10}$Ni$_{15}$H$_{10}$ 和 C$_{12}$Ni$_{18}$H$_{12}$

表 3-3 列出了这些桥氢稳定的桶状 C$_5$Ni$_{10}$H$_{10}$ 和 C$_6$Ni$_{12}$H$_{12}$ 及管状 C$_5$Ni$_{10}$H$_{10}$ 和 C$_{12}$Ni$_{18}$H$_{12}$ ptC 化合物的主要结构和成键性质参数。由表 3-3 可见，这些由 CM$_4$H$_4$ 二维拓展的管状化合物的主要参数与一维平面化合物中的类似。然而，与桶状结构相比，这些管状化合物中与准平面八配位过渡金属 Ni 相关的 Ni-Ni 键、Ni-C 键相对较长，准平面八配位的过渡金属（M）总键级 WBI$_M$ 比七配位的略大，而 ptC 的总键级 WBI$_C$ 几乎没有什么变化。需要指出的是，这些管状的 ptC 化合物与桶状化合物相比，HOMO 轨道能量相对较高，而 HOMO-LUMO 能隙则相对较小。

表 3-3 B3LYP/def2-TZVP 水平上化合物 **13**～**16** 的对称性、最小振动频率、键长、韦伯键级、HOMO-LUMO 能隙 ΔE_g

化合物	对称性	v_{min}/cm^{-1}	r_{Ni-C}/Å	R_{Ni-Ni}/Å	r_{Ni-H}/Å	WBI$_C$	WBI$_{Ni}$	E_{HOMO}/(kJ/mol)	ΔE_g/(kJ/mol)
13 C$_5$Ni$_{10}$H$_{10}$	D_{5h}	88	1.838	2.486, 2.425	1.647	3.73	2.98	−641.12	209.99
14 C$_6$Ni$_{12}$H$_{12}$	D_{6h}	62	1.829	2.515, 2.422	1.648	3.74	2.98	−641.62	202.79
15 C$_{10}$Ni$_{15}$H$_{10}$	D_{5h}	78	1.824, 1.905	2.502, 2.546, 2.496	1.643	3.75	2.99,3.27	−553.17	165.17
16 C$_{12}$Ni$_{18}$H$_{12}$	D_{6h}	56	1.804, 1.906	2.537,2.616, 2.463	1.645	3.81	2.99,3.22	−557.47	156.19

本节我们首次将含平面四配位碳的 CM_4H_4（M=Ni, Pd, Pt）作为结构基元，通过一维和二维拓展在密度泛函理论水平上设计了系列含多个（准）平面四配位碳的平面、桶状及管状化合物。自然键轨道（NBO）及核独立化学位移（NICS）分析揭示不断增强的芳香性对于这些含多个隔离的 ptC 化合物的稳定性十分重要。这些中性化合物中的原子可通过进一步键合得到一维和二维晶体。这些结构新颖、成键独特的 ptC 化合物含有高催化活性的过渡金属 M（M=Ni, Pd, Pt），如能实验合成和表征，将为催化材料设计提供新途径，并进一步丰富平面多配位碳化合物研究领域。

3.4 过渡金属卤烃四配位碳、硅、锗化合物

周期表中，Si、Ge 和 C 位于同一主族，电子结构相近，成键模式也比较类似。自 Hoffmann 提出平面四配位碳(ptC)概念后，学界对于 ptC 化合物研究较多，而对 ptSi、ptGe 的研究则相对较少。2000 年，Wang-Boldyrev[22]采用密度泛函理论和光电子能谱实验相结合的方式确定了首例 ptSi、ptGe 化合物 C_{2v} $SiAl_4^-$ 和 $GeAl_4^-$。2004 年，李思殿课题组提出平面四配位至八配位硅的统一结构模式，理论预测了 C_{2v} $B_nSi_2Si^-$（n=2～5）及 B_8Si 团簇的结构及性质，随后又设计了含两个平面多配位硅的 S 形及环形化合物[23,24]。2006 年，Belanzoni 等的理论研究揭示 D_{2h} $Si(CO)_4$ 基态结构中含有 ptSi[25]。

在金属烃平面四配位碳 M_4H_4（M=Ni, Pd, Pt）化合物中，过渡金属原子作为配体稳定中心的碳原子，而氢原子则通过桥键稳定过渡金属原子。几何结构和电子结构的良好匹配使得这些化合物中心的 ptC 得以稳定且整体呈完美的平面结构。桥氢稳定的 M_4H_4（M=Ni, Pd, Pt）环中心刚好容纳 C 原子，无法容纳尺寸更大的 Si、Ge 原子，如何调整才能得到稳定的平面多配位硅、锗化合物呢？一个策略是增加过渡金属原子和桥氢个数可以进一步扩大金属环几何尺寸，从而稳定平面多配位 Si、Ge 中心。2004 年，李思殿课题组在金属烃平面四配位碳化合物的研究基础上，通过扩环策略预测了含平面六配位 Si、Ge 的 Cu_6H_6Si 及 Cu_6H_6Ge[26]。另一个策略是用尺寸更大但电子结构及成键特征类似的第二、三过渡系金属原子替代金属 Cu、Ni，也能扩大金属环尺寸。2005 年，李思殿课题组将过渡金属拓展至第二、三过渡系金属原子，理论预测了含平面五配位硅的 M_5H_5Si（M=Ag, Au, Pd, Pt）系列化合物[27]。然而由于 Si、Ge 的原子半径已经远远超出 M_4H_4（M=Ni, Pd, Pt）环所提供的空间，上述两个策略不能帮助我们获得稳定的金属烃平面四配位 Si、Ge 化合物。如何解决这个问题呢？

用和 H 电子结构、成键性质类似，但几何尺寸较大的卤素原子替代 M_4H_4 (M=Ni, Pd, Pt)中的氢桥原子是增强 M_4 环包容性的有效方法。2005 年，Su 将 CCu_4H_4 中的桥氢用碳烃进行替代，从理论上探索了金属有机配合物稳定 ptC 的可能性，得到了一系列稳定的 ptC 配合物[28]。能否将 C、Si、Ge 等半径不同的非金属原子统一稳定于金属烃中形成新颖的平面四配位非金属化合物呢？答案是肯定的。2007 年，我们用 Cl 原子取代桥 H，得到尺寸可调的 M_4Cl_4 环，不仅可以稳定 ptC，而且还能可容纳尺寸更大的 ptSi、ptGe。这样，通过桥原子替代，我们得到了平面四配位 C、Si、Ge 的统一模式化合物 XM_4Cl_4（X=C, Si, Ge; M=Ni, Pd, Pt)[29]。本节我们采用密度泛函理论 B3LYP 方法在 def2-TZVP 基组水平上重新优化之前已报道的结果，并进行适当补充，系统探讨了平面四配位碳、硅、锗系列化合物 XM_4Cl_4（X=C, Si, Ge; M=Ni, Pd, Pt）的结构和性质。详见表 3-4。

表 3-4　B3LYP/def2-TZVP 理论水平上 D_{4h} XM_4Cl_4（X=C, Si, Ge; M=Ni, Pd, Pt）（**17～25**）的自然电荷（q/|e|）、韦伯键级、最小振动频率 v_{min}、HOMO-LUMO 能隙ΔE_g 及 OVGF 水平上计算的第一垂直电子剥离能 VDE

化合物	态	q_X/|e|	q_M/|e|	q_{Cl}/|e|	WBI_{X-M}	WBI_{M-Cl}	WBI_X	v_{min} /cm^{-1}	ΔE_g /(kJ/mol)	VDE /(kJ/mol)
17	$^1A_{1g}$	−0.08	0.30	−0.28	0.87	0.55	3.23	34	265.02	736.51
18	$^1A_{1g}$	−0.00	0.29	−0.29	0.87	0.49	3.82	5	214.85	979.18
19	$^1A_{1g}$	−0.18	0.31	−0.26	0.91	0.52	3.90	2	185.33	695.98
20	$^1A_{1g}$	0.78	0.11	−0.30	0.75	0.52	3.50	34	266.59	749.34
21	$^1A_{1g}$	0.98	0.05	−0.30	0.73	0.48	3.46	21	288.75	943.19
22	$^1A_{1g}$	0.90	0.01	−0.23	0.82	0.54	3.64	18	292.59	954.67
23	$^1A_{1g}$	0.67	0.15	−0.32	0.72	0.51	3.39	39	235.06	693.38
24	$^1A_{1g}$	0.89	0.08	−0.31	0.69	0.48	3.31	22	260.95	894.08
25	$^1A_{1g}$	0.85	0.02	−0.23	0.78	0.54	3.50	28	254.86	919.84

3.4.1　包容性更强的过渡金属卤烃

具有 D_{4h} 对称性的三重态 Ni_4Cl_4 最小振动频率分别为 $29cm^{-1}$，为势能面上的真正极小，而三重态 D_{4h} Pd_4Cl_4、Pt_4Cl_4 并不稳定，存在多个虚频，为高级鞍点。当 M_4Cl_4 环中心引入非金属原子时，可与过渡金属原子形成有效的离域键，从而得到稳定的平面四配位非金属 XM_4Cl_4 化合物（X= C, Si, Ge; M=Ni, Pd, Pt）。

图 3-8 列出了 B3LYP 水平上 M_4Cl_4（$^3A_{1g}$）和 XM_4Cl_4（X= C, Si, Ge; M=Ni, Pd,

Pt）的优化构型。振动频率揭示这些完美的 XM_4Cl_4（X= C, Si, Ge; M=Ni, Pd, Pt）化合物均为势能面上的真正极小，其中过渡金属 Ni、Pd、Pt 作为配体直接与中心 C、Si、Ge 原子键连，Cl 原子则以桥基方式与相邻的过渡金属原子键连。在 Ni_4H_4C 中，Ni-Ni 键长为 2.470Å，Ni-H 键长为 1.648Å，而用 Cl 取代桥氢后，Ni_4 正方形的包容性明显增强，尺寸较小的 C 原子及较大的 Si 和 Ge 均可稳定于 Ni_4Cl_4 环中；第二及第三过渡系金属 Pd、Pt 和 Ni 同族，性质类似。完美的环状 D_{4h} Ni_4Cl_4 中，r_{Ni-Ni}=2.398Å，r_{Ni-Cl}=2.150Å。当加入非金属中心原子时，随着其尺寸变化，配体中的 M_4 环逐渐被撑开，M-M 键明显增长同时被弱化，而中心非金属 X 原子和过渡金属 M 作用较强。如在 $SiNi_4Cl_4$ 中，r_{Si-Ni}=2.134Å，r_{Ni-Ni}=3.019Å，r_{Ni-Cl}=2.198Å，表明 Ni-Cl、Ni-Si 为正常的共价单键，同配体 Ni_4Cl_4 比较 r_{Ni-Cl} 变化很小，说明中心 Si 原子的加入对 Ni-Cl 之间的作用影响很小，但对 Ni-Ni 金属键作用影响很大。r_{Ni-Ni} 由原来 Ni_4Cl_4 环中的 2.398Å 增长为 3.019Å，远远超出了化学键范围，表明 $SiNi_4Cl_4$ 中 Ni-Ni 之间几乎无相互作用。

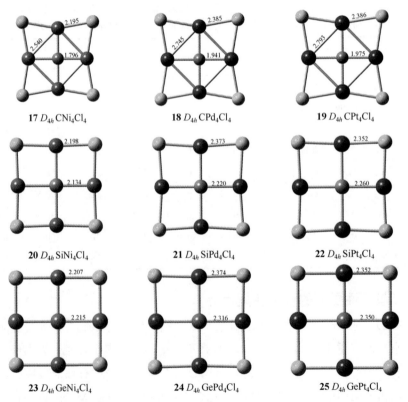

17 D_{4h} CNi_4Cl_4 **18** D_{4h} CPd_4Cl_4 **19** D_{4h} CPt_4Cl_4

20 D_{4h} $SiNi_4Cl_4$ **21** D_{4h} $SiPd_4Cl_4$ **22** D_{4h} $SiPt_4Cl_4$

23 D_{4h} $GeNi_4Cl_4$ **24** D_{4h} $GePd_4Cl_4$ **25** D_{4h} $GePt_4Cl_4$

图 3-8　B3LYP/def2-TZVP 理论水平上 XM_4Cl_4（X=C, Si, Ge; M=Ni, Pd, Pt）的优化结构

这些可调的 M_4Cl_4 环不仅可以稳定 C、Si、Ge，而且可以稳定其它非金属原子和部分主族金属原子。含有平面四配位 B、Al、P、As 等的 XM_4Cl_4（X=B^-、Al^-、Ga^-、N^+、P^+、As^+）等电子体系也是稳定结构。除 C_{2v} $NM_4Cl_4^+$（M=Ni, Pd, Pt）、D_{2d} XPt_4Cl_4（X=C, Si）外，几乎周期表中所有的Ⅲ、Ⅳ、Ⅴ族原子均可以被稳定在平面 M_4Cl_4（M=Ni, Pd, Pt）环中心，而 M_4H_4 环由于 H 桥可调范围的限制，中心只能稳定第一周期的 B、C、N、O 原子。Ni_4Cl_4 环在 XNi_4Cl_4（X=C, Si, Ge；M=Ni, Pd, Pt）系列化合物中，X-M、M-Cl 键长均在合理范围，X-M 之间为典型的共价桥键。

为了确定这些平面四配位硅、锗化合物的稳定性，我们对其可能的异构体进行了广泛搜索，结果表明该系列化合物为势能面上的真正极小。与基态结构一样具有 D_{4h} 对称性的三重态结构为局域极小，能量比基态结构高 105.38kJ/mol，五重态 D_{4h} 结构为过渡态，比基态结构能量高 308.86kJ/mol；图 3-9 列出了 $SiNi_4Cl_4$ 的部分典型异构体。Si 原子高出 Ni_4Cl_4 环平面的结构 **20B**，能量比基态结构高出 52.69kJ/mol；**20B** 结构中一个桥 Cl 原子如果迁移与 Si 结合则得到 **20C** 结构，其含有五配位 Si，能量比基态高出 96.22kJ/mol；**20C** 结构中 Si 原子上的 Cl 如果同时与 Ni 作用，成为桥基，则得到 **20D**，如果进一步平面化且 Si 形成四配位，则得到 **20E**；**20F** 与 **20B** 类似，可以看作其变体结构，但能量却高出基态 138.31kJ/mol；**20E** 中平面四配位 Si 如果发生畸变，形成立体四配位，则可得到 **20G** 结构；含六配位 Si 的立体结构的异构体能量比基态结构高出 156.34kJ/mol。

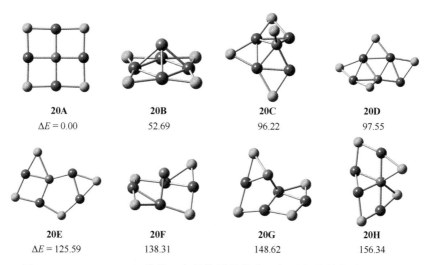

| **20A** | **20B** | **20C** | **20D** |
| $\Delta E = 0.00$ | 52.69 | 96.22 | 97.55 |

| **20E** | **20F** | **20G** | **20H** |
| $\Delta E = 125.59$ | 138.31 | 148.62 | 156.34 |

图 3-9　$SiNi_4Cl_4$（**20**）的前 8 个低能量异构体（相对能量单位为 kJ/mol）

3.4.2 M-X 共价作用及 M-Cl-M 三中心键

为进一步了解该系列化合物的成键特征，我们进行了自然键轨道（NBO）分析。由表可知，XM_4Cl_4（X=C, Si, Ge; M=Ni, Pd, Pt）中的各原子均满足八隅律，中心原子的韦伯总键级（WBI）介于 $3.22\sim3.90$，$WBI_{M-X}=0.69\sim0.91$，$WBI_{M-Cl}=0.48\sim0.55$，表明中心非金属原子和过渡金属之间形成有效的共价键，Cl 原子以桥键与过渡金属原子 M 键连，过渡金属原子之间距离较大仅有弱的 d-d 键合作用。$SiNi_4Cl_4$ 中，自然电荷分布如下：Si 0.78|e|，Ni 0.11|e|，Cl −0.30|e|，相应的原子电荷布居分别为 Si $[Ne]3s^{1.30}3p_x^{0.75}3p_y^{0.75}3p_z^{0.38}$，Ni $[Ar]4s^{0.38}3d_{xy}^{1.98}3d_{xz}^{1.99}3d_{yz}^{1.90}3d_{x^2-y^2}^{1.38}3d_{z^2}^{1.96}$，Cl $[Ne]3s^{1.86}3p_x^{1.73}3p_y^{1.73}3p_z^{1.95}$。中心原子为 Ge 时，电荷分布情况与其类似。由于 C 的电负性明显比 Si、Ge 都大，CM_4Cl_4 中心 C 原子略带部分负电荷。

Ni、Pd、Pt 为同族元素，最外层电子排布类似，因此成键性质相近。电负性及半径差异使得过渡金属原子 M 不同的 XM_4Cl_4 化合物成键效率稍有差别。SiM_4Cl_4（M=Ni, Pd, Pt）中 M 原子的自然电荷依次为 0.11|e|、0.05|e|、0.01|e|，而相应 Cl 原子电荷依次为−0.30|e|、−0.30|e|、−0.23|e|，表明过渡金属与桥 Cl 之间除共价作用外还有部分离子键。Ni、Pd、Pt 半径依次增大，和 Cl 形成共价键时几何尺寸匹配成为决定因素，因此电荷分布和金属性并不一致，但这些化合物中金属 Ni、Pd、Pt 在成键上差异很小。

3.4.3 分子轨道（MO）分析

分子轨道分析可以帮助我们进一步理解 XM_4Cl_4（X=C, Si, Ge; M=Ni, Pd, Pt）化合物的成键本质。图 3-10 列出了 $SiNi_4Cl_4$ 中典型的 δ、π、σ 分子轨道。$SiNi_4Cl_4$ 中，LUMO 轨道为反键轨道，主要为 $Ni\,3d_{x^2-y^2}$ 轨道和 Si 的 3s 轨道的贡献；HOMO 轨道为 $Ni\,3d_{x^2-y^2}$ 轨道之间的作用；HOMO-5 由垂直于分子平面的四个 Ni 原子的 $3d_{z^2}$ 轨道重叠形成，为 δ 型；HOMO-10、HOMO-13 为 Si 的 $3p_x$、$3p_y$ 轨道与 Ni 原子 3d 轨道的 σ 键作用；HOMO-11 揭示过渡金属 3d 轨道之间存在较弱的 σ 键作用；HOMO-12 揭示了 Ni 和 Si 之间强的 d-pπ 键作用；HOMO-14、HOMO-16 揭示 Ni 与桥 Cl 之间存在 d-pπ 键作用，由于 H 没有 np_z 轨道，这些在 CNi_4H_4 中是不存在的；HOMO-17、HOMO-20、HOMO-23 主要为 Ni-Si 间的离域 σ 键作用。过渡金属原子为第二、三过渡系的 Pd、Pt 时，分子轨道基本特征和 $SiNi_4Cl_4$ 类似，仅在能级上有所差异。这些典型的 δ、π、σ 成键分子轨道对于 XM_4Cl_4（X=C, Si, Ge; M=Ni, Pd, Pt）系列化合物的稳定性十分重要。

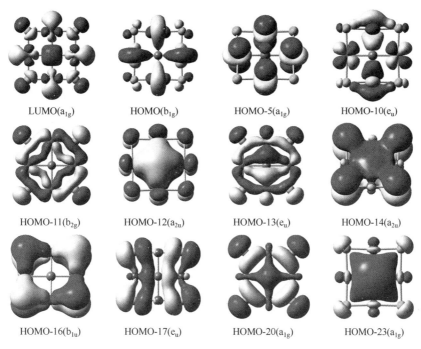

LUMO(a_{1g})　　　　HOMO(b_{1g})　　　　HOMO-5(a_{1g})　　　　HOMO-10(e_u)

HOMO-11(b_{2g})　　　HOMO-12(a_{2u})　　　HOMO-13(e_u)　　　HOMO-14(a_{2u})

HOMO-16(b_{1u})　　　HOMO-17(e_u)　　　HOMO-20(a_{1g})　　　HOMO-23(a_{1g})

图 3-10　$SiNi_4Cl_4$ 中典型的分子轨道（简并轨道只列其一）

3.4.4　红外光谱模拟

　　为便于将来的实验合成及表征，我们对 XNi_4Cl_4（X=C, Si, Ge）系列化合物的红外光谱进行了理论模拟。由图 3-11 可见，$SiNi_4Cl_4$ 红外光谱中 $104cm^{-1}$ 的吸收峰为四个 Ni 和中心 Si 的面内振动；$152cm^{-1}$ 处的吸收峰对应中心 Si 原子脱离分子平面的振动；$348cm^{-1}$ 处的吸收峰主要是四个 Cl 原子的面内振动；$501cm^{-1}$ 处的吸收峰对应垂直方向上的 Ni-X 伸缩振动。

　　CNi_4Cl_4、$GeNi_4Cl_4$ 各峰对应的振动模式与 $SiNi_4Cl_4$ 基本相同，但由于中心原子不同，振动能量差异较大，峰位随之变化。与 $SiNi_4Cl_4$ 相比，CNi_4Cl_4 的红外吸收峰整体蓝移，而 $GeNi_4Cl_4$ 的峰则整体红移。随着中心原子的增大，Ni-X 振动吸收峰的峰位差异十分明显。

3.4.5　热力学稳定性

　　当 Ni_4Cl_4 中心加入 X（X=C, Si, Ge）原子后，由于中心原子和配体强的键合作用，使 XNi_4Cl_4（X=C, Si, Ge）体系稳定性增加。该系列中心为其它非金属原子时情形类似。由于 Ni_4Cl_4 为真正极小，考虑以下路线合成该系列化合物：

$$Ni_4Cl_4(^3A_{1g}) + X = XNi_4Cl_4\,(^1A_{1g})$$

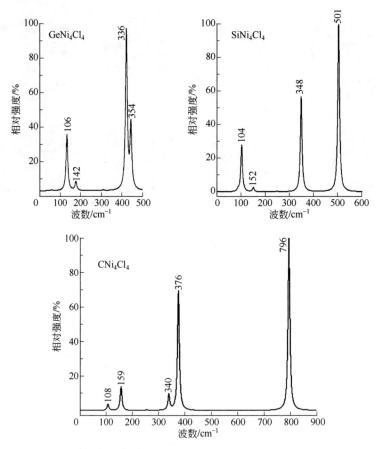

图 3-11 理论拟合的平面四配位碳、硅、锗化合物 XNi₄Cl₄（X=C, Si, Ge）的红外光谱

当 X=C、Si、Ge 时候，反应前后能量变化分别为 $\Delta E=-766.08\text{kJ/mol}$、$-557.37\text{kJ/mol}$、$-463.62\text{kJ/mol}$，表明用 $Ni_4Cl_4\,(^3A_{1g})$ 作为配体稳定平面四配位非金属中心在热力学上是有利的，同时进一步支持该系列化合物的稳定性。这些理论结果为进一步实验合成及表征提供了理论依据，对于实验过程的具体动力学尚需要进一步研究。

本节主要探讨了过渡金属 Ni、Pd、Pt 配位平面四配位碳、硅等非金属原子的系列化合物。M_4Cl_4（M=Ni, Pd, Pt）作为配体可以稳定 C、Si、Ge 中心形成平面四配位碳、硅、锗统一模式分子。由于 Ni、Pd、Pt 为同一族元素，该系列化合物在成键特点上类似。过渡金属原子为第二、三过渡系金属 Pd、Pt 时，分子轨道能级排布略有差异。桥 Cl 原子的半径较大，而且可以调节过渡金属环的包容性，因此可以容纳几乎所有的ⅢA、ⅣA、ⅤA 族原子。离域的 δ、π、σ 分子轨道为这些化合物提供了额外的稳定化能。

3.5 含多个平面四配位硅、锗的过渡金属卤烃化合物

前面我们理论预测了含一个平面四配位 C、Si、Ge 的化合物 XM$_4$Cl$_4$（X=C, Si, Ge; M=Ni, Pd, Pt）的结构和性质。CM$_4$H$_4$（X=C, Si, Ge; M=Ni, Pd, Pt）可以作为结构基元进行一维、二维拓展得到含多个平面四配位碳的金属烃化合物，同样稳定的 XM$_4$Cl$_4$ 是否也可以作为结构基元进行拓展，得到含多个平面四配位硅、锗的金属卤烃化合物呢？本节我们将以 SiNi$_4$Cl$_4$、GeNi$_4$Cl$_4$ 为结构基元进行一维拓展，采用密度泛函理论方法系统探讨含多个平面四配位硅、锗的金属卤烃化合物的结构和性质。

3.5.1 一维拓展化合物 X$_n$Ni$_{2n+2}$Cl$_{2n+2}$（X=Si, Ge; n=2~8）

两个 SiNi$_4$Cl$_4$ 单元脱去一分子 Ni$_2$Cl$_2$ 缩合得到完美的平面 D_{2h} Si$_2$Ni$_6$Cl$_6$，最小振动频率为 13cm^{-1}，为势能面上的真正极小。三个 SiNi$_4$Cl$_4$ 单元可以缩合两分子 Ni$_2$Cl$_2$ 得到 D_{2h} Si$_3$Ni$_8$Cl$_8$，但存在两个小虚频(<15cm^{-1})，消除虚频后得到整体略微弯曲的 C_{2v} 稳定结构。随着 n 值增大，稳定的 Si$_n$Ni$_{2n+2}$Cl$_{2n+2}$ 化合物结构弯曲程度也进一步变大。

图 3-12 列出了 B3LYP/def2-TZVP 理论水平上含多个平面四配位硅的系列化合物 Si$_n$Ni$_{2n+2}$Cl$_{2n+2}$（n=2~8）的优化结构。C_{2v} Si$_3$Ni$_8$Cl$_8$ 中∠Si-Si-Si 为 158.47º，而 C_{2v} Si$_8$Ni$_{20}$Cl$_{20}$ 中∠Si-Si-Si 为 117.06º。值得注意的是，在 C_{2v} Si$_n$Ni$_{n+2}$Cl$_{n+2}$ 系列化

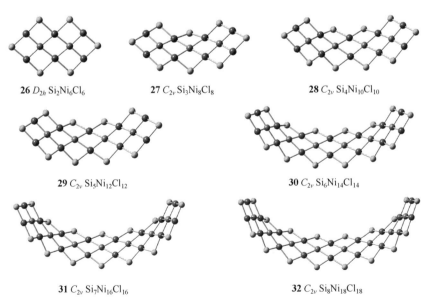

26 D_{2h} Si$_2$Ni$_6$Cl$_6$ **27** C_{2v} Si$_3$Ni$_8$Cl$_8$ **28** C_{2v} Si$_4$Ni$_{10}$Cl$_{10}$

29 C_{2v} Si$_5$Ni$_{12}$Cl$_{12}$ **30** C_{2v} Si$_6$Ni$_{14}$Cl$_{14}$

31 C_{2v} Si$_7$Ni$_{16}$Cl$_{16}$ **32** C_{2v} Si$_8$Ni$_{18}$Cl$_{18}$

图 3-12 含 1 个及多个平面四配位硅的 Si$_n$Ni$_{2n+2}$Cl$_{2n+2}$（n=2~8）的优化结构

合物中，∠Ni-Si-Ni 介于 173.50°～179.88°，揭示 Si 原子接近完美的平面四配位。在 D_{2h}Si$_2$Ni$_6$Cl$_6$ 中两种 Si-Ni 键长分别为 2.135Å、2.186Å，r_{Ni-Cl} 介于 2.159～2.354Å，与 D_{4h}SiNi$_4$Cl$_4$ 中的 Si-Ni 键长 2.135Å、Ni-Cl 键长 2.198Å 相比变化不大。

在周期表中 Ge 和 Si 为同主族原子，Ge 位于 Si 下方，原子半径相对较大，金属性较强。Ge$_n$Ni$_{2n+2}$Cl$_{2n+2}$ 与 Si$_n$Ni$_{2n+2}$Cl$_{2n+2}$（n=2～8）的结构模式基本类似，但值得注意的是，随着 n 值的增大，Ge$_n$Ni$_{n+2}$Cl$_{n+2}$ 的结构并未像 Si$_n$Ni$_{n+2}$Cl$_{n+2}$ 一样出现弯曲，而是仍保持完美的平面结构，即 Ge$_n$Ni$_{n+2}$Cl$_{n+2}$（n=2～8）的对称性均为 D_{2h}。是什么原因导致 Si$_n$Ni$_{2n+2}$Cl$_{2n+2}$（n=3～8）的结构弯曲呢？我们先来分析 D_{2h}Si$_2$Ni$_6$Cl$_6$ 中原子携带的电荷情况。Si 原子携带 0.91|e| 的正电荷，但两个 Si 原子相距较远（3.408Å），且中间两个负电荷的 Ni 原子将它们隔离，相互排斥作用极为有限；两侧相邻的 Ni 原子携带的电荷分别为 0.10|e|和−0.27|e|，彼此电性相反不存在斥力；同侧相邻的 Cl 原子相距 3.484Å，携带的电荷为−0.27|e|，相互排斥作用较大。当 n=3 时，新增的 Cl 原子使得 Cl 原子之间的排斥作用进一步增大，必须借助整体弯曲来减弱排斥。事实上，弯曲之后相邻 Cl 原子之间距离明显增大，从而使体系能量降低而得以稳定。在 D_{2h} Si$_3$Ni$_8$Cl$_8$ 中，相邻 Cl 原子间距离为 3.500Å，而弯曲的 C_{2v} Si$_3$Ni$_8$Cl$_8$ 中其增至 3.603Å，距离的增加使得 Cl-Cl 之间的斥力明显变小。在整个 C_{2v} Si$_n$Ni$_{2n+2}$Cl$_{2n+2}$（n=3～8）中，相邻 Cl 原子间距介于 3.588～3.632Å，且中间 Cl 原子间距较大，靠近两端的间距相对较小。而在 D_{2h} Ge$_3$Ni$_8$Cl$_8$ 中，相邻 Cl 原子间距离为 3.578Å，同 C_{2v} Si$_3$Ni$_8$Cl$_8$ 中的接近，斥力较小，结构不需要弯曲。

图 3-13 列出了含多个平面四配位锗的 Ge$_n$Ni$_{2n+2}$Cl$_{2n+2}$（n=2～8）的优化结构。这些美丽的平面结构均为体系势能面上的真正极小。表 3-5 列出了含多个平面四配位 Si、Ge 的 X$_n$Ni$_{2n+2}$Cl$_{2n+2}$（X=Si, Ge; n=2～8）化合物的原子自然电荷、键级、最小振动频率和 HOMO-LUMO 能隙等重要参数。从电荷分布上看，平面四配位 Si、Ge 原子接近失去一个电子；靠近中间与两个 Si（或 Ge）原子键连的 Ni 携带的电荷为−0.24～−0.31|e|，接近两端的 Ni 由于仅仅与 1 个 Si（或 Ge）及 2 个 Cl 原子键连而携带约 0.10～0.14|e|的正电荷；电负性大的 Cl 原子携带−0.23～−0.31|e|的负电荷，Si(或 Ge)-Ni 间韦伯键级介于 0.56～0.80，Ni-Cl 间韦伯键级介于 0.41～0.58，表明整个体系的原子之间以共价键为主。X$_n$Ni$_{2n+2}$Cl$_{2n+2}$（X=Si, Ge; n=2～8）化合物中的 Si、Ge 原子韦伯总键级介于 3.20～3.44，满足八隅律。大的 HOMO-LUMO 能隙进一步支持这些平面四配位 Si、Ge 化合物的稳定性。

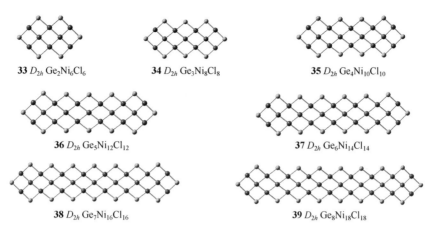

33 D_{2h} Ge$_2$Ni$_6$Cl$_6$　　　　**34** D_{2h} Ge$_3$Ni$_8$Cl$_8$　　　　**35** D_{2h} Ge$_4$Ni$_{10}$Cl$_{10}$

36 D_{2h} Ge$_5$Ni$_{12}$Cl$_{12}$　　　　　　**37** D_{2h} Ge$_6$Ni$_{14}$Cl$_{14}$

38 D_{2h} Ge$_7$Ni$_{16}$Cl$_{16}$　　　　　　**39** D_{2h} Ge$_8$Ni$_{18}$Cl$_{18}$

图 3-13　含多个平面四配位锗的 Ge$_n$Ni$_{2n+2}$Cl$_{2n+2}$（n=2～8）的优化结构

表 3-5　B3LYP/def2-TZVP 理论水平上 X$_n$Ni$_{2n+2}$Cl$_{2n+2}$（X=Si, Ge; n=2～8）（**26**～**39**）的自然电荷（q）、韦伯键级（WBI$_X$）、最小振动频率 v_{min} 及 HOMO-LUMO 能隙 ΔE_g

化合物	态	$q_X/|e|$	$q_{Ni}/|e|$	$q_{Cl}/|e|$	WBI$_{X-Ni}$	WBI$_{Ni-Cl}$	WBI$_X$	v_{min}/cm^{-1}	ΔE_g/(kJ/mol)
26	^1A_g	0.91	0.10～−0.27	−0.27～−0.30	0.59～0.80	0.43～0.58	3.44	13	262.92
27	$^1A_1$	0.94～1.10	0.10～−0.31	−0.24～−0.27	0.59～0.79	0.44～0.57	3.33～3.43	10	242.75
28	$^1A_1$	0.94～1.12	0.10～−0.34	−0.23～−0.30	0.59～0.79	0.44～0.57	3.31～3.43	6	235.30
29	$^1A_1$	0.94～1.12	0.10～−0.34	−0.23～−0.30	0.60～0.79	0.46～0.57	3.30～3.43	2	229.26
30	$^1A_1$	0.94～1.14	0.10～−0.34	−0.23～−0.30	0.60～0.79	0.47～0.57	3.30～3.43	4	225.24
31	$^1A_1$	0.94～1.14	0.10～−0.34	−0.23～−0.30	0.60～0.79	0.47～0.57	3.30～3.43	2	222.67
32	$^1A_1$	0.94～1.14	0.10～−0.34	−0.23～−0.30	0.60～0.79	0.47～0.57	3.30～3.43	2	219.54
33	^1A_g	0.75	0.15～−0.16	−0.29～−0.31	0.57～0.78	0.42～0.58	3.37	17	233.33
34	^1A_g	0.79～0.93	0.15～−0.20	−0.26～−0.29	0.56～0.78	0.41～0.57	3.25～3.35	3	209.88
35	^1A_g	0.80～0.96	0.14～−0.24	−0.25～−0.31	0.59～0.79	0.41～0.58	3.24～3.35	1	196.83
36	^1A_g	0.80～0.99	0.14～−0.25	−0.25～−0.31	0.57～0.78	0.41～0.57	3.21～3.34	3	189.96
37	^1A_g	0.80～0.99	0.14～−0.25	−0.25～−0.31	0.57～0.78	0.41～0.57	3.21～3.34	2	185.91
38	^1A_g	0.80～0.99	0.14～−0.25	−0.25～−0.31	0.58～0.78	0.41～0.57	3.21～3.34	2	183.23
39	^1A_g	0.80～0.99	0.14～−0.25	−0.25～−0.31	0.58～0.78	0.41～0.57	3.20～3.34	2	181.40

为了进一步了解该系列化合物的成键特征，我们对代表性化合物 D_{2h} $Ge_2Ni_6Cl_6$ 和 D_{2h} $Ge_3Ni_8Cl_8$ 进行了分子轨道分析。图 3-14 和图 3-15 分别列出了 $Ge_2Ni_6Cl_6$ 和 $Ge_3Ni_8Cl_8$ 部分典型的型分子轨道。$Ge_2Ni_6Cl_6$ 的 HOMO 轨道主要为 Ni 原子 3d 轨道的贡献，对成键没有什么贡献；HOMO-4 由垂直于分子平面的四个 Ni 原子的 $3d_{z^2}$ 轨道重叠形成，为 δ 型轨道；HOMO-6、HOMO-16 表明 Ni-Ni 之间有明显 σ 键和 δ 键作用；HOMO-18、HOMO-20 揭示离域 σ 键的形成主要为 Ni 和 Cl 原子的贡献，Ge 原子贡献很小；HOMO-23 和 HOMO-26 揭示 Ni 和 Si 原子间形成了 d-p π 键。

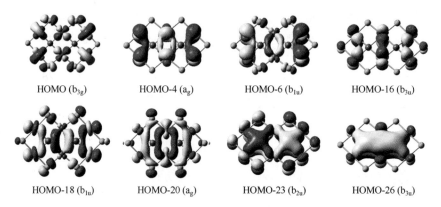

图 3-14　D_{2h} $Ge_2Ni_6Cl_6$ 的部分代表性分子轨道图

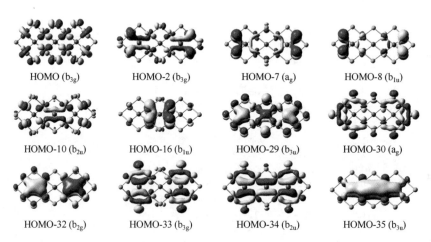

图 3-15　D_{2h} $Ge_3Ni_8Cl_8$ 的部分代表性分子轨道图

$Ge_3Ni_8Cl_8$ 的 HOMO 情形与 $Ge_2Ni_6Cl_6$ 类似，HOMO-2、HOMO-7、HOMO-10 轨道揭示了中心原子和过渡金属的部分 σ 键作用，HOMO-7、HOMO-8 和 HOMO-16 揭示 Ni-Ni 之间 δ 键作用对于体系稳定性有着重要贡献。HOMO-30、HOMO-33、

HOMO-34 表明 Ni 原子和桥 Cl 原子间形成有效的离域 σ 键，而 HOMO-29、HOMO-32、HOMO-35 表明 Ni 原子的 $3d_{xz}$、$3d_{yz}$ 轨道与 Ge 的 $4p_z$ 轨道形成强的 d-pπ 键。离域 π 键的形成使得体系能量大大降低，进一步支持体系的稳定性。其余 $X_nNi_{2n+2}Cl_{2n+2}$ 化合物的成键特征与 $Ge_2Ni_6Cl_6$、$Ge_3Ni_8Cl_8$ 类似，这里不再赘述。

3.5.2 二维拓展

与之前 CNi_4H_4 为基元进行一维、二维拓展类似，$Si_nNi_{n+2}Cl_{n+2}$（$n=3\sim8$）的弯曲结构使我们进一步设想其两端可以通过缩合得到桶状结构的 $Si_nNi_{2n}Cl_{2n}$，然而计算结果同我们的预期并不一致。频率分析表明，在 B3LYP/def2-TZVP 理论水平上，具有完美 D_{nh} 对称性的含多个平面四配位硅的化合物 $Si_nNi_{2n}Cl_{2n}$（$n=4\sim8$）均有一个虚频，为过渡态结构。消除虚频后，一个桥 Cl 迁移至 Si 原子上，形成立体五配位 Si。图 3-16 列出了桶状结构的 D_{4h} $Si_4Ni_8Cl_8$、$Ge_4Ni_8Cl_8$ 及含立体五配位 Si、Ge 的异构体优化结构及相对能量。在 B3LYP/def2-TZVP 理论水平上，**40A**、**41A** 能量比 **40B**、**41B** 能量分别高 228.27kJ/mol、102.48kJ/mol，表明从热力学稳定性上并不支持桶状结构，即这种二维拓展模式不可行。我们如果将 **40B**、**41B** 中 Si 上的 Cl 原子去掉，则可得到稳定的含平面四配位 Si、Ge 的 C_{2v} $Si_4Ni_8Cl_4$、$Ge_4Ni_8Cl_4$。这些结果表明这种拓展基本可行，但需要进一步系统研究。

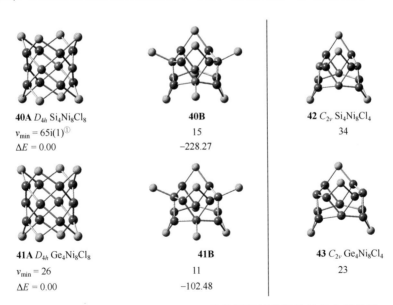

40A D_{4h} $Si_4Ni_8Cl_8$
$v_{min} = 65i(1)$[①]
$\Delta E = 0.00$

40B
15
-228.27

42 C_{2v} $Si_4Ni_8Cl_4$
34

41A D_{4h} $Ge_4Ni_8Cl_8$
$v_{min} = 26$
$\Delta E = 0.00$

41B
11
-102.48

43 C_{2v} $Ge_4Ni_8Cl_4$
23

图 3-16　桶状 $Si_4Ni_8Cl_8$、$Ge_4Ni_8Cl_8$ 及能量更低的异构体优化结构及
最小振动频率（相对能量单位为 kJ/mol）

① 65i(1)中，i 表示虚频，(1)表示虚频的个数

含平面四配位 Si、Ge 的 C_{2v} $Si_4Ni_8Cl_4$、$Ge_4Ni_8Cl_4$ 的结构和频率也同时列出

综上，本节我们以平面四配位 Si、Ge 化合物 $SiNi_4Cl_4$、$GeNi_4Cl_4$ 为基本单元，在 B3LYP/def2-TZVP 理论水平上探讨了其一维拓展化合物 $X_nNi_{2n+2}Cl_{2n+2}$（X=Si, Ge; n=2～8）的结构和稳定性。在此基础上，我们初步探讨了二维拓展的可能性。这些计算结果将为我们进一步实验合成或表征提供理论依据，并拓展平面四配位 Si、Ge 化合物研究领域。

参 考 文 献

[1] Schleyer, P. v. R.; Boldyrev, A. I. *J. Chem. Soc., Chem. Commun.* [J], **1991**, 1536-1538.

[2] Boldyrev, A. I.; Simons, J. *J. Am. Chem. Soc.* [J], **1998**, 120: 7967-7972.

[3] Li, X.; Wang, L. S.; Boldyrev, A. I.; et al. *J. Am. Chem. Soc.* [J], **1999**, 121: 6033-6038.

[4] Li, X.; Zhang, H. F.; Wang, L. S.; et al. *Angew. Chem., Int. Ed.* [J], **2000**, 39: 3630-3632.

[5] Wang, L. S.; Boldyrev, A. I.; Li, X.; et al. *J. Am. Chem. Soc.* [J], **2000**, 122: 7681-7687.

[6] Merino, G.; Méndez-Rojas, M. A.; Vela, A.; et al. *J. Am. Chem. Soc.* [J], **2003**, 125: 6026-6027.

[7] Merino, G.; Méndez-Rojas, M. A.; Beltran, H. I.; et.al. *J. Am. Chem. Soc.* [J], **2004**, 126: 16160-16169.

[8] Musanke, U. E.; Jeitschko, W. *Z. Naturforsch.* [J], **1991**, 46b: 1177-1182.

[9] Merschrod, E. F.; Tang, S. H.; Hoffmann, R. *Z. Naturforsch.* [J], **1998**, 53b: 322-332.

[10] Tsipis, A. C.; Tsipis,C. A. *J. Am. Chem. Soc.* [J], **2003**, 125:1136-1137.

[11] Tsipis, C. A.; Karagiannis, E. E.; Kladou, P. F. *J. Am. Chem. Soc.* [J], **2004**, 126: 12916-12929.

[12] Li, S. D.; Ren, G. M.; Miao, C. Q.; et al. *Angew. Chem. Int. Ed.* [J], **2004**, 43: 1371-1373.

[13] 李思殿, 郭巧凌, 苗常青, 等, 物理化学学报[J], **2007**, 23: 743-745.

[14] Wang, Z. X.; Schleyer, P. v. R. *Angew. Chem. Int. Ed.* [J], **2002**, 41: 4082-4085.

[15] Geske, G. D.; Boldyrev, A. I. *Inorg. Chem.* [J], **2002**, 41: 2795-2798.

[16] Dinadayalane, T. C.; Priyakumar, U. D.; Sastry, G. N. *J. Phys. Chem. A*[J], **2004**, 108: 1143-11448.

[17] Pancharatna, P. D.; Méndez-Rojas, M. A.; Merino, G.; et al. *J. Am. Chem. Soc.* [J], **2004**, 126: 15309-15315.

[18] Erhardt, S.; Frenking, G.; Chen, Z. F.; et al. *Angew. Chem. Int. Ed.* [J], **2005**, 44: 1078-1082.

[19] Wu, Y. B.; Yuan, C. X.; Yang, P. *J. Mol. Struc-THEOCHEM* [J], **2006**, 765: 35-38.

[20] Minyaev, R. M.; Gribanova, T. N.; Minkin, V. I.; et al. *J. Org. Chem.* [J], **2005**, 70: 6693-6704.

[21] Li, S. D.; Ren, G.M.; Miao, C. Q. *J. Phys. Chem. A*[J], **2005,** 109: 259-261.

[22] Boldyrev, A. I.; Li, X.; Wang, L. S. *Angew. Chem. Int. Ed.* [J], **2000**, 39: 3307-3310.

[23] Li, S. D.; Miao, C. Q.; Guo, J. C.; et al. *J. Am. Chem. Soc.* [J], **2004**, 126: 16227-16231.

[24] Li, S. D.; Guo, J.C.; Miao, C. Q.; et al. *J. Phys. Chem. A* [J], **2005**, 109: 4133-4136.

[25] Belanzoni, P.; Giorgi, G.; Cerofolini, G.F.; et al. *Theor. Chem. Acc.* [J], **2006**, 115: 448-459.

[26] Li, S. D.; Ren, G.M.; Miao, C. Q. *Inorg. Chem.* [J], 2004, 43: 6331-6333.

[27] Li, S. D.; Miao, C. Q. *J. Phys. Chem. A* [J], **2005**, 109: 7594-7597.

[28] Su, M.D. *Inorg. Chem.* [J], **2005**, 44: 4829-4833.

[29] Guo, J.C.; Li, S. D. *J. Mol. Struc-THEOCHEM* [J], **2007**, 816: 59-65.

第4章　平面多配位碳超碱金属化合物

4.1　桥氢稳定的平面五配位碳化合物 $CBe_5H_n^{n-4}$ （ $n=2\sim5$ ）

在平面四配位碳化合物研究取得系列重要进展后，配位数更高的平面五配位碳（ppC）化合物开始引起理论研究者的兴趣，受到学界关注。

2001 年，汪志祥和 Schleyer 采用含平面五配位碳的硼碳单元-C_3B_3-、-C_2B_4-、-CB_5-取代芳香性或反芳香性碳氢化合物 -$(CH)_3$- 单元，理论设计了被称为"Hyparenes"的系列平面五配位碳分子[1]。2004 年，李思殿等人采用新颖的金属铜烃 Cu_5H_5 稳定平面五配位碳，在密度泛函理论水平上设计了平面五配位碳化合物 CCu_5H_5[2]。随后，罗琼等人理论研究了最小的平面五配位碳体系 CBe_5 和 CBe_5^{4-} 的结构和稳定性[3]。曾晓成等人理论探讨了含平面五、六配位碳的硼碳二元团簇的可能性[4]。含平面五配位碳的钨碳团簇 CW_5^{2+} 和硅碳二元团簇 $Si_{10}C_2$ 也被理论预测[5,6]。但这些 ppC 体系基本上都为能量较高的局域极小，不易被实验合成或检测。随着量化软件的不断更新和计算能力的不断增强，仅仅发现和研究平面五配位碳局域极小已经不能满足进一步实验的要求，得到平面五配位碳全局极小成为理论研究者的新任务。2008 年，裴勇等人理论预测了首例平面五配位碳全局极小团簇 CAl_5^+[7]。CAl_5^+ 具有完美的平面 D_{5h} 对称性结构，中心碳原子被周边 5 个 Al 配位，与经典的平面四配位碳体系 CAl_4^{2-} 类似，均满足 18 电子稳定规则。等电子替代是设计新颖化合物的有效方法。用 Be^- 取代部分 CAl_5^+ 中与之等(价)电子的 Al 原子，同时整体保持 18 电子，可得到一系列平面五配位碳全局极小结构 CAl_4Be、$CAl_3Be_2^-$、$CAl_2Be_3^{2-}$[8,9]。元素周期表中，Al 和 Be 处于对角线位置，同时 Be^-、BeH 基团与 Al 原子为等电子体，双重关联使得 Be^-、BeH 基团与 Al 原子在成键性质上具有类似性，如果用 Be^-、BeH 取代 CAl_5^+ 中的 Al 原子，或者用 BeH 取代 $CAl_2Be_3^{2-}$、$CAl_3Be_2^-$、CAl_4Be、CAl_5^+ 中的 Al 原子，整体上仍满足 18 电子，是否可以获得稳定的平面五配位碳体系呢？

本节我们基于密度泛函理论方法，重点设计桥氢稳定的平面五配位碳全局极小系列化合物，对系列 $CBe_5H_n^{n-4}$（ $n=2\sim5$ ）化合物的结构和性质进行了系统研究[10]。需要指出的是，$CBe_5H_n^{n-4}$（ $n=2\sim5$ ）与不久前文献报道的平面五配位碳体系

CBe$_5$Li$_n^{n-4}$（n=2～5）[11]为等电子体。这些平面五配位碳化合物结构新颖，具有良好的热力学和动力学稳定性，有望被实验检测和合成。

4.1.1 理论设计及表征

为了更好地进行比较，我们对文献已经报道的平面五配位碳全局极小结构CAl$_2$Be$_3^{2-}$、CAl$_3$Be$_2^-$、CAl$_4$Be、CAl$_5^+$重新进行了结构优化。图 4-1 列出了 B3LYP/

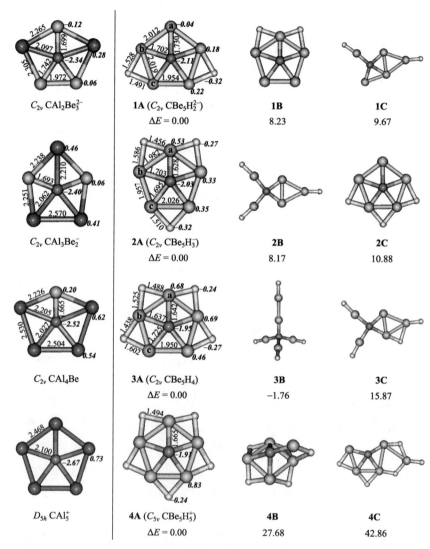

图 4-1　B3LYP/def2-TZVP 水平上优化的 CAl$_2$Be$_3^{2-}$、CAl$_3$Be$_2^-$、CAl$_4$Be、
CAl$_5^+$、CBe$_5$H$_n^{n-4}$（n=2～5）基态及三个低能量异构体

注：1. CCSD(T)水平上的相对能差（kJ/mol）也一起列出；2. 结构式上标注的数值正体表示键长（Å），斜体加粗的表示自然电荷的数值（|e|）

def2-TZVP 理论水平上优化的 $CAl_2Be_3^{2-}$、$CAl_3Be_2^-$、CAl_4Be、CAl_5^+、$CBe_5H_n^{n-4}$（n=2～5）基态及两个低能量异构体。当采用 BeH 替代 $CAl_2Be_3^{2-}$、$CAl_3Be_2^-$、CAl_4Be、CAl_5^+ 中的 Al 原子时，H 原子有两种可能方式（桥基或端基）与 Be 原子成键。在文献已经报道的 $CBe_4H_4^{2-}$ 化合物[12]全局极小结构中，H 原子以端基方式与 Be 原子结合。$CBe_5H_n^{n-4}$（n=2～5）中的 H 是否与之类似呢？计算结果表明，与 $CBe_4H_4^{2-}$ 截然不同，在化合物 $CBe_5H_n^{n-4}$（n=2～5）中桥氢比端氢更有利。在 B3LYP/def2-TZVP 水平上，我们对端 H 结构的 $CBe_5H_2^{2-}$ 进行结构优化时，其端氢不能稳定存在，很快就转变为桥氢。含端氢的 $CBe_5H_3^-$、CBe_5H_4、$CBe_5H_5^+$ 结构在 B3LYP/def2-TZVP 水平上不是局域极小，最低频率均为虚频，振动模式为端 H 绕着 CBe_5 单元进行转动，即氢原子由端基向桥基转变。桥氢结构的 C_{2v} $CBe_5H_2^{2-}$、C_{2v} $CBe_5H_3^-$ 和 C_{2v} CBe_5H_4 在 B3LYP/def2-TZVP 水平上为势能面上真正极小结构，而平面结构的 D_{5h} $CBe_5H_5^+$ 却有一个虚频，振动模式为中心平面五配位碳原子向上脱离平面。沿着振动趋势消除虚频后得到 C 原子略高于 Be_5 环平面 0.12Å 的 C_{5v} $CBe_5H_5^+$ 准平面结构。从能量上看，桥基结构比端基结构的 $CBe_5H_3^-$、CBe_5H_4、$CBe_5H_5^+$ 分别低 177.45kJ/mol、124.82kJ/mol、501.65kJ/mol。桥氢结构在能量上比端氢结构具有明显优势，因此，本节我们重点关注具有桥氢结构的 $CBe_5H_n^{n-4}$（n=2～5）。为揭示平面五配位碳化合物 $CBe_5H_n^{n-4}$（n=2～5）的成键特征，我们对其进行了 AdNDP（适应性自然密度划分）分析。由于 AdNDP 分析对所采用的基组不敏感，我们选择计算量相对较小、结果可靠的 6-31G(d)基组。

图 4-2 列出了 B3LYP/6-31G(d) 水平上 $CBe_5H_n^{n-4}$（n=2～5）的 AdNDP 成键模式。图中第 1 列为 $CBe_5H_n^{n-4}$（n=2～4）中无桥氢的 Be-Be 之间形成典型的二中心二电子(2c-2e) σ键，电子布居数（ON）均为 1.95|e|；而有桥氢的 Be-H-Be 则形成三中心二电子(3c-2e)离域σ键，电子布居数均为 1.99|e|。Be-H-Be 离域σ键的存在有利于体系稳定，$CBe_5H_2^{2-}$、$CBe_5H_3^-$、CBe_5H_4、$CBe_5H_5^+$ 中 Be-H-Be 3c-2e 离域σ键的个数由 2 逐渐增加至 3、4、5，同时 B3LYP/def2-TZVP 水平上其 HOMO 轨道和 LUMO 轨道之间的能隙也由 240.47kJ/mol 逐渐增加至 584.57kJ/mol。Be-H-Be 3c-2e 离域σ键的形成是这些平面五配位碳体系稳定的一个重要因素，且随着其个数（从 2 到 5）增加体系稳定性也不断增强。对于 $CBe_5H_n^{n-4}$（n=2～5）体系，剩余的 AdNDP 轨道基本相同。图 4-2 中的第 3-5 列为覆盖整个 CBe_5 单元的 6c-2e 离域σ轨道，最后 1 列为 6c-2e 离域π轨道，这些离域轨道电子布居数为 1.99～2.00|e|。这四个离域轨道使得 $CBe_5H_n^{n-4}$（n=2～5）化合物中心原子碳满足的稳定八隅律。不仅于此，这些离域轨道还赋予体系芳香性：3 个离域σ轨道和 1 个离域 π 轨道使得体系满足休克尔芳香性 $4n+2$ 规则，$CBe_5H_n^{n-4}$（n=2～5）化合物具有σ和 π 双重芳香性。

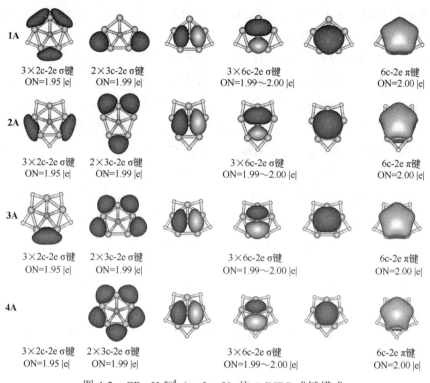

<table>
<tr><td>1A</td><td>3×2c-2e σ键
ON=1.95 |e|</td><td>2×3c-2e σ键
ON=1.99 |e|</td><td>3×6c-2e σ键
ON=1.99～2.00 |e|</td><td>6c-2e π键
ON=2.00 |e|</td></tr>
</table>

3×2c-2e σ键　ON=1.95 |e|　　2×3c-2e σ键　ON=1.99 |e|　　3×6c-2e σ键　ON=1.99～2.00 |e|　　6c-2e π键　ON=2.00 |e|

图 4-2　$CBe_5H_n^{n-4}$（$n=2\sim5$）的 AdNDP 成键模式

$CBe_5H_n^{n-4}$（$n=2\sim5$）化合物的 σ 和 π 双重芳香性可进一步通过核独立化学位移值来进行定量表征。图 4-3 列出了 B3LYP/def2-TZVP 水平上 $CBe_5H_n^{n-4}$（$n=2\sim5$）体系中心、Be-C-Be、Be-H-Be 三角形中心及其上方 1.0Å 处的核独立化学位移（NICS）值。这些负的 NICS 值进一步确证了平面五配位碳 $CBe_5H_n^{n-4}$（$n=2\sim5$）体系的双重芳香性，所得结论与 AdNDP 分析结果完全一致。

从电子数角度，$CBe_5H_n^{n-4}$（$n=2\sim5$）可以看作 CBe_5^{4-} 与 n 个 H^+ 的结合物。在 Merino 等人报道的平面五配位碳 $CBe_5Li_n^{n-4}$（$n=2\sim5$）体系中，从外到内形成了正-正-负（Li-Be-C）电荷分布。

由表 4-1 数据可见，$CBe_5H_n^{n-4}$（$n=2\sim5$）中 H、Be、C 分别携带的电荷为 $-0.24\sim-0.32|e|$、$0.18\sim0.83|e|$ 及 $-1.91\sim-2.11|e|$，形成类三明治负-正-负（H-Be-C）电荷结构。$CBe_5H_n^{n-4}$（$n=2\sim5$）中 Be-H 相互吸引，而 $CBe_5Li_n^{n-4}$（$n=2\sim5$）中 Be-Li 同种电荷相互排斥，因此电荷分布上 $CBe_5H_n^{n-4}$（$n=2\sim5$）比 $CBe_5Li_n^{n-4}$（$n=2\sim5$）更有利。$CBe_5H_n^{n-4}$（$n=2\sim5$）中 C-Be 韦伯键级介于 0.45～0.75，表明碳和铍之间主要为共价键作用。$CBe_5H_n^{n-4}$（$n=2\sim5$）中 Be-Be 之间的作用，根据有无桥氢可分为两种情况。无桥氢键连的 Be-Be 韦伯键级介于 0.91～0.98，为典型的共价

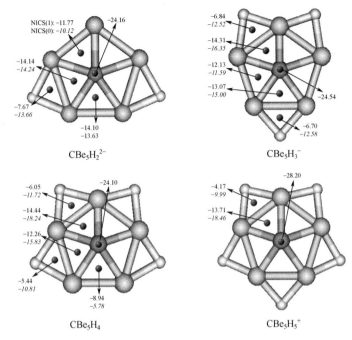

图 4-3　$CBe_5H_n^{n-4}$（$n=2\sim5$）特定位置的 NICS 值

注：图中数据正体表示 NICS(1) 值，斜体表示 NICS(0) 值

表 4-1　B3LYP/def2-TZVP 理论水平上 $CBe_5H_n^{n-4}$（$n=2\sim5$）的最低
振动频率 v_{min}、能隙、韦伯键级等重要参数

化合物	v_{min} /cm^{-1}	ΔE_g /(kJ/mol)	WBI$_{C-Be}$ Be$_a$/Be$_b$/Be$_c$	WBI$_{Be-Be}$ a-b/b-c/c-c	WBI$_{Be-X}$ Be$_a$/Be$_b$/Be$_c$	WBI$_C$	WBI$_{Be}$ Be$_a$/Be$_b$/Be$_c$	WBI$_H$ ab/bc/cc
$CBe_5H_2^{2-}$	219	240.47	0.47/0.56/0.60	0.91/0.17/0.98	—/0.42/0.46	2.82	2.45/2.26/2.36	—/0.91/—
$CBe_5H_3^{-}$	195	268.77	0.75/0.53/0.53	0.18/0.97/0.16	0.55/0.35/0.44	2.91	2.35/2.17/2.23	0.94/—/0.91
CBe_5H_4	75	256.22	0.70/0.67/0.45	0.21/0.16/0.96	0.48/0.44/— —/0.56/0.34	2.98	2.17/2.14/2.02	0.95/0.94/—
$CBe_5H_5^{+}$	68	584.57	0.60	0.19	0.46	3.03	1.96	0.95

注：a, b, c 标号对应图 4-1 中结构的序号，ab, bc, cc 标明对应的 Be-Be 键连的桥氢所在位置。

单键。桥氢键连的 Be-Be 韦伯键级明显小，介于 $0.16\sim0.21$，氢原子的存在使得形成 Be-H-Be 三中心二电子（3c-2e）离域σ键，每个桥氢的 Be-H 韦伯键级介于 $0.34\sim0.56$。$CBe_5H_n^{n-4}$（$n=2\sim5$）中 C、Be、H 总韦伯键级分别介于 $2.82\sim3.03$、$1.96\sim2.45$ 及 $0.91\sim0.95$。值得一提的是 Be 总键级大于 2，表明其与相邻原子形成多中心键。

4.1.2 良好的热力学和新颖的动力学稳定性

这些结构新颖的平面五配位碳 $CBe_5H_n{}^{n-4}$（$n=2\sim5$）体系能否将来被实验合成和表征呢？热力学和动力学稳定性很重要。为探讨 $CBe_5H_n{}^{n-4}$（$n=2\sim5$）体系的热力学稳定性，我们采用 GXYZ 全局搜索程序对可能存在的异构体进行搜索，搜索时考虑了不同多重度（包括单重态和三重态）。由图 4-1 可知，在 CCSD(T)/ def2-TZVP// B3LYP/def2-TZVP 理论水平上，包含零点能校正，C_{2v} $CBe_5H_2{}^{2-}$（**1A**）、C_{2v} $CBe_5H_3{}^-$（**2A**）、C_{5v} $CBe_5H_5{}^+$（**4A**）为相应势能面上的全局极小，能量比第二低能量异构体 **1B**、**2B**、**4B** 分别高出 177.45kJ/mol、124.82kJ/mol、501.65kJ/mol。含平面五配位碳的 C_{2v} CBe_5H_4（**3A**）能量比含四面体配位碳的全局极小 **3B** 仅仅高出 43.15kJ/mol，实验上可能共存。良好的热力学稳定性使得这些平面五配位体系 $CBe_5H_n{}^{n-4}$（$n=2\sim5$）（**1A~4A**）有望在气相实验中被合成和表征。

在热力学研究基础上，我们采用 BOMD 方法在 B3LYP/6-31G(d) 理论水平上对 $CBe_5H_n{}^{n-4}$（$n=2\sim5$）（**1A~4A**）体系 298K 下的动力学稳定性进行了分析。图 4-4 列出了 298K 下 $CBe_5H_n{}^{n-4}$（$n=2\sim5$）（**1A~4A**）100ps 动力学模拟过程中相对于优化结构的均方根偏差（RMSD）。由图 4-4（a）可见，C_{2v} $CBe_5H_2{}^{2-}$（**1A**）的 RMSD 曲线最为复杂，然而也最有意思。RMSD 曲线在 38ps、45ps、65ps、77ps、90ps 和 93ps 处出现了六次突跃，表明出现六次异构化。然而每次突跃后 RMSD 的变化幅值几乎相同，表明异构化前后结构相同。为什么异构化前后能量几乎不变呢？从图 4-4 中 $CBe_5H_2{}^{2-}$（**1A**）结构演变情况可知，异构化时 CBe_5 单元基本保持不变，只是两个桥氢原子发生了转移，即桥氢具有流变性。C_{2v} $CBe_5H_3{}^-$（**2A**）中桥氢的流变性明显低于 $CBe_5H_2{}^{2-}$（**1A**）。在 100ps 动力学模拟中，仅仅在 91ps 时出现了一次突跃。与 **1A** 中情形类似，**2A** 中突跃也是桥氢的位置发生的一次转移，然而整体结构与突跃前等价。C_s CBe_5H_4（**3A**）和 C_{5v} $CBe_5H_5{}^+$（**4A**）的结构在 100ps 动力学模拟中没有发生突跃，表明这些桥氢很稳定，不具有流变性。尽管 **1A**、**2A** 氢原子可能具有流变性，但整体结构基本不变，因此 **1A~4A** 具有很好的动力学稳定性。值得一提的是，**4A** 的 RMSD 曲线可分为两部分，56ps 前曲线形态基本不变，然而 56ps 后曲线形态发生了一些变化。我们又进行了一次动力学模拟，是在 32ps 出现这种变化。我们发现 56ps 前 C 原子基本保持在 Be_5 环平面上方，尽管有热力学振动，但在 56ps 后 C 原子则基本稳定在 Be_5 环中心，$CBe_5H_5{}^+$ 为完美的平面结构。振动频率分析揭示 D_{5h} $CBe_5H_5{}^+$ 为一级鞍点，能量比 C_{5v} $CBe_5H_5{}^+$ 准平面结构略高。动力学模拟过程中，结构由平面转化为非平面，势能增加，需要降低部分动能来补偿，从而降低热力学振动幅度，所以导致 RMSD 曲线形态出现上述变化。

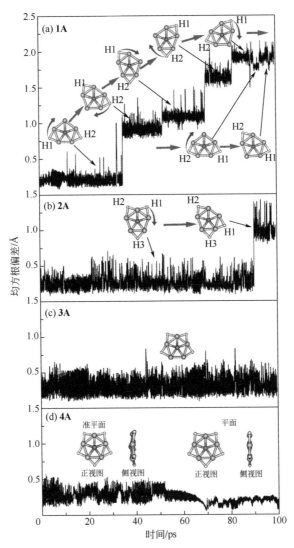

图 4-4　298K 下 $CBe_5H_n^{n-4}$（$n=2\sim5$；**1A**～**4A**）100ps 动力学
模拟过程中均方根偏差（RMSD）

4.1.3　准平面五配位碳拟碱金属阳离子 $CBe_5H_5^+$

由于 $CBe_5H_n^{n-4}$（$n=2\sim5$；**1A**～**4A**）为热力学稳定的全局极小或准全局极小，动力学稳定性良好，有望被实验合成和表征。我们在 OVGF/def2-TZVP 理论水平上计算了相应的垂直电子剥离能（VDE）和垂直电子亲和势（VEA），为将来的实验表征提供理论依据。**1A**、**2A** 负离子第一垂直电子剥离能分别为

−191.05kJ/mol、188.16kJ/mol，相应振子强度为 0.85 和 0.88。负的 VDE 表明 **1A** 将自发电离，需要将其与阳离子复合成盐以便于实验合成及表征。中性的 **3A** 及 **4A** 阳离子第一垂直电子剥离能分别为 600.17kJ/mol 及 1385.60kJ/mol。需要注意的是，C_{5v} $CBe_5H_5^+$（**4A**）垂直电子亲和势为 391.75kJ/mol，与 K^+（395.61kJ/mol）接近，可以看作为拟碱金属阳离子。

综上，我们用 BeH 替代平面五配位碳全局极小结构 $CAl_2Be_3^{2-}$、$CAl_3Be_2^-$、CAl_4Be、CAl_5^+ 中的 Al 原子，理论设计了一系列结构新颖的 $CBe_5H_n^{n-4}$（n=2～5；**1A**～**4A**）体系。外围的 Be-H-Be 三中心二电子键、中心碳原子稳定的 8 电子壳结构、6σ+2π 双重芳香性三个因素共同使得这些平面五配位碳体系 **1A**～**4A** 具有良好的热力学和动力学稳定性。

4.2 星状结构的平面五配位碳超碱金属阳离子

超碱金属指的是电离能低于碱金属 Cs（375.35kJ/mol 或 3.89eV）的团簇或化合物[13]，其概念由 Boldyrev 等人于 1982 年提出[14]。超碱金属设计通常以电负性较大的原子为中心，周围为几个碱金属离子，整体上满足 ML_{k+n}，其中 M 代表电负性较大的原子或基团，L 代表碱金属原子，k 值为 M 原子最大的价数，n 值为碱金属原子的个数。三十多年来，许多单核、双核及多核的具有低的垂直电子剥离能（VDE）的超碱金属或具有低的垂直电子亲和势（VEA）的阳离子被理论设计或被实验合成及表征，包括 Li_2X（X = F, Cl, Br, I）、OM_3（M = Li, Na, K）、NLi_4、BLi_6、$M_2Li_{2k+1}^+$（M = F, O, N, C, B; k = 1, 2, 3, 4, 5）及 YLi_3^+（Y = CO_3, C_2O_4, C_2O_6）[15-19]。不久前，侯娜等发现对类碱土金属阳离子 M^{2+}（M = OLi_4, NLi_5, CLi_6, BLi_7）卤化是设计新型超碱金属阳离子的有效方法[20]。

过去数十年，结构新颖的非经典四面体碳化合物受到学界广泛关注。然而，这些非经典碳化合物通常受两种因素影响而不易稳定。首先，这些非经典碳化合物不遵循价电子对互斥理论（VSEPR），因此有强烈地重组为四面体碳结构的内在要求，从而使得绝大多数非经典碳化合物不能成为稳定的全局极小结构。其次，在设计非经典结构时，为维持稳定性，往往引入一些活性较大的原子，如 Al、B、Be 等。这些裸的活泼原子往往具有较强的反应活性，不易被实验合成。将超碱金属性质引入非经典碳化合物是很有意义的，可以帮助稳定这些非经典化合物，有利于实验合成。学界研究最多的非经典化合物可能要算平面高配位碳化合物了。平面高配位碳化合物研究源于平面四配位碳化合物，即 C 原子以平面四配位方式与四个配体结合形成稳定化合物。

自 1968 年 Monkhorst 在描述过渡态时首次提出平面四配位碳概念，随后诺贝尔奖得主 Hoffmann 等探讨平面四配位碳化合物稳定策略，至今近五十年以来，理论设计、实验合成、表征含有平面四、五、六等多配位碳的新颖化合物成为物理化学和材料科学研究热点之一。然而，自 20 世纪七八十年代至今，已报道的绝大多数平面多配位碳化合物不具有超碱金属特征；反之，绝大多数超碱金属化合物中心原子为立体结构，即不含平面多配位碳。那么是否能将"平面多配位碳"和"超碱金属"两个独特研究方向结合起来，获得结构新颖、性质独特的平面多配位碳超碱金属化合物呢？

理论设计新颖的平面多配位碳超碱金属或其阳离子，除电子亲和势小于 375.35kJ/mol（即 3.89eV）外，还应该具有良好的热力学和动力学稳定性、大的 HOMO-LUMO 能隙，满足上述条件的化合物或阳离子有望被实验合成和表征。目前文献报道的中性及阳离子平面五配位碳全局极小体系有 CAl_5^+、CAl_4Be，然而 Al、Be 较大的电负性使得它们具有较高的电离能或电子亲和势，不能成为超碱金属。罗琼等理论研究发现的 CBe_5^{4-} 和 CBe_5 仅为局域极小结构，而非全局极小[3]。在 OVGF/def2-TZVP//Mp2/def2-TZVP 理论水平上，CBe_5 电离能为 709.69kJ/mol。如何基于 CBe_5 单元设计新颖的平面五配位碳超碱金属呢？根据我们之前的研究[11]，桥氢稳定的准平面五配位碳 C_{5v} $CBe_5H_5^+$ 具有小的垂直电子亲和势（VEA= 391.75kJ/mol），可作为拟碱金属。C_{5v} $CBe_5H_5^+$ 的发现将平面多配位碳与超碱金属有机联系起来，是否能进一步降低 VEA，获得稳定的平面五配位碳超碱金属呢？改变桥原子是一个有效办法。为降低 CBe_5 的电离能，我们提出多卤化和多碱金属化策略，卤原子和碱金属原子包裹后可显著降低金属 Be 的活性。

2015 年，Merino 等发现以 CBe_5^{4-} 为基本单元引入碱金属桥 Li^+ 可以得到星状的平面五配位化合物 $CBe_5Li_5^+$，其为体系势能面上的全局极小结构[11]。由此可知碱金属锂化可以稳定平面五配位碳并降低电离能，但他们没有研究 $CBe_5Na_5^+$ 和 $CBe_5K_5^+$ 的结构和稳定性。此外，对于 $CBe_5Li_5^+$ 是否为超碱金属阳离子也没有进行探讨。除了 H、Li、Na、K 可作为桥原子外，卤原子也容易以桥基方式存在。我们重点探讨星状 $CBe_5X_5^+$（X=F, Cl, Br, Li, Na, K）的稳定性及其超碱金属性质。

4.2.1　设计策略

理论设计平面五配位碳超碱金属化合物，需要满足两个条件。首先，设计的化合物电离能或垂直电子亲和势应小于碱金属 Cs 的电离能 375.35kJ/mol。其次，设计的化合物应该为其势能面上的全局极小。本文我们以 CBe_5 结构单元为例，通过修饰降低 CBe_5 的电离能而得到稳定的平面五配位碳超碱金属化合物。

我们提出两个策略：多卤化和多碱金属化。多卤化和多碱金属化通过用惰性的卤素阴离子和碱金属阳离子从外围包裹 CBe_5，可以降低 CBe_5 单元裸露的 Be 原子的活性，使之稳定。我们的计算结果揭示 CBe_5 中 Be-Be 桥位的多卤化和多碱金属化可以得到稳定的星状平面五配位碳化合物 $CBe_5X_5^+$（X=F, Cl, Br, Li, Na, K）阳离子。我们将讨论这些新颖平面五配位碳化合物的结构、稳定性、成键特征。需要指出的是，多锂化策略已有文献[20]报道过，而多卤化策略则是我们首次提出[21]。

4.2.2 星状结构的平面五配位碳化合物

对于 $CBe_5X_5^+$（X = F, Cl, Br, Na, K）化合物的全局极小结构，我们采用 CK 程序在 B3LYP/Lanl2DZ 理论水平上进行了系统搜索。每个 $CBe_5X_5^+$ 结构，对其势能面上的 3000 个驻点进行了搜索，单重态和三重态各 1500 个。对 5 个结构共计搜索了 30000 个驻点，然后在 B3LYP/def2-TZVP 理论水平上对前 10 个低能量结构进行了精确优化，频率分析进一步帮助确认这些驻点结构的稳定性。对于文献报道的 $CBe_5Li_5^+$ 的全局极小结构，我们在 B3LYP/def2-TZVP 水平上对其结构重新进行了优化。在 B3LYP/def2-TZVP 优化结构的基础上，对 $CBe_5X_5^+$（X = F, Cl, Br, Na, K）全局极小结构及 3 个低能量结构在 CCSD(T)/def2-TZVP 进行了单点能计算。在 CCSD(T)/def2-TZVP 水平上确定了相对能量，包含零点能校正。此外，我们还在 MP2/def2-TZVP 对 $CBe_5X_5^+$（X =F, Cl, Br, Li, Na, K）化合物的全局极小结构进行了优化和频率计算。MP2 方法得到的结构与 B3LYP 方法类似，只是键长比 B3LYP 方法得到的略长（约 0.02Å）。

对 CBe_5 进行多卤化和多碱金属化可得到星状的 $CBe_5X_5^+$（X=F, Cl, Br, Li, Na, K）系列阳离子，异构体全局搜索表明这些平面（或准平面）五配位碳阳离子均为基态结构。图 4-5 列出了 B3LYP/def2-TZVP 理论水平上优化的 $CBe_5X_5^+$（X=F, Cl, Br, Li, Na, K；**5A～10A**）基态结构。

由图 4-5 可见，在 CCSD(T)单点水平上，这些星状的平面五配位碳基态结构 **5A～10A** 比最接近的异构体能量低 46.41～134.87kJ/mol。与 Merino 等设计的全局极小的三维星状分子类似，它们是第一系列全局极小的平面星状化合物。在这些星状离子中，**5A**、**8A**、**9A**、**10A** 为完美的平面 D_{5h} 结构，而 **6A** 和 **7A** 结构有所畸变，对称性为 C_2。在 B3LYP/def2-TZVP 水平上，D_{5h} 对称性的 $CBe_5Cl_5^+$ 和 $CBe_5Br_5^+$ 为二级鞍点，能量（包括零点能校正）比基态结构分别高出 0.63kJ/mol 和 3.44kJ/mol。键角∠BeClBe 和∠BeBrBe 由 D_{5h} $CBe_5Cl_5^+$ / $CBe_5Br_5^+$ 中的 62.42°/57.74°变为 **10A/11A** 中的 62.70°～62.83°/58.34°～58.69°。

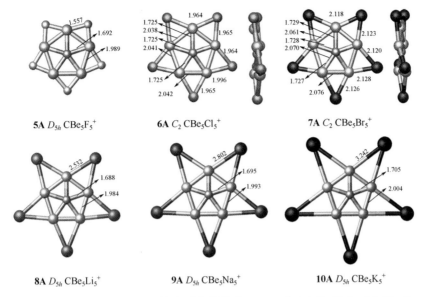

5A D_{5h} CBe$_5$F$_5^+$ **6A** C_2 CBe$_5$Cl$_5^+$ **7A** C_2 CBe$_5$Br$_5^+$

8A D_{5h} CBe$_5$Li$_5^+$ **9A** D_{5h} CBe$_5$Na$_5^+$ **10A** D_{5h} CBe$_5$K$_5^+$

图 4-5 B3LYP/def2-TZVP 理论水平上优化的 CBe$_5$X$_5^+$（X=F, Cl, Br, Li, Na, K；
5A～**10A**）基态结构

4.2.3 成键特征

在 **8A**～**10A** 中，Be-Be 键长差别很小，介于 1.98～2.00Å，而 **5A**～**7A** 中，由于桥原子的影响，Be-Be 键长差别略大，介于 1.99～2.06Å。**8A**～**10A** 中，C-Be 键长介于 1.69～1.71Å。有意思的是，**5A**～**7A** 中的 C-Be、Be-Be 键长与 Be-X（X=F, Cl, Br）的变化趋势相一致，表明桥原子对这些结构起着决定性作用；而在 **8A**～**10A** 中，C-Be、Be-Be 键长基本不变，表明碱金属原子 Li、Na、K 对 CBe$_5$ 单元结构影响不大。

为揭示这些平面五配位碳 CBe$_5$X$_5^+$（X=F, Cl, Br, Li, Na, K）的成键本质，我们对 **5A**～**10A** 进行了 AdNDP 分析。由于 F/Cl/Br 及 Li/Na/K 的相似性，为简便起见，图 4-6 仅列出了代表性化合物 **5A** 和 **8A** 的 AdNDP 成键模式。

由图 4-6 可见，5 个 F 桥原子的 15 个孤对电子均形成 1c-2e 键，布居数 ON 值介于 1.86～1.98。值得注意的是，**5A-10A** 中 np_x 孤对电子布居数介于 1.74～1.86，在所有键中最低，表明 X 原子尤其是 X=Cl、Br 的 np_x 轨道使得 Be-X 作用有显著共价键性质。其余的成键 **5A**～**7A** 和 **8A**～**10A** 基本相同，外围均为 5 个 Be-X-Be 3c-2e 键，然而，在电子云空间分布上 **5A**～**7A** 和 **8A**～**10A** 有些差别。**8A**～**10A** 中 Be-X-Be σ电子主要集中于 Be-Be 间，而 **5A**～**7A** 中则移向 X。这种差别不难理解，主要由 X 原子电负性差异所致，**5A**～**7A** 中 X（X=F, Cl, Br）原子电负性明显比 Be 大，而 **8A**～**10A** 中 X（X=Li, Na, K）原子电负性明显比 Be 小。

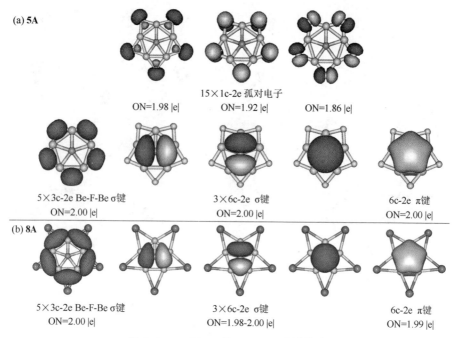

(a) **5A**

15×1c-2e 孤对电子
ON=1.98 |e|　　ON=1.92 |e|　　ON=1.86 |e|

5×3c-2e Be-F-Be σ键　　3×6c-2e σ键　　6c-2e π键
ON=2.00 |e|　　ON=2.00 |e|　　ON=2.00 |e|

(b) **8A**

5×3c-2e Be-F-Be σ键　　3×6c-2e σ键　　6c-2e π键
ON=2.00 |e|　　ON=1.98-2.00 |e|　　ON=1.99 |e|

图 4-6　**5A** 和 **8A** 的 AdNDP 成键模式

为进一步分析 $CBe_5X_5^+$（X=F, Cl, Br, Li, Na, K）的成键特征，在 B3LYP/def2-TZVP 水平上对其自然键轨道（NBO）进行了分析。表 4-2 中的自然电荷、韦伯键级等数据与上述分析结论一致。如 **5A**～**7A** 外围 Be-Be 和 Be-X，正电荷主要集中于 Be 原子(+0.71～+1.23|e|)，而 X 原子除 **5A** 外几乎为中性。外围的 Be-X 共价键韦伯键级介于 0.35～0.68。而 **8A**～**10A** 中的正电荷主要集中于 X 原子（+0.78～+0.83|e|）上，Be 原子几乎为中性，Be-Be 韦伯键级介于 0.74～0.79。由表 4-2 可知，**5A**～**7A** 中携带正电荷的为 Be 原子，而 **8A**～**10A** 中则为 X（X=Li, Na, K）原子。在 **6A** 和 **7A** 中，可认为 Be 显正一价，Cl/Br 为中性；而在 **8A**～**10A** 中，Be 为中性，X（X=Li, Na, K）为正一价。**5A**～**10A** 中的 C-Be 键既有离子键成分，也有共价键成分。**6A** 和 **7A** 中 Be^+-X-Be^+ 3c-2e 键主要呈共价性，由于 Be^+ 比 Be 电负性更大，从而使得 Be^+-Cl、Be^+-Br 共价性特征更为明显。而在 **5A** 中，F 大的电负性（3.98）使得 Be 原子失去电子成为 Be^{2+}，F 则得到电子成为 F^-。综上分析，**5A**～**10A** 电荷分布状况为：中心的碳原子携带负电荷，中间层 Be_5 环的 Be 原子可以为 Be^{2+}、Be^+ 或者 Be^0 电荷态，而外围 X 原子则为负电荷的 F^-、中性的 Cl/Br 及 $Li^+/Na^+/K^+$。**5A**～**10A** 中原子间的静电作用同样有助于这些平面星状结构的稳定。

表 4-2　B3LYP/def2-TZVP 水平上全局极小 **5A～10A** 的自然电荷及韦伯键级等参数

化合物	$q_C/|e|$	$q_{Be}/|e|$	$q_X/|e|$	$WBI_{C\text{-}Be}$	$WBI_{Be\text{-}Be}$	$WBI_{X\text{-}Be}$	WBI_C	WBI_{Be}	WBI_X
5A	−2.16	1.23	−0.60	0.54	0.06	0.35	2.79	1.39	0.74
6A	−2.04	0.82～0.83	−0.21～−0.22	0.54	0.09	0.61～0.62	2.91	2.01～2.02	1.33～1.34
7A	−2.12	0.71～0.73	−0.09～−0.10	0.52	0.10	0.68	2.81	2.13～2.16	1.48～1.50
8A	−2.06	−0.22	0.83	0.56	0.79	0.14	2.85	2.66	0.33
9A	−2.15	−0.15	0.78	0.55	0.75	0.18	2.77	2.64	0.42
10A	−2.20	−0.16	0.80	0.53	0.74	0.16	2.72	2.61	0.40

4.2.4　6σ+2π 双重芳香性

中心碳原子的成键特征对于理解这些平面星状分子的芳香性本质有着重要意义。由图 4-6 可知，平面五配位中心碳被四个 6c-2e 键所稳定，三个离域 σ键和一个离域π键均满足休克尔 4n+2 电子数规则，使得 **5A～10A** 具有 6σ+2π 双重芳香性。如图 4-7 所示，**5A～10A** 中心、Be-C-Be 及 Be-X-Be 三角形中心及上方 1Å 处的核独立化学位移（NICS）值进一步支持这些体系的双重芳香性。

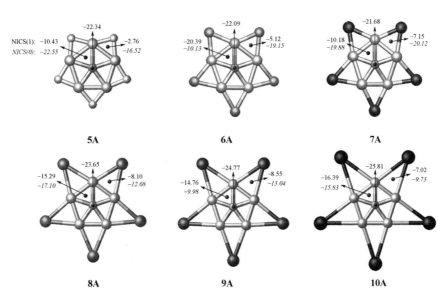

图 4-7　**5A～10A** 中心、Be-C-Be 及 Be-X-Be 三角形中心及
上方 1Å 处的核独立化学位移（NICS）值

注：NICS 值，正体表示 NICS（1）值，斜体表示 NICS（0）值

4.2.5 热力学和动力学稳定性

这些完美的平面五配位碳星状分子 **5A～10A** 均为相应势能面上的全局极小，表明其热力学稳定。此外，我们还设计了下列两个解离反应（如图 4-8 所示）进一步考查其热力学稳定性：

$$CBe_5X_5^+ \rightarrow CBe_4X_4 + BeX^+ \quad (X = F, Cl, Br) \qquad (1)$$

$$CBe_5X_5^+ \rightarrow CBe_5X_4 + X^+ \quad (X = Li, Na, K) \qquad (2)$$

由于 **5A～10A** 中 X 原子大的电负性差异，**5A～10A** 适合采用反应（1），而 **8A～10A** 则采用反应（2）进行解离。在 B3LYP/def2-TZVP 理论水平上，包含零点能校正，反应（1）和反应（2）反应前后能量变化均为较大正值，其中 **5A～7A** 为 450.84～468.21kJ/mol，**8A～10A** 为 267.18～356.32kJ/mol，进一步表明这些星状分子十分稳定，不易解离。

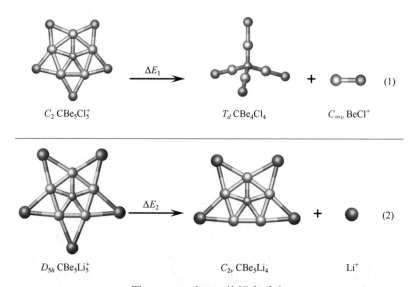

C_2 CBe$_5$Cl$_5^+$ $\xrightarrow{\Delta E_1}$ T_d CBe$_4$Cl$_4$ + $C_{\infty v}$ BeCl$^+$ (1)

D_{5h} CBe$_5$Li$_5^+$ $\xrightarrow{\Delta E_2}$ C_{2v} CBe$_5$Li$_4$ + Li$^+$ (2)

图 4-8 **5A** 和 **8A** 的解离反应

4.2.6 超碱金属性

为揭示多卤化和多碱金属化过程中卤原子和碱金属个数对平面五配位碳体系的电离能影响，我们在 OVGF/def2-TZVP 理论水平上计算了 CBe$_5$X$_n^+$（X = F, Cl, Br, Li, Na, K; n = 1, 3, 5）的垂直电子亲和势（VEA）。在 MP2/def2-TZVP 水平上，所有的平面五配位碳 CBe$_5$X$_n^+$（X = F, Cl, Br, Li, Na, K; n = 1, 3）化合物均为真正极小结构。

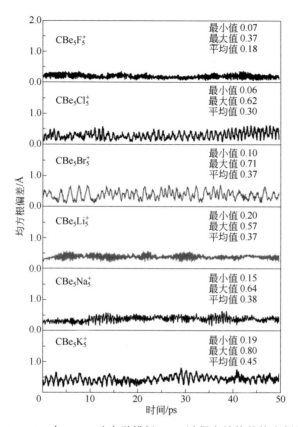

图 4-9　**5A～10A** 在 298K 动力学模拟 50ps 过程中结构的均方根偏差曲线

如图 4-10 所示，同 CBe_5 相比，无论是多卤化还是多碱金属化，$CBe_5X_n^+$ 的垂直电子亲和势（VEA）均随着 n 值的增大单调下降，从 $n = 1$ 到 $n = 5$，$CBe_5X_n^+$（$X = F-Br$）的垂直电子亲和势降幅介于 184.2～289.3kJ/mol，表明这两种策略是成功的。

通过多卤化和多碱金属化，我们得到了 $CBe_5X_5^+$（$X=F, Cl, Br, Li, Na, K$）的全局极小结构 **5A～10A**。表 4-3 中列出了 OVGF/def2-TZVP 水平上计算的 **5A～10A** 的垂直电子亲和势（VEA）、垂直电子剥离能（VDE）及能隙。B3LYP 和 MP2 优化的结构给出的垂直电子亲和势很接近，为简单起见，我们仅讨论 MP2 结果。

$CBe_5X_5^+$（$X=F, Cl, Br, Li, Na, K$）的 VEA 分别为 356.05kJ/mol、315.52kJ/mol、313.59kJ/mol、237.37kJ/mol、227.04kJ/mol 和 194.91kJ/mol，比碱金属原子 Cs 的电离能 375.35kJ/mol（3.89eV）更低，这些具有双重芳香性的平面五配位碳阳离子化合物为超碱金属阳离子，相应的 CBe_5X_5 为超碱金属。$CBe_5X_5^+$（$X=F, Cl, Br$）

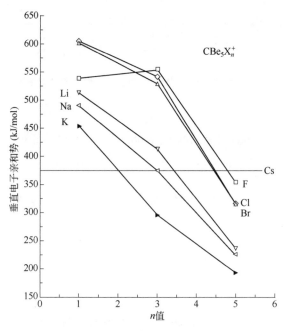

图 4-10　OVGF/def2-TZVP(基于 MP2 结构)水平上 CBe$_5$X$_n^+$
（X = F, Cl, Br, Li, Na, K; n = 1, 3, 5）的垂直电子亲和势

图中水平线标注了碱金属原子 Cs 的电离能（375.35kJ/mol）

表 4-3　OVGF/def2-TZVP 水平上计算的 5A～10A 的垂直电子
亲和势（VEA）、垂直电子剥离能（VDE）及能隙

化合物	VEA/eV		VDE/eV		$E_{\text{HOMO-LUMO}}$/eV
	OVGF//B3LYP	OVGF//MP2	OVGF//B3LYP	OVGF//MP2	MP2
5A	355.08	356.05	1319.02	1309.37	1040.91
6A	305.87	315.52	1269.81	1264.99	1078.32
7A	307.80	313.59	1251.48	1243.76	1077.11
8A	253.77	237.37	854.90	847.18	680.95
9A	226.36	227.04	774.82	764.20	602.74
10A	194.91	194.91	626.22	616.57	474.85

的 VDE 介于 1243.76～1309.37kJ/mol，CBe$_5$X$_5^+$（X= Li, Na, K）的 VDE 介于 616.57～847.78kJ/mol，表明这些阳离子很难再失去电子变为二价阳离子。图 4-11 列出了 CBe$_5$X$_5^+$（X=F, Cl, Br, Li, Na, K）的最高占据轨道和最低空轨道示意图，大的 HOMO-LUMO 能隙（474.85～1078.32kJ/mol）也进一步支持它们的稳定性。

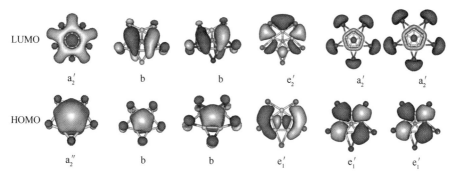

图 4-11　$CBe_5X_5^+$（X=F, Cl, Br, Li, Na, K）的最高占据轨道和最低空轨道

5A～10A 的垂直电子亲和势（VEA）、垂直电子剥离能（VDE）、能隙与它们的最高占据轨道和最低空轨道的性质密切相关。如 **5A～7A** 的 LUMO 主要源于 Be，而 **8A～10A** 则主要源于 Li、Na、K。多卤化将 Be 从电离势 899.29kJ/mol 降低至 VEA 313.59～356.05kJ/mol，而多碱金属化将 Li、Na、K 从电离势 520.08kJ/mol、495.96kJ/mol、418.77kJ/mol 降低至 VEA 237.37kJ/mol、227.04kJ/mol、194.91kJ/mol，降幅明显，可见多卤化和多碱金属化是获得超碱金属的有效方法。

$CBe_5X_5^+$（X=F, Cl, Br, Li, Na, K）具有良好的热力学和动力学稳定性、稳定的电子结构、$6\sigma+2\pi$ 双重芳香性、低的垂直电子亲和势（VEA）、较大的垂直电子剥离能（VDE）和 HOMO-LUMO 能隙，这表明采用卤原子或碱金属原子包裹 CBe_5 单元可降低 Be 原子活性，从而获得稳定的平面五配位碳星状化合物。

综上，本节我们采用多卤化和多碱金属化设计了平面五配位碳超碱金属系列星状阳离子 $CBe_5X_5^+$（X=F, Cl, Br, Li, Na, K）。化学键分析表明外围 5 个 Be-X-Be 3c-2e 键、中心碳原子的 8 电子壳结构、$6\sigma+2\pi$ 双重芳香性，这样的成键有利于稳定平面五配位碳中心。低的垂直电子亲和势（VEA）、较大的 HOMO-LUMO 能隙使得 $CBe_5X_5^+$（X=F, Cl, Br, Li, Na, K）成为超碱金属阳离子。平面五配位碳化合物具有超碱金属性质或超碱金属含平面五配位碳均未见文献报道，作为首批平面五配位碳超碱金属化合物，$CBe_5X_5^+$（X=F, Cl, Br, Li, Na, K）将有助于开辟平面多配位碳超碱金属化合物研究新领域。

4.3　平面五配位碳化合物 $CBe_5Au_n^{n-4}$（n=2～5）、$CBe_5Cu_5^+$ 和 $CBe_5Ag_5^+$

前面的研究工作表明 H、Li、Na、K、F、Cl、Br 均可以以桥基方式与 CBe_5 单元结合，形成稳定的平面五配位碳星状分子。值得注意的是，这些原子均为主族原子，电负性小的 Li、Na、K 容易失去电子显+1 价，电负性大的 F, Cl, Br 容易得到电子呈−1价。是否过渡金属原子也可以作为桥来稳定 CBe₅ 单元，形成类似的星状结构分子呢？

在众多过渡金属中，Au 格外引人注意。由于大的相对论效应，在所有金属中，Au 原子具有最高的电子亲和势（2.31eV）和最大的电负性（2.4），使其具有与卤素类似的性质。Lai-Sheng Wang 等人采用从头算理论和光电子能谱实验相结合的方法研究了 $SiAu_4$、$SiAu_n$（$n=2, 3$）和 Si_2Au_n（$n=2\sim4$）的结构和性质，发现 Au 容易形成共价键，Au 和 H 在成键上具有类似性[22-24]。此外，在大量硼金二元团簇研究中，Au/H 也具有类似性，如 $B_7Au_2^-$、$B_{10}Au^-$、B_6Au_n（$n=1\sim3$）[25-27]等团簇。其中值得一提的是，在 $B_7Au_2^-$、$B_{10}Au^-$ 团簇中 Au 原子以端基方式与 B 原子成键，在 $B_6Au_3^-$ 中则兼有端基和桥基 Au。2005 年，Boldyrev 等人理论研究发现 $B_nAu_n^{2-}$ 具有与笼状结构 $B_nH_n^{2-}$（$n=5\sim12$）类似的结构和成键特征[28]。之前我们已经系统探讨了 $CBe_5H_n^{n-4}$（$n=2\sim5$）系列平面五配位碳化合物，在此基础上，依据 Au/H 成键的类似性，本节我们采用密度泛函理论方法探讨 $CBe_5Au_n^{n-4}$（$n=2\sim5$）的结构和性质。

4.3.1 完美的平面星状结构

依据 Au/H 类似性，我们容易想到 $CBe_5Au_n^{n-4}$ 具有与 $CBe_5H_n^{n-4}$（$n=2\sim5$）类似的结构，然而关注它们相似性的同时，我们也应注意 Au、H 在几何尺寸、电子性质上的差异性。平面五配位碳体系 $CBe_5H_n^{n-4}$（$n=2\sim5$）虽然新颖，但还不够完美：具有平面结构的 $CBe_5Au_2^{2-}$ 电荷较高，大的库仑斥力使其电子结构稳定性减弱，最高占据轨道能量为正值，即电子可能自发电离；含平面五配位碳的 C_s CBe_5H_4 和 C_{5v} $CBe_5H_5^+$ 为准平面结构，碳原子略高于 Be_5 环，且 CBe_5H_4 的全局极小结构中 C 为四面体结构，比 C_s CBe_5H_4 能量稳定 7.36kJ/mol。借助 Au 原子，我们是否能克服这些不足呢？为了确定 $CBe_5Au_n^{n-4}$（$n=2\sim5$）的全局极小结构，我们采用 CK(结合 Gaussian09)程序对其单重态及三重态势能面进行了系统搜索，由于体系较大，搜索时我们采用 B3LYP 方法和 Lanl2DZ 基组，对每个体系单重态及三重态的 1000 个驻点进行了结构优化。对能量最低的前 20 个异构体，在 B3LYP/def2-TZVP 水平上精确优化并进行频率分析，最终依据能量确定体系的全局极小结构。

如图 4-12 所示，$CBe_5Au_n^{n-4}$（$n=2\sim5$）的全局极小均具有完美的平面星状结构。在 $CBe_5Au_2^{2-}$ 结构中，两个桥 Au 原子分别居于 CBe_5 五边形两侧，两个 Au 原子如果相邻体系，总能量则略微上升；$CBe_5Au_2^{2-}$ 基础上增加 1 个 Au⁺则得到 $CBe_5Au_3^-$，再增加 Au⁺则可得到 CBe_5Au_4 和 $CBe_5Au_5^+$。尽管相邻的 Au 原子之间会有斥力，但对整体结构影响不大，并没有使 $CBe_5Au_5^+$ 结构发生畸变。在 $CBe_5Au_n^{n-4}$（$n=2\sim5$）系列化合物中，平面五配位碳核心单元 CBe_5 保持良好。CBe_5 和 CBe_5^{4-} 仅为局域极小，用惰性的 Au 原子修饰，就像在其外围增加了"金盾"，使其稳定性大大增强。在 $B_7Au_2^-$ 团簇中，Au 原子以端基方式与 B 成键，有人可能会问 $CBe_5Au_n^{n-4}$（$n=2\sim5$）系列化合物中 Au 原子为什么不以端基方式与 Be 成键呢？我们认为主要是因为 Be 的电负性比 B 的明显小，其价电子具有 s 轨道性质，而 Au 除去少许 5d 轨道参与外，主要还是 6s 轨道的贡献，因此作用时桥基占优势。我们对 $CBe_5Au_n^{n-4}$（$n=2\sim5$）相应的端 Au 结构也进行了计算，发现这些结构均不稳定：端基 Au 的 $CBe_5Au_2^{2-}$、CBe_5Au_4 优化自动变为桥 Au 结构；具有端 Au 结构的 $CBe_5Au_3^-$ 和 $CBe_5Au_5^+$ 则为二级或五级鞍点，如果消除最低虚频则得到稳定的桥 Au 结构。这种情形与 $CBe_5H_n^{n-4}$（$n=2\sim5$）的类似，进一步表明 Au/H 成键的类似性。

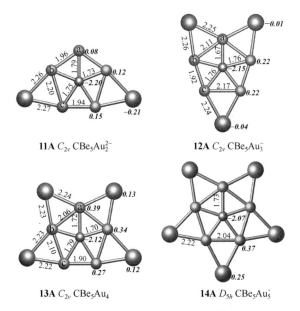

11A C_{2v} $CBe_5Au_2^{2-}$ **12A** C_{2v} $CBe_5Au_3^-$

13A C_{2v} CBe_5Au_4 **14A** D_{5h} $CBe_5Au_5^+$

图 4-12　B3LYP/def2-TZVP 水平上优化的 $CBe_5Au_n^{n-4}$（$n=2\sim5$）全局极小结构

注：键长（Å）及原子携带的自然电荷（|e|）一起列出；键连方式不同的
三种 Be 原子分别用 a,b,c 标注

桥 Au 由于其特殊的金属性和共价性，它的加入对 CBe_5 的稳定有着极为重要的作用。桥 Au 使得相应的 Be-Be 键略有增长，随着 Be-Au 作用的增强 Be-Be 键减弱，没有 Au 桥的 Be-Be 键长介于 1.90～1.94Å，而有 Au 桥的 Be-Be 键长介于 2.04～2.20Å，似乎改变不太明显，但实际上已经由 Be-Be 二中心二电子键过渡到

了三中心二电子键。我们从表 4-4 上看键级差别就明显了，Au 桥键连的 Be-Be 键韦伯键级接近 0.3，而没有 Au 桥的 Be-Be 韦伯键级接近 0.8。C-Be 键也随着 Au 原子的加入而增强，比如 $CBe_5Au_2^{2-}$ 中，Be(b)、Be(c) 原子与 Au 有作用，相应的 C-Be 键长分别为 1.73Å、1.75Å，明显比 C-Be(a) 键长 1.79Å 短，其相应的韦伯键级为 $0.52\sim0.54$，比 C-Be(a) 键级 0.49 略大。$CBe_5Au_n^{n-4}$（$n=2\sim5$）体系中 Be-Au 之间以共价作用为主，其韦伯键级为 $0.57\sim0.61$。在这些平面五配位碳体系中，电负性较大的 ppC 原子携带的负电荷介于 $-2.07\sim-2.20|e|$，与其键连的 Be 原子金属性较强，携带 $0.08\sim0.39|e|$ 的部分正电荷。值得一提的是，外围的过渡金属 Au 原子由于与 Be 键连，在 $CBe_5Au_2^{2-}$、$CBe_5Au_3^-$ 中携带少量的负电荷 $-0.01\sim-0.21|e|$，而 CBe_5Au_4、$CBe_5Au_5^+$ 中 Au 原子则携带少量的正电荷。

表 4-4　B3LYP/def2-TZVP 水平上 $CBe_5Au_n^{n-4}$（$n=2\sim5$）、$CBe_5Cu_5^+$、$CBe_5Ag_5^+$ 的最小振动频率；HOMO-LUMO 能隙；C-Be、Be-Be、Be-Au/Cu/Ag 键的韦伯键级（WBI）；C、Be、Au/Cu/Ag 原子的韦伯总键级

化合物		11A	12A	13A	14A	15	16
v_{min}/cm^{-1}		77	59	19	10	37	25
$\Delta E_g/(kJ/mol)$		150.63	175.49	200.25	454.50	411.18	426.80
WBI_{C-Be}	Be_a	0.49	0.59	0.60			
	Be_b	0.52	0.54	0.57	0.54	0.56	0.55
	Be_c	0.54	0.50	0.47			
WBI_{Be-Be}	a-b	0.79	0.27	0.28			
	b-c	0.28	0.81	0.29	0.30	0.48	0.48
	c-c	0.80	0.27	0.80			
$WBI_{Be-Au/Cu/Ag}$	Be_a	—	0.60	0.58			
	Be_b	0.65	0.57	0.59/0.61	0.60	0.46	0.47
	Be_c	0.61	0.61	0.59			
WBI_C		2.73	2.79	2.82	2.86	2.90	2.84
WBI_{Be}	Be_a	2.45	2.51	2.47			
	Be_b	2.45	2.42	2.49	2.46	2.58	2.58
	Be_c	2.50	2.43	2.36			
$WBI_{Au/Cu/Ag}$	ab	—	1.37	1.34			
	bc	1.53	—	1.35	1.33	1.02	1.03
	cc	—	1.39	—			

注：表中 a, b, c 标注不同位置的 Be，与图 4-12 中的相对应。

合适的电子结构和几何尺寸使得 Au 桥可以将平面五配位碳单元 CBe_5 稳定下来，且基本克服了 $CBe_5H_n^{n-4}$（$n=2\sim5$）体系的不足，尤其 CBe_5Au_4 比其四面体

碳结构更稳定，而且其与 $CBe_5Au_5^+$ 均为完美的平面结构。Cu、Ag 和 Au 为同族原子，在成键上具有类似性。在 $CBe_5Au_n^{n-4}$（$n=2\sim5$）体系的研究基础上，我们拓展研究了具有星状结构的平面五配位碳体系 $CBe_5Cu_5^+$ 和 $CBe_5Ag_5^+$。

图 4-13 列出了 B3LYP/def2-TZVP 水平上 D_{5h} $CBe_5Cu_5^+$（**15**）和 $CBe_5Ag_5^+$（**16**）的优化结构，最小振动频率分别为 $37cm^{-1}$ 和 $25cm^{-1}$，表明它们均为势能面上的真正极小结构。由于 Cu、Ag 的电负性比 Au 小，在 $CBe_5Cu_5^+$ 和 $CBe_5Ag_5^+$ 中 Cu、Ag 所携带的正电荷比 $CBe_5Au_5^+$ 中明显增加，大幅超过了金属 Be 所携带的正电荷；ppC 原子携带的负电荷略有减少，Be 原子携带的正电荷仅有 $0.14|e|$ 和 $0.15|e|$。Au、Cu、Ag 尽管原子半径相差较大，但其对 CBe_5 单元的 Be-C、Be-Be 键长影响不大，如 $CBe_5Au_5^+$ 中 C-Be 键长为 1.73Å，而 $CBe_5Cu_5^+$ 和 $CBe_5Ag_5^+$ 中键长均为 1.71Å，相差可谓微乎其微，表明性质类似的 Au、Cu、Ag 桥原子的变化对核心单元 CBe_5 中 C-Be 键几乎没有影响，其韦伯键级介于 $0.54\sim0.56$。Cu、Ag 与 Au 之间的差异主要使得 Be-Be 键和 Be-Au/Ag/Cu 键强弱发生变化，在 $CBe_5Au_5^+$ 中 Be-Be 键级为 0.30，而在 $CBe_5Cu_5^+$ 和 $CBe_5Ag_5^+$ 中则为 0.48，表明电负性较小的 Cu、Ag 可将部分电子转移至 Be，使其键级增大；同时，Be-Cu，Be-Ag 键共价性被削弱。

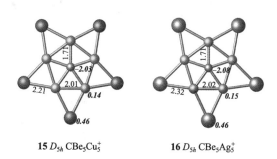

15 D_{5h} $CBe_5Cu_5^+$ **16** D_{5h} $CBe_5Ag_5^+$

图 4-13   B3LYP/def2-TZVP 水平上 $CBe_5Cu_5^+$ 和 $CBe_5Ag_5^+$ 的优化结构
骨架结构上数值正体代表键长（Å）；斜体代表原子携带的自然电荷（$|e|$）

4.3.2 成键特征

为揭示 $CBe_5Au_n^{n-4}$（$n=2\sim5$）体系的成键特征，我们对其代表性分子 $CBe_5Au_5^+$ 的分子轨道进行了分析。图 4-14 列出了 $CBe_5Au_5^+$ 的最低空轨道和部分重要的价轨道。简并的最低空轨道 $LUMO(e_2')$ 主要为 Be 和 Au 原子的贡献，其中 Be_5 约占 64%，中心的 C 原子没有贡献。$HOMO(a'')$ 轨道是典型的离域 π 轨道，主要为 CBe_5 的贡献，其中 C $2p_z$ 轨道的贡献占到 64%，Au 原子的 5d 轨道与其位相相反，保持孤对电子的特征。$HOMO-1(e_2')$ 和 $HOMO-2(e_1')$、$HOMO-3(a_1')$

基本为一个系列,主要为轨道为 Be_5 和 Au_5 的贡献,Be-Au 之间有一定键合作用,C 原子没有参与或很少参与。需要指出的是,HOMO-2(e_1')尽管以 Be 与外围 Au 原子之间有成键作用为主,但 Be 与 C 的 $2p_x$、$2p_y$ 轨道之间也明显形成 σ 键作用,且占比较高,其中 C 的成分达 16%。HOMO-19(e_1')和 HOMO-20(a_1')为典型的离域 σ 轨道,主要为 C 和 Be_5 之间的作用。正是这些离域 σ 轨道和 π 轨道的共同作用使得 $CBe_5Au_5^+$ 得以保持完美的平面星状结构,从而得到稳定的平面五配位碳。$CBe_5Au_n^{n-4}$($n=2\sim4$)、$CBe_5Cu_5^+$、$CBe_5Ag_5^+$ 与 $CBe_5Au_5^+$ 为等电子体,分子轨道大致类似,这里不再详述。

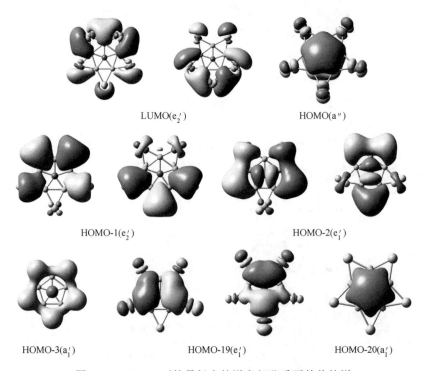

LUMO(e_2')　　　　　　　　　　HOMO(a'')

HOMO-1(e_2')　　　　　　　HOMO-2(e_1')

HOMO-3(a_1')　　　　HOMO-19(e_1')　　　　HOMO-20(a_1')

图 4-14　$CBe_5Au_5^+$ 的最低空轨道和部分重要的价轨道

对于 $CBe_5Au_3^-$、CBe_5Au_4、$CBe_5Au_5^+$ 体系的成键,我们采用 AdNDP 程序进行了对照分析。

图 4-15 和图 4-16 列出了 $CBe_5Au_3^-$、CBe_5Au_4、$CBe_5Au_5^+$ 体系的 AdNDP 成键模式。AdNDP 成键和分子轨道相比更为直观、形象。如图 4-15 所示,在这些体系中,Au 原子的 5d 轨道主要为孤对电子方式,尽管其与 Be 之间成键有一些贡献,但贡献不大。在 AdNDP 结果中,每个 Au 原子有 5 个 1c-2e 键,且布居数均高于 1.95|e|。在没有桥 Au 参与的 Be-Be 上存在 2c-2e σ 键,如 $CBe_5Au_3^-$ 中存在 2 个 Be-Be

2c-2e σ 键，其布居数为 1.81|e|，比较合理。对于有桥 Au 参与的 Be-Be 键，则 Be-Be 键进一步拓展为 Be-Au-Be 3c-2e 离域 σ 键，其布居数均高于 1.87|e|。

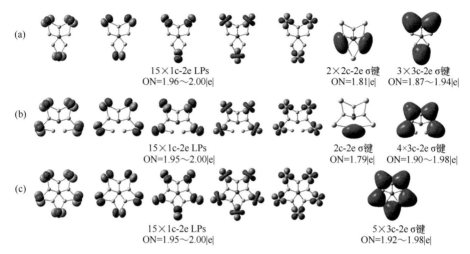

图 4-15 CBe$_5$Au$_3$$^-$、CBe$_5Au_4$、CBe$_5Au_5$$^+$体系中 Au 的孤对（1c-2e）及 Be-Be 2c-2e 键和 Be-Au-Be 3c-2e 键

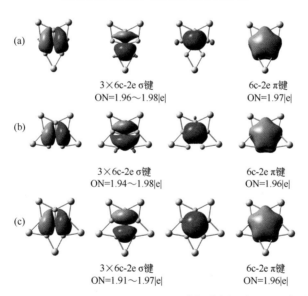

图 4-16 CBe$_5$Au$_3$$^-$、CBe$_5Au_4$、CBe$_5Au_5$$^+$体系中三个 6c-2e 离域 σ 键 及一个 6c-2e 离域 π 键

剩余的电子则主要离域于 CBe$_5$ 单元上，如图 4-16 所示，CBe$_5$Au$_3$$^-$、CBe$_5Au_4$、CBe$_5Au_5$$^+$体系中均有 3 个 6c-2e 的离域 σ 键和 1 个 6c-2e 离域 π 键。这样 CBe$_5$ 单元上的 6c-2e 离域 σ 键和 π 键均满足休克尔芳香性规则，即它们具有 σ+π 双重芳香性。

4.3.3 动力学稳定性

我们通过势能面扫描、异构体能量比较确定了 $CBe_5Au_n^{n-4}$（$n=2\sim5$）的全局极小结构，但除热力学稳定性之外，我们还应关注其动力学。我们采用波恩-奥本海默动力学（BOMD）方法模拟了其 298K 时 100ps 的动力学。由于 $CBe_5Au_n^{n-4}$（$n=2\sim5$）体系中 Au 原子较大，考虑到计算量，我们选用 B3LYP 方法和比较小的 Lanl2DZ 基组。研究结果表明，这些 Au 桥稳定的平面五配位碳体系的动力学稳定性良好，在整个模拟过程中平面五配位碳单元 CBe_5 均能良好保持。在之前我们探讨过的 $CBe_5H_n^{n-4}$（$n=2\sim5$）体系中，$CBe_5H_2^{2-}$、$CBe_5H_3^-$ 的动力学模拟过程均出现了 H 原子向旁边桥位置进行迁移的情况。$CBe_5Au_2^{2-}$、$CBe_5Au_3^-$ 的动力学模拟是否会出现 Au 迁移的情况呢？图 4-17 中列出了 $CBe_5Au_2^{2-}$ 和 $CBe_5H_2^{2-}$ 的 298K 时 100ps 动力学模拟过程的均方根偏差(RMSD)变化情况。如图所示，100ps 模拟过程中 $CBe_5H_2^{2-}$ 的 RMSD 图出现了六次突跃，实际上对应 H 原子的六次迁移，尽管迁移后整体上两个 H 的相对位置没有发生变化。我们再来看 $CBe_5Au_2^{2-}$ 的 RMSD 图，没有出现突跃，整体平稳，表明其桥 Au 没有进行迁移。$CBe_5Au_3^-$、CBe_5Au_4、$CBe_5Au_5^+$ 的动力学行为与之类似，简单起见这里我们没有列出。

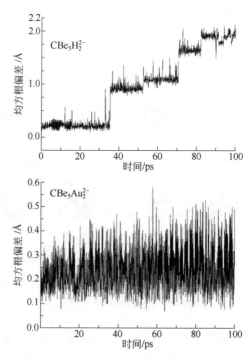

图 4-17　298K 时 100ps 波恩-奥本海默动力学（BOMD）模拟过程中
均方根偏差（RMSD）的变化情况

4.3.4 超碱金属性

之前我们采用对 CBe_5 多碱金属化和多卤化的策略成功得到了 $CBe_5X_5^+$（X=Li、Na、K、F、Cl、Br）系列超碱金属阳离子。是否过渡金属 Au、Cu、Ag 稳定的 $CBe_5X_5^+$（X=Au, Cu, Ag）也是超碱金属阳离子呢？我们使用 OVGF 方法在 def2-TZVP 水平上对 $CBe_5X_5^+$（X=Au, Cu, Ag）的垂直电子亲和势（VEA）进行了计算，分别为 3.72eV、3.71eV、3.68eV，它们成为平面五配位碳超碱金属阳离子大家庭的新成员。

过渡金属 Au、Cu、Ag 为桥稳定 CBe_5 单元可以得到稳定的平面五配位碳系列化合物 $CBe_5Au_n^{n-4}$（n=2～5）及 $CBe_5Cu_5^+$ 和 $CBe_5Ag_5^+$，良好的热力学和动力学稳定性使得它们极有可能被实验合成。之前我们采用 Li、Na、K、H、F、Cl、Br 为桥 CBe_5 单元，本节研究将桥从主族原子拓展至过渡金属，从而进一步完善了 $CBe_5X_5^+$ 研究系列。更为重要的是，完美的星状 $CBe_5X_5^+$（X=Au, Cu, Ag）为超碱金属阳离子，进一步丰富了平面五配位碳超碱金属化合物研究领域。

4.4 含三个平面四配位碳、硅、锗的超碱金属阳离子

$CBe_5X_5^+$（X=F, Cl, Br, Li, Na, K）系列平面五配位碳超碱金属阳离子的发现揭开了平面多配位碳超碱金属研究大幕的一角。平面多配位碳化合物中代表性最强、研究最多的为平面四配位碳，然而之前人们主要关注其结构和成键特征。2014 年，我们理论设计了含三个平面四配位 Si、Ge 的 $Si_3Cu_3^+$ 和 $Ge_3Cu_3^+$，但遗憾的是它们不是超碱金属阳离子[29]。是否存在含平面四配位碳的超碱金属化合物呢？本节我们将系统探讨含三个平面四配位碳、硅、锗的新颖超碱金属 $X_3Li_3^+$（X=C, Si, Ge）阳离子的结构和性质[30]。

4.4.1 最小的星状结构

我们采用 CK 全局极小搜索程序对 $X_3Li_3^+$（X=C, Si, Ge）阳离子的势能面在 B3LYP/3-21G 水平上进行系统搜索；在此基础上，筛选低能量异构体，用更高精度水平 MP2/def2-TZVP 进行优化，振动频率计算帮助确定这些结构是否为势能面上的极小结构。为确定这些低能量异构体的能量次序，在 CCSD(T)/def2-TZVP//B3LYP/def2-TZVP 水平上进行了单点能量计算，并采用 B3LYP/def2-TZVP 所得零点能进行校正。

图 4-18 列出了 $X_3Li_3^+$（X=C, Si, Ge）的全局极小和三个低能量异构体，由图 4-18 可见，除 **17C** 外，这些结构（**17A～19D**）中 X_3 三元环保持良好。Li 原子有三种键连方式与 C/Si/Ge 成键：端基 μ^1-Li，桥基 μ^2-Li，面基 μ^3-Li。计算结果表明，$X_3Li_3^+$（X=C, Si, Ge）基态结构中 Li 原子以桥基方式与 C/Si/Ge 键连。在

CCSD(T)/def2-TZVP//B3LYP/def2-TZVP 水平上，**17B**、**18B**、**19B** 分别比相应的全局极小 **17A**、**18A**、**19A** 高出 38.42kJ/mol、64.08 kJ/mol、59.15kJ/mol。$X_3Li_3^+$（X=C, Si, Ge）的稳定主要基于两个因素：一个是桥基 Li 的数目，另一个是整体结构的平面性。大的电负性使得 $C_3Li_3^+$ 和 $Si_3Li_3^+$ 及 $Ge_3Li_3^+$ 情况有所不同。对于 $C_3Li_3^+$ 来说，整体结构的平面性非常重要。立体结构的 **17D** 结构能量比平面结构的 **17A**、**17B**、**17C** 都高很多。而对于 $Si_3Li_3^+$ 和 $Ge_3Li_3^+$，则桥基 Li 数目更为重要，**18A**、**19A**、**18B** 和 **19B** 均含有三个桥基 Li，而 **18C** 和 **19C** 则含有两个桥基 Li 及 1 个端基 Li。**12A**、**13A** 完美的平面结构比 **18B** 和 **19B** 非平面结构更稳定。文献报道 $Si_3H_3^+$ 和 $Si_3Au_3^+$ 的全局极小均为完美的 Si_3 三角形外接 3 个端基 H/Au[29,30]。由于 C/Si/Ge 及 H/Au/Li 的成键具有相似性，不难想到 $X_3Li_3^+$（X=C, Si, Ge）的端 Li 结构。然而，如图 4-18 所示，**17B** 和 **18D** 仅仅为局域极小，能量比基态结构分别高出 38.42kJ/mol 和 77.31kJ/mol。这里需要指出的是，含有三个端基 Li 的 D_{3h} $Ge_3Li_3^+$ 有一个虚频，为过渡态结构，消除虚频后得到桥基 Li 的 **19A**。综上，星状结构的 **17A~19A** 为相应势能面上的全局极小结构，具有良好的热力学稳定性。

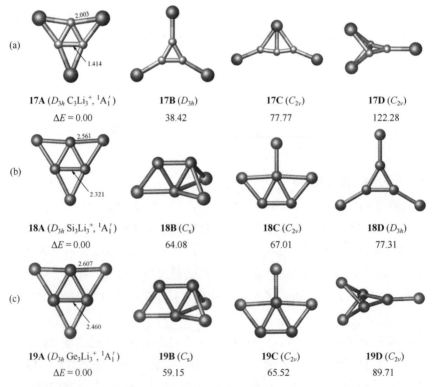

(a)

17A (D_{3h} $C_3Li_3^+$, $^1A_1'$)   **17B** (D_{3h})   **17C** (C_{2v})   **17D** (C_{2v})
$\Delta E = 0.00$ 38.42   77.77   122.28

(b)

18A (D_{3h} $Si_3Li_3^+$, $^1A_1'$)   **18B** (C_s)   **18C** (C_{2v})   **18D** (D_{3h})
$\Delta E = 0.00$ 64.08   67.01   77.31

(c)

19A (D_{3h} $Ge_3Li_3^+$, $^1A_1'$)   **19B** (C_s)   **19C** (C_{2v})   **19D** (C_{2v})
$\Delta E = 0.00$ 59.15   65.52   89.71

图 4-18　B3LYP/def2-TZVP 水平上优化的 $X_3Li_3^+$（X=C, Si, Ge）的
全局极小及三个低能量异构体

4.4.2 成键特征

在 B3LYP/def2-TZVP 水平上，**17A/18A/19A** 中的 C-C/Si-Si/Ge-Ge 键长分别为 1.414Å/2.307Å/2.460Å，比典型的 C-C/Si-Si/Ge-Ge 共价单键略短，具有部分双键的性质。**17A/18A/19A** 中 C-Li/Si-Li/Ge-Li 键长分别为 2.003Å/2.561Å/2.607Å，均在合理成键范围。$X_3Li_3^+$（X=C, Si, Ge）的稳定性主要源于两方面的作用：一是 X 原子之间的共价键作用；二是 X-Li 之间的离子键作用。自然键轨道（NBO）分析可以帮助我们理解这些平面分子的成键特征。由表 4-5 可知，$X_3Li_3^+$（X=C, Si, Ge）中所有的 X 原子均带负电荷，Li 则带正电荷。X 和 Li 的电负性差异使得外围的 Li 和中心的 X_3 核之间存在明显的电荷转移，**17A～19A** 中每个 X 原子携带明显的负电荷（−0.50～−0.55|e|），而每个 Li 则携带大量的正电荷（0.83～0.88|e|）。X-X 为典型的共价键，韦伯键级介于 1.37～1.42；X-Li 的韦伯键级介于 0.11～0.13，表明其为离子键作用。

图 4-19 列出了 **17A～19A** 的 LUMO 轨道和价分子轨道，对于简并轨道仅列一个。除 LUMO 外，$C_3Li_3^+$、$Si_3Li_3^+$ 和 $Ge_3Li_3^+$ 的价分子轨道类似，简单起见，我们仅以 $C_3Li_3^+$ 为例。简并的 HOMO(e′) 主要是 C $2p_x$（或 $2p_y$）和 Li 2s 轨道之间的作用；HOMO-1(a_2'') 为典型的离域 π 轨道，由 C 原子的 $2p_z$ 轨道作用而成；HOMO-2(a_1') 和 HOMO-3(e′) 为离域 σ 轨道，主要是 C 原子的 $2p_x$（或 $2p_y$）之间的作用；HOMO-4(a_1') 则主要是 C 2s 轨道的贡献。HOMO-2(a_1')、HOMO-3(e′) 和 HOMO-4(a_1') 三个离域 σ 轨道对于稳定 C_3 三角形结构有着重要作用。

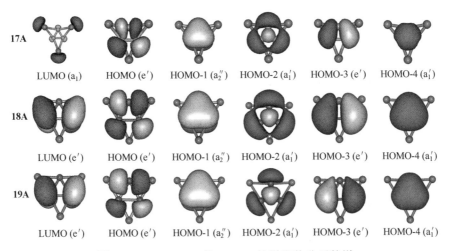

图 4-19　**17A～19A** 的 LUMO 轨道和价分子轨道

为了进一步理解这些轨道的本质，我们进行了 AdNDP（适应性自然密度划分）分析。由图 4-20 可见，X 各有一对孤对电子即 1c-2e 键，布居数（ON）为 $1.93\sim1.94|e|$；3 个 X-X 2c-2e 键，布居数为 $1.94\sim1.99|e|$；1 个 X-X-X 3c-2e 键，布居数为 $1.98\sim1.99|e|$，这个离域 π 键使得体系符合休克尔 $4n+2$ 规则而具有芳香性。

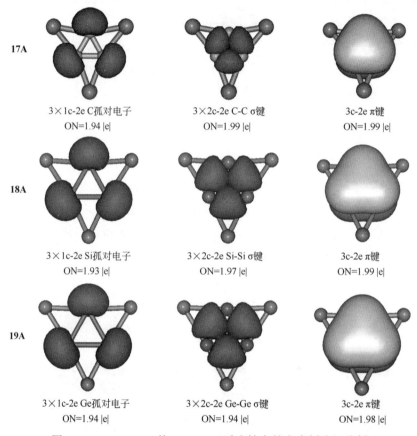

17A

3×1c-2e C孤对电子
ON=1.94 |e|

3×2c-2e C-C σ键
ON=1.99 |e|

3c-2e π键
ON=1.99 |e|

18A

3×1c-2e Si孤对电子
ON=1.93 |e|

3×2c-2e Si-Si σ键
ON=1.97 |e|

3c-2e π键
ON=1.99 |e|

19A

3×1c-2e Ge孤对电子
ON=1.94 |e|

3×2c-2e Ge-Ge σ键
ON=1.94 |e|

3c-2e π键
ON=1.98 |e|

图 4-20　**17A～19A** 的 AdNDP（适应性自然密度划分）分析

为定量探讨芳香性，对 $X_3Li_3^+$（X=C, Si, Ge）中心及其上方 1Å 处核独立化学位移(NICS)值进行了计算。环中心上方 1Å 处的核独立化学位移（NICS 及 $NICS_{zz}$）值进一步定量表征了 $X_3Li_3^+$（X=C, Si, Ge）的 π 芳香性。由表 4-5 可知，在 B3LYP/def2-TZVP 水平上，NICS(1)介于 $-20.81\sim-25.10$，NICS(1)$_{zz}$ 介于 $-40.67\sim-48.56$，进一步确证了 $X_3Li_3^+$（X=C, Si, Ge）的 2π 芳香性，与 AdNDP 分析结果吻合良好。

化合物	态	ν_{min}/cm^{-1}	$q_X/|e|$	$q_{Li}/|e|$	WBI_{X-X}	WBI_{X-Li}	WBI_X	WBI_{Li}	NICS(1)	$NICS(1)_{zz}$
17A	$^1A_1'$	176	−0.55	+0.88	1.42	0.11	3.08	0.24	−20.81	−40.67
18A	$^1A_1'$	100	−0.50	+0.83	1.40	0.14	3.12	0.34	−24.54	−48.03
19A	$^1A_1'$	85	−0.50	+0.83	1.37	0.13	3.06	0.34	−25.10	−48.56

4.4.3　良好的热力学和动力学稳定性

$X_3Li_3^+$（X=C, Si, Ge）的热力学和动力学稳定性对于实验合成和表征非常重要。我们设计了如下反应来考查 $X_3Li_3^+$（X=C, Si, Ge）的热力学稳定性：$X_3Li_3^+ \rightarrow X_3Li_2 + Li^+$（X = C, Si, Ge），如图 4-21 所示。

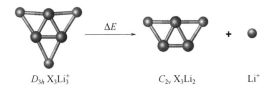

D_{3h} $X_3Li_3^+$ 　　　　　　C_{2v} X_3Li_2 　　　 Li^+

图 4-21　$X_3Li_3^+$（X = C, Si, Ge）的解离反应示意图

在 CCSD(T)/def2-TZVP//B3LYP/def2-TZVP 水平上，包含零点能校正，**17A～19A** 反应前后能差依次为 264.20kJ/mol、220.70kJ/mol 及 224.23kJ/mol，表明这些芳香性阳离子很稳定，不容易解离。为进一步探讨 $X_3Li_3^+$（X=C, Si, Ge）的动力学稳定性，我们在 B3LYP/6-31G(d) 水平上对其全局极小结构 **17A～19A** 进行了波恩-奥本海默动力学（BOMD）模拟。温度为 298K 时，在 20ps 动力学模拟过程中，**17A～19A** 整体结构保持良好。

4.4.4　超碱金属性

这些含三个平面四配位碳、硅、锗的阳离子具有良好的热力学和动力学稳定性，有望在气相实验中被合成、表征。我们采用 OVGF 方法在 def2-TZVP 基组水平上对 **17A～19A**（对 B3LYP 及 MP2 优化结构）的垂直电子剥离能（VDE）和垂直电子亲和势（VEA）进行了计算。B3LYP 及 MP2 优化结构差别很小，因此在它们基础上计算得到的 VEA 和 VDE 值很接近。为简便起见，下面讨论仅采用 MP2 优化结构的 VEA、VDE、HOMO-LUMO 能隙。

由表 4-6 可知，**17A～19A** 的 VDE 介于 760.19～1014.81kJ/mol，表明这些平面四配位碳、硅、锗阳离子很难再失去电子变为二价阳离子，揭示了其芳香性本质。较大的 HOMO-LUMO 能隙 1014.81kJ/mol、787.68kJ/mol、760.19kJ/mol 也进

一步支持 $X_3Li_3^+$（X=C, Si, Ge）的稳定性。值得注意的是，这些平面四配位碳、硅、锗阳离子 **17A**、**18A**、**19A** 的 VEA 分别为 269.21kJ/mol、288.51kJ/mol、289.47kJ/mol，远低于碱金属 Cs 的电离势 375.35kJ/mol，它们属于新型的超碱金属阳离子。C 原子比 Si/Ge 电负性都大，那为什么 $C_3Li_3^+$ 的 VEA 最小呢？我们来看它们的分子轨道，阳离子的 LUMO 对应中性 X_3Li_3 的 HOMO。如图 4-19 所示，$C_3Li_3^+$ 的最低空轨道（LUMO）与 $Si_3Li_3^+$、$Ge_3Li_3^+$ 的明显不同，$C_3Li_3^+$ 的 LUMO 主要为 Li 的 2s 轨道贡献，而 $Si_3Li_3^+$、$Ge_3Li_3^+$ 的 LUMO 主要为 Si、Ge 的贡献，显然从碱金属 Li 上更容易剥离电子，所以 $C_3Li_3^+$ 的垂直电子亲和势最小。

表 4-6　OVGF/def2-TZVP 水平上（基于 B3LYP 和 MP2 两种优化结构）计算的 D_{3h} $X_3Li_3^+$（X=C, Si, Ge）**17A～19A** 的 VEA、VDE 及 HOMO-LUMO 能隙

化合物	VEA/(kJ/mol)		VDE/(kJ/mol)		$E_{HOMO-LUMO}$/(kJ/mol)
	OVGF//B3LYP	OVGF//MP2	OVGF//B3LYP	OVGF//MP2	MP2
17A	270.17(0.99)	269.21(0.99)	1207.09(0.90)	1195.51(0.90)	1014.81
18A	289.47(0.96)	289.47(0.96)	1048.85(0.88)	1036.30(0.88)	787.68
19A	289.47(0.97)	288.51(0.97)	1052.71(0.89)	1049.81(0.89)	760.19

综上，我们采用从头算方法设计了一系列含三个平面四配位碳、硅、锗阳离子 $X_3Li_3^+$（X=C, Si, Ge）。这些完美的平面星状阳离子为体系势能面上的全局极小，具有 2π 芳香性。更为重要的是在 OVGF/def2-TZVP 水平上 $X_3Li_3^+$ 的垂直电子亲和势（VEA）介于 269.21～289.47kJ/mol，比碱金属 Cs 的电离势（IP=375.35kJ/mol）还低，它们是新型的平面四配位碳/硅/锗超碱金属阳离子。良好的热力学和动力学稳定性使得这些新颖的平面四配位碳/硅/锗超碱金属阳离子有望被实验合成和表征，从而进一步丰富平面多配位碳超碱金属化合物研究领域。

参 考 文 献

[1] Wang, Z. X.; Schleyer, P.v.R. *Science* [J], **2001**, 292: 2465-2469.

[2] Li, S.D.; Miao, C. Q.; Ren, G.M. *Eur. J. Inorg. Chem.* [J], **2004**, 2232-2234.

[3] Luo, Q. *Sci. China, Ser. B: Chem.* [J], **2008**, 51: 1030-1035.

[4] Pei, Y.; Zeng, X. C. *J. Am.Chem. Soc.* [J], **2008**, 130: 2580-2592.

[5] Yamaguchi, W. *Int. J. Quantum. Chem.* [J], **2010**, 110: 1086-1091.

[6] Zdetsis, A. D. *J. Chem. Phys.* [J], **2011**, 134: 094312(1-5).

[7] Pei, Y.; An, W.; Ito, K.; et al. *J. Am. Chem. Soc.* [J], **2008**, 130: 10394-10400.

[8] Jimenez-Halla, J. O. C.; Wu, Y.B.; Wang, Z.X.; et al. *Chem. Commun.* [J], **2009**, 46: 8776-8778.

[9] Wu, Y. B.; Duan, Y.; Lu, H. G.; et al. *J. Phys. Chem. A* [J], **2012**,116: 3290-3294.

[10] Guo, J.C.; Miao, C. Q.; Ren, G. M.; et al. *J. Phys. Chem. A* [J], **2015**, 119: 13101-13106.

[11] Grande-Aztatzi, R.; Cabellos, J. L.; Islas, R.; et al. *Phys. Chem. Chem. Phys.* [J], **2015**, 17: 4620-4624.

[12] Wang, Z.X.; Zhang, C.G.; Chen, Z.F. *Inorg. Chem.* [J], **2008**, 47: 1332−1336.

[13] Lias, S.G.; Bartmess, J.E.; Liebman, J. F.; et al. *J. Phys. Chem. Ref. Data. Suppl.* [J], **1988**, 17:1285-1363.

[14] Gutsev, G. L.; Boldyrev, A. I. *Chem. Phys. Lett.* [J], **1982**, 92: 262-266.

[15] Schleyer, P. v. R.; Wüerthwein, E. U.; Pople, J. A. *J. Am. Chem. Soc.* [J], **1982**, 104: 5839-5841.

[16] (a) Veličković, S.; Djordjević, V.; Cvetićanin, J.; et al. *Rapid Commun. Mass Spectrom.* [J], **2006**, 20: 3151-3153. (b) Veličković, S. R.; Koteski, V. J.; Čavor, J. N. B.; et al. *Chem. Phys. Lett.* [J], **2007**, 448: 151-155. (c) Veličković, S. R.; Djustebek, J. B.; Veljković, F. M.; et al. *Rapid Commun. Mass Spectrom.* [J], **2012**, 26: 443-448. (d) Veličković, S. R.; Djustebek, J. B.; Veljković, F. M. *J. Mass Spectrom.* [J], **2012**, 47: 627-631.

[17] (a) Dao, P. D.; Peterson, K. I.; Castleman, A. W. *J. Chem. Phys.* [J], **1984**, 80: 563–564. (b) Goldbach, A.; Hensel, F.; Rademann, K. *Int. J. Mass Spectrom. Ion Processes* [J], **1995**, 148: L5-L9. (c) Hampe, O.; Koretsky, G. M.; Gegenheimer, M.; et al. *J. Chem. Phys.* [J], **1997**, 107: 7085-7095. (d) Zein, S.; Ortiz, J. V. *J. Chem. Phys.* [J], **2011**, 135: 164307. (e) Wang, D.; Graham, J. D.; Buytendyk, A. M.; et al. *J. Chem. Phys.* [J], **2011**, 135: 164308.

[18] Rehm, E.; Boldyrev; A. I.; Schleyer, P. v. R. *Inorg. Chem*[J],. **1992**, 31: 4834-4842.

[19] (a) Tong, J.; Li, Y.; Wu, D.; et al. *Inorg. Chem.* [J], **2012**, 51: 6081-6088. (b) Hou, N.; Li, Y.; Wu, D.; et al. *Chem. Phys. Lett.* [J], **2013**, 575: 32–35. (c) Tong, J.; Li, Y.; Wu, D.; et al. *Chem. Phys. Lett.* [J],**2013**, 575: 27-31. (d) Tong, J.;Wu, D.; Li, Y.; et al. *Dalton Trans.* [J], **2013**, 42: 9982-9989. (e) Tong, J.; Wu, Z. J.; Li, Y.; et al. *Dalton Trans.* [J], **2013**, 42: 577-584. (f) Liu, J. Y.; Wu, D.; Sun, W. M.; et al. *Dalton Trans.* [J], **2014**, 43: 18066-18073.

[20] Hou, N.; Wu, D.; Li, Y.; et al. *J. Am. Chem. Soc.* [J], **2014**, 136: 2921-2927.

[21] Guo, J. C; Tian, W. J.; Zhao, X. F.; et al. *J. Chem. Phys.* [J], **2016**, 144: 244303.

[22] Kiran, B.; Li, X.; Zhai, H. J.; et al. *Angew. Chem. Int. Ed.* [J], **2004**, 43: 2125-2129.

[23] Li, X.; Kiran, B.; Wang, L. S. *J. Phys. Chem. A*[J], **2005**, 109: 4366-4374.

[24] Kiran, B.; Li, X.; Zhai, H. J.; et al. *J. Chem. Phys.* [J], **2006**, 125: 133204 (1-7).

[25] Zhai, H. J.; Wang, L. S.; Zubarev, D. Yu.; et al. *J. Phys. Chem. A*[J], **2006**, 110: 1689-1693.

[26] Zhai, H. J.; Miao, C. Q.; Li, S.D.; Wang, L. S. J. Phys. Chem. A[J], **2010**, 114: 12155-12161.

[27] Chen, Q.; Zhai, H. J.; Li, S.D.; Wang, L. S. *J. Chem. Phys.* [J], **2013**, 138: 084306(1-8).

[28] Zubarev, D. Y.; Li, J.; Wang, L. S.; et al. *Inorg. Chem.* [J], **2006**, 45: 5269-5271.

[29] Guo, J.C; Miao, C.Q.; Ren, G.M. *Comput. Theor. Chem.* [J], **2014**, 1032: 7-11.

[30] Guo, J.C; Wu, H.X; Ren, G.M.; et al. *Comput. Theor. Chem.* [J], **2016**, 1083: 1-6.

第5章 含平面多配位碳配体的过渡金属夹心化合物

5.1 B_6C^{2-}为配体的平面六配位碳过渡金属夹心化合物

20 世纪 50 年代首例过渡金属夹心化合物二茂铁 $Fe(C_5H_5)_2$ 的成功合成及表征[1,2]揭开了有机金属化学新的帷幕,该系列化合物已经在催化、有机合成、磁性及光学新材料等领域得到了非常广泛的应用[3-7]。与此同时,传统的过渡金属夹心化合物基本概念和内容不断被理论和实验研究者丰富和拓展。2002 年,Schleyer 等人报道了首例非碳无机配体 P_5^- 环为配体的夹心化合物$[Ti(P_5)_2]^{2-}$[8],将夹心化合物的配体由环多烯拓展至芳香性无机环。新颖的全金属夹心化合物$[Al_4TiAl_4]^{2-}$、$[NaAl_4TiAl_4]^-$也被 Mercero 等人理论预测[9]。2004 年,首例 Zn-Zn 双核夹心化合物被实验合成,将过渡金属夹心化合物由单核拓展至双核[10]。含有平面六配位碳的 B_6C^{2-}为体系势能面上的真正极小,分子轨道分析揭示其具有三个离域 π 轨道,与 C_6H_6 类似为 6π 芳香性。苯分子可以作为配体与过渡金属配位形成稳定的过渡金属夹心化合物,那么含有平面六配位碳的 B_6C^{2-}是否也可以与过渡金属配位形成稳定的过渡金属夹心化合物呢?

2005 年,我们在密度泛函理论水平上首次理论预测了 B_6C^{2-}为配体的过渡金属夹心化合物 D_{6d} $[(\eta^6-B_6X)_2M]$(X=C, N; M=Mn, Fe, Co, Ni)[11]。这些化合物中两个 B_6C^{2-}作为配体将过渡金属原子夹在中心,配体 B_6 环处于同一平面,中心的平面六配位中心原子略突出平面,与中心过渡金属原子均处于分子 C_6 轴上。这些新颖的平面六配位碳过渡金属夹心化合物是传统夹心化合物的新拓展,为设计和实验制备新型平面多配位碳化合物提供了新途径。

5.1.1 完美的夹心结构

图 5-1 列出了 B3LYP/def2-TZVP 水平上配体 B_6C^{2-},过渡金属铁的半夹心化合物$[(B_6C)Fe]$及全夹心化合物$[(B_6C)_2Fe]^{2-}$、$[(B_6N)_2Fe]$、$[(B_6C)(B_6N)Fe]^-$、$[(B_7B)_2Fe]^{2-}$的优化结构。

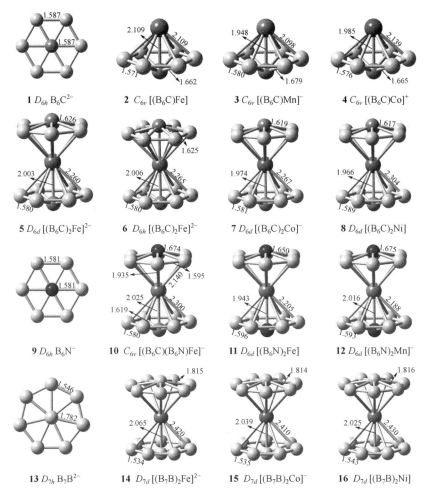

图 5-1 B3LYP/def2-TZVP 水平上平面六配位碳、氮及七配位硼化合物 **1~16** 的优化结构

当平面六配位碳 B_6C^{2-} 配位一个过渡金属 Fe 原子时，可形成六角双椎形的半夹心化合物 C_{6v} [(B_6C)Fe]。12 电子的 C_{6v} [(η^6-B_6C)Mn]$^-$、[(B_6C)Fe]、[(B_6C)Co]$^+$ 均为体系势能面上的真正极小结构，最小振动频率大于 $276cm^{-1}$。在 [(B_6C)Fe] 结构基础上沿着 C_6 轴再增加一个 B_6C^{2-} 配体，则得到完全交错的全夹心化合物 D_{6d}[(B_6C)$_2$Fe]$^{2-}$，其中两个平行配体将过渡金属夹在中心。由表 5-1 可知，[(B_6C)$_2$M] 系列全夹心化合物与半夹心化合物 [(B_6C)$_2$M] 相比，B-B 键长基本相同，B-C 键略微变短，而 B-Fe 键略微变长。

在 B3LYP/def2-TZVP 水平上，D_{6d} [(B_6C)$_2$Fe]$^{2-}$ 中的 B-Fe 键长（2.260Å）比二茂铁[(η^5-C_5H_5)Fe] 中的 C-Fe 键长（2.079Å）稍长 0.181Å。在 D_{6d} [(B_6C)$_2$Fe]$^{2-}$、[(B_6C)$_2$Co]$^-$、[(B_6C)$_2$Ni] 夹心化合物中 C 原子比 B_6 环分别高出 0.39Å、0.35Å、0.30Å，

化合物	$q_B/|e|$	$q_X/|e|$	$q_M/|e|$	WBI_B	WBI_X	WBI_M	v_{min}/cm^{-1}	$\Delta E_g/(kJ/mol)$
1 D_{6h} B_6C^{2-}	−0.21	−0.73		3.64	3.87		269	279.38
2 C_{6v} $[(B_6C)Fe]$	0.07	−0.45	0.03	3.50	3.93	3.56	276	267.38
3 C_{6v} $[(B_6C)Mn]^-$	−0.06	−0.41	−0.25	3.60	3.93	4.14	305	120.85
4 C_{6v} $[(B_6C)Co]^+$	0.20	−0.54	0.33	3.36	3.91	2.93	303	357.54
5 D_{6d} $[(B_6C)_2Fe]^{2-}$	0.05	−0.59	−1.41	3.50	3.88	4.86	45	340.95
6 D_{6h} $[(B_6C)_2Fe]^{2-}$	0.05	−0.60	−1.39	3.50	3.88	4.85	40i	306.95
7 D_{6d} $[(B_6C)_2Co]^-$	0.11	−0.65	−1.02	3.45	3.88	4.28	45	412.81
8 D_{6d} $[(B_6C)_2Ni]$	0.17	−0.75	−0.57	3.39	3.86	3.60	39	336.51
9 D_{6h} B_6N^-	−0.04	−0.76		3.48	3.27		269(2i)	269.90
10 C_{6v} $[(B_6C)(B_6N)Fe]^-$	0.11, 0.20	−0.61 −0.65	−1.60	3.45 3.31	3.88(C) 3.23(N)	5.14	57	358.49
11 D_{6d} $[(B_6N)_2Fe]$	0.25	−0.68	−1.70	3.27	3.24	5.17	61	373.66
12 D_{6d} $[(B_6N)_2Mn]^-$	0.20	−0.65	−2.11	3.32	3.23	5.73	61	278.57
13 D_{7h} B_7B^{2-}	−0.29	0.03		3.76	3.74		331	356.73
14 D_{7d} $[(B_7B)_2Fe]^{2-}$	−0.06	−0.09	−1.16	3.61	3.75	4.64	39	385.13
15 D_{7d} $[(B_7B)_2Co]^-$	0.004	−0.09	−0.88	3.55	3.79	4.17	40	381.09
16 D_{7d} $[(B_7B)_2Ni]$	0.07	−0.22	−0.51	3.49	3.86	3.49	37	314.04

可以看作准平面六配位碳。尽管完全重叠（D_{6h}）式与完全交错（D_{6d}）式的全夹心化合物[$(B_6X)_2M$]能量相差很小，但频率分析表明完全重叠（D_{6h}）式结构存在一个虚频，为过渡态结构。如完全重叠的 D_{6h} $[(B_6C)_2Fe]^{2-}$，最小振动频率分别为 $40i(b_{2g})$，能量比相应的完全交错式结构仅高 2.33kJ/mol（包含零点能校正）。这种情形与气相中检测到的 D_{5h} $[(\eta^5-C_5H_5)Fe]$ 和固相中的 D_{5h} $[(\eta^5-P_5)Ti]^{2-}$并不相同。按照虚频振动的方式对这些过渡态结构进行弛豫后，它们自动变为完全交错的稳定结构。实际上，这些夹心化合物转动能垒很低，类似于二茂铁的情形，在 B3LYP/def2-TZVP 水平上稳定的[$(\eta^5-C_5H_5)Fe$]为略微畸变的 D_5 构型，其完美的 D_{5h}、D_{5d} 构型均为过渡态结构。中心过渡金属对于其夹心化合物的稳定性尤为重要，可以与不稳定的平面六配位氮配体 B_6N^- 结合形成稳定的 D_{6d} $[(B_6N)_2Fe]$、C_{6v} $[(B_6C)(B_6N)_2Fe]^-$ 和 D_{6d} $[(B_6N)_2Mn]^-$ 夹心化合物。由图 5-1 和表 5-1 可知，两个平面七配位硼配体 $\eta^7-B_7B^{2-}$ 与过渡金属 M 配位可得到稳定的 D_{7d} $[(B_7B)_2M]$（M=Fe, Co, Ni）系列夹心化合物。

5.1.2 自然键轨道（NBO）及分子轨道（MO）分析

为了揭示这些新颖夹心化合物的成键特征，我们进行了自然键轨道（NBO）分析。在 D_{6d} $[(B_6C)_2Fe]^{2-}$ 中，电子布居为：C，$[He]2s^{1.05}2p^{3.59}(2p_x^{1.27}2p_y^{1.27}2p_z^{1.05})$；Fe，$[Ar]4s^{0.15}3d^{7.97}(3d_{xy}^{1.91}3d_{xz}^{1.22}3d_{yz}^{1.22}3d_{x^2-y^2}^{1.91}3d_{z^2}^{1.71})$；B，$[He]2s^{0.89}2p^{2.05}$ $(2p_x^{0.96}2p_y^{0.52}2p_z^{0.57})$，与表 5-1 中所列的自然电荷数据相一致。$D_{6d}$ $[(B_6C)_2Fe]^{2-}$ 中的过渡金属 Fe 原子上的 4s 电子几乎被完全剥离，其 4s 轨道占据数降为 $4s^{0.15}$。夹心化合物中 Fe 原子携带的负电荷 $-1.41|e|$，主要由配体 B_6C^{2-} 通过 $\pi{\rightarrow}d$ 作用提供。与自由的配体 B_6C^{2-} 类似，D_{6d} $[(B_6C)_2Fe]^{2-}$ 中 HOMO-9(b_2)、HOMO-12 (a_1) 轨道的 C 原子以 sp^2 杂化轨道与周边六个 B 原子形成多中心键，剩余一个单电子 $2p_z$ 轨道参与形成离域键。每个外围缺电子的 B 原子三个部分占据的 sp^2 杂化轨道组合形成三个面内键，一个部分占据的 $2p_z$ 轨道与中心的过渡金属原子形成 $\pi{\rightarrow}d$ 作用。

图 5-2 列出了 D_{6d} $[(B_6C)_2Fe]^{2-}$ 的前 13 个价分子轨道。所有占据轨道基本为两个配体 B_6C^{2-} 的前线轨道和中心 Fe 原子的 3d 轨道组合而成。兼并的最高占据轨道 HOMO(e_2)主要为 Fe 原子的 $3d_{xy}$ 和 $3d_{x^2-y^2}$ 轨道的贡献；兼并的 HOMO-1(e_1)主要由两个配体 B_6C^{2-} 离域的 π 轨道 HOMO(e_{1g})同相重叠形成，而 HOMO-3(e_5)为两个配体 B_6C^{2-} 的 HOMO(e_{1g})以反相与 Fe 原子的 $3d_{xz}$ 和 $3d_{yz}$ 组合形成；HOMO-2(a_1)

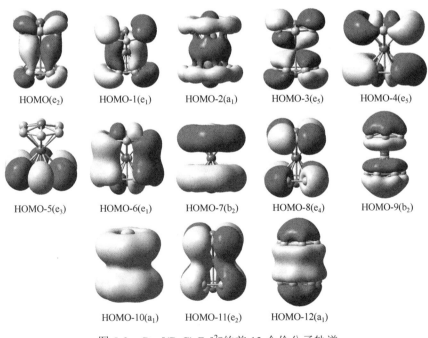

HOMO(e_2)　　　HOMO-1(e_1)　　　HOMO-2(a_1)　　　HOMO-3(e_5)　　　HOMO-4(e_5)

HOMO-5(e_3)　　　HOMO-6(e_1)　　　HOMO-7(b_2)　　　HOMO-8(e_4)　　　HOMO-9(b_2)

HOMO-10(a_1)　　　HOMO-11(e_2)　　　HOMO-12(a_1)

图 5-2 D_{6d} $[(B_6C)_2Fe]^{2-}$ 的前 13 个价分子轨道

和 HOMO-10(a_1)中表明存在沿着六重轴的 Fe-C 弱键作用，主要为 Fe 3d_{z^2} 轨道和 C 2s 轨道重叠形成；HOMO-4(e_5)和 HOMO-6(e_1)轨道主要为两个配体 B_6C^{2-} 的四个兼并的 HOMO-1(e_{1u})轨道的贡献；HOMO-5(e_3)和 HOMO-7(b_2)轨道主要为配体 B_6C^{2-} 的 HOMO-2(b_{2u})和 HOMO-3(a_{1g})轨道的贡献；HOMO-8(e_4)和 HOMO-11(e_2)轨道由两个配体兼并的 HOMO-4(e_{2g})轨道通过反相和同相组合而成；HOMO-9(b_2)和 HOMO-12(a_1)轨道为两个配体完全离域的 π 轨道反相和同相组合的结果。

这些平面六配位碳、氮、硼过渡金属夹心化合物中，碳原子总韦伯键级(WBI_C)介于 3.86～3.93，氮原子 WBI_N 介于 3.23～3.24，硼原子 WBI_B 介于 3.27～3.76，过渡金属原子 WBI_M 介于 3.49～5.73，表明化合物中主族原子都满足八隅律。与自由的 B_6C^{2-} 情形类似，两个配体中心引入过渡金属，除形成 12 个 B-M 配位键外还形成两个 C-M 键，而夹心化合物中 B_6C^{2-} 结构基本保持，其 C-B、B-B 键变化很小。如：D_{6d} $[(B_6C)_2Fe]^{2-}$ 中 $WBI_{C-B}=0.60$，$WBI_{B-B}=1.14$，$WBI_{Fe-C}=0.30$，$WBI_{Fe-B}=0.32$，而自由的 B_6C^{2-} 中 $WBI_{C-B}=0.65$，$WBI_{B-B}=1.26$，表明夹心化合物的形成对配体结构影响不大。

5.1.3 配体取代反应及反离子效应

值得一提的是，新颖平面六配位碳夹心化合物 D_{6d} $[(B_6C)_2Fe]^{2-}$ 可以用 B_6C^{2-} 取代二茂铁$[(C_5H_5)_2Fe]$中的 $C_5H_5^-$ 制备。在 B3LYP/def2-TZVP 水平上，包含零点能校正，$[(C_5H_5)_2Fe]+2B_6C^{2-}\rightarrow[(B_6C)_2Fe]^{2-}+2C_5H_5^-$ 反应前后热力学能量、焓、吉布斯自由能变化分别为 -548.47kJ/mol、-544.85kJ/mol、-544.39kJ/mol，表明通过配体交换反应来制备平面六配位碳夹心化合物 D_{6d} $[(B_6C)_2Fe]^{2-}$ 在热力学上是有利的。

需要指出的是，在 B3LYP/def2-TZVP 水平上，D_{6d} $[(B_6C)_2Fe]^{2-}$ 的前 5 个占据轨道能量均为正值，表明电子易电离而不稳定。类似的情形出现在其它已经报道的二价负离子化合物中，如 D_{6h} B_6C^{2-}、D_{4h} Al_4C^{2-} 及 D_{4d} $[Al_4Ti\ Al_4]^{2-[9]}$，它们的最高占据轨道能量均为正值。然而，这些芳香性负二价离子可以通过引入碱金属反离子来使之稳定，如 C_{4v} $[MAl_4]^-$（M=Li, Na, K）、 $[NaAl_4TiAl_4]^-$。图 5-3 所列的化合物 C_{6v} $[LiB_6C]^-$、C_{2v} $[Li(B_6C)_2Fe]^-$ 及 D_{2h} $[Li_2(B_6C)_2Fe]$ 的最高占据轨道能量分别 -60.54kJ/mol、-172.21kJ/mol、-545.53kJ/mol。需要指出的是，与 D_{6d} $[(B_6C)_2Fe]^{2-}$ 相比，稳定的 D_{2h} $[Li_2(B_6C)_2Fe]$ 中两个配体由完全重叠式转变为完全交错式，主要是两个 Li^+ 之间大的库仑排斥作用所致。由表 5-1 可知，所有夹心化合物中性及负一价离子的最高占据轨道能量均为负值，波函数稳定性良好。依据 Koopman 定理，最高占据轨道（HOMO）的能量负值近似等于化合物的第一电离能。此外，这些平面六配位碳、氮、硼夹心化合物具有较大的 HOMO-LUMO 能隙（267.38～412.81kJ/mol），表明它们热力学稳定性良好。

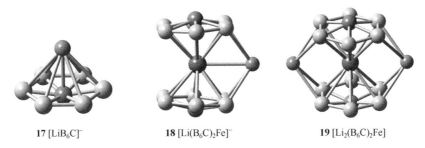

17 [LiB$_6$C]$^-$ 　　　18 [Li(B$_6$C)$_2$Fe]$^-$ 　　　19 [Li$_2$(B$_6$C)$_2$Fe]

图 5-3　B3LYP/def2-TZVP 水平上 C_{6v} [LiB$_6$C]$^-$、C_{2v} [Li(B$_6$C)$_2$Fe]$^-$
及 D_{2h} [Li$_2$(B$_6$C)$_2$Fe]的优化结构

综上，我们采用密度泛函理论方法预测了含平面六配位碳及平面七配位硼的 D_{6d} [(η^6-B$_6$X)$_2$M]（X=C, N; M=Mn, Fe, Co, Ni）及 [(B$_7$B)$_2$Fe]$^{2-}$ 系列过渡金属夹心化合物。这些夹心化合物结构新颖、成键独特，将平面六配位碳和过渡金属夹心化合物两个领域紧密结合，进一步拓展了平面六配位碳化合物研究领域。此外，这些新颖夹心化合物可通过 B$_6$C^{2-}/C$_5$H$_5^-$ 配体取代反应制备，将为进一步实验合成提供了理论参考。

5.2　含 B$_6$C^{2-} 的三层及四层过渡金属夹心化合物

具有六个 π 电子的芳香性 B$_6$C^{2-} 配体可以和过渡金属原子形成过渡金属半夹心化合物 C_{6v} [(B$_6$X)M]及全夹心化合物 D_{6d} [(η^6-B$_6$X)$_2$M]^q（X=C, N; M=Mn, Fe, Co, Ni）。在平面六配位碳半夹心和全夹心化合物基础上，是否可以进一步形成多层过渡金属夹心化合物呢？在文献报道[12-16]的三层及多层过渡金属夹心化合物中，苯环为中心，间位由三层夹心化合物取代形成的六核过渡金属夹心化合物 1,3,5-[Cp*Co(2,3-Et$_2$C$_2$B$_3$H$_2$-5-C≡C)CoCp*]$_3$C$_6$H$_3$ 结构奇特[15]，三层过渡金属夹心化合物中 C$_2$B$_3$ 环作为中间层，上下两侧为经典的茂环配体。本节我们采用密度泛函理论方法系统研究含一个平面六配位碳的三层过渡金属夹心化合物(C$_n$H$_n$)M(B$_6$C)M(C$_n$H$_n$)（M=Fe, Ru, Os, Mn, Tc, Re; n=5, 6）[17]的结构和性质。

5.2.1　三层夹心结构

B$_6$C^{2-} 与 C$_5$H$_5^-$ 类似均具有 6π 电子，根据 18 电子规则，两个 C$_5$H$_5^-$、一个 B$_6$C^{2-} 配体可与两个 Fe 原子组合形成三层过渡金属夹心化合物(C$_5$H$_5$)Fe(B$_6$C)Fe(C$_5$H$_5$)，中间层为 B$_6$C^{2-}。然而，在 B3LYP/def2-TZVP 水平上，对称性为 C_{2v} 的(C$_5$H$_5$)Fe(B$_6$C)

Fe(C_5H_5)有一个虚频，消除虚频后得到略微畸变的 C_2 对称性极小结构。当两端的 $C_5H_5^-$ 配体用苯 C_6H_6 替代后，根据 18 电子规则，中心的 Fe 原子需要调整为 Mn。

图 5-4 列出了平面六配位碳三层过渡金属夹心化合物(C_nH_n)M(B_6C)M(C_nH_n) （M=Fe, Ru, Os, Mn, Tc, Re; n = 5, 6）的优化结构。这些夹心化合物最小振动频率均为正值，振动模式为三个配体绕着 M-phC-M 相对转动，类似于经典的二茂铁 Fe(C_5H_5)$_2$ 和二苯铬 Cr(C_6H_6)$_2$ 的最小振动模式。在代表性夹心化合物 C_2 (C_5H_5)Fe(B_6C)Fe(C_5H_5)中，三个配体彼此平行地将两个过渡金属原子夹于其中，两个 Fe 原子和 phC 原子间夹角∠Fe-phC-Fe=179.2°，基本处于同一直线，Fe-C 键长(r_{Fe-C})为 2.058 Å，Fe-B 键长介于 2.466～2.487Å，B-B 键长介于 1.599～1.600Å，phC-Fe 键长为 1.891Å。

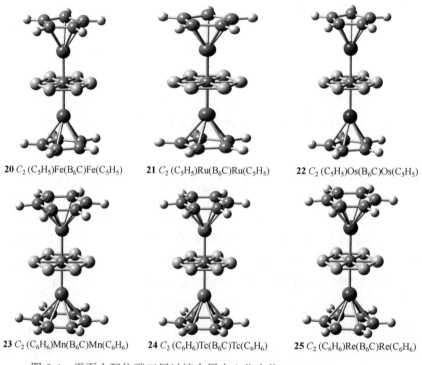

20 C_2 (C_5H_5)Fe(B_6C)Fe(C_5H_5)　　**21** C_2 (C_5H_5)Ru(B_6C)Ru(C_5H_5)　　**22** C_2 (C_5H_5)Os(B_6C)Os(C_5H_5)

23 C_2 (C_6H_6)Mn(B_6C)Mn(C_6H_6)　　**24** C_2 (C_6H_6)Tc(B_6C)Tc(C_6H_6)　　**25** C_2 (C_6H_6)Re(B_6C)Re(C_6H_6)

图 5-4　平面六配位碳三层过渡金属夹心化合物(C_nH_n)M(B_6C)M(C_nH_n)
（M=Fe, Ru, Os, Mn, Tc, Re; n =5, 6）的优化结构

(C_nH_n)M(B_6C)M(C_nH_n)（M=Fe, Ru, Os, Mn, Tc, Re; n = 5, 6）系列化合物具有类似的三层夹心结构类似，其中平面六配位碳 B_6C 单元接近完全平面。与自由 B_6C^{2-} 单元中的 B-B 键长 1.587Å 相比，这些夹心化合物中的 B-B 键略有增长。C_2 (C_5H_5)Fe(B_6C)Fe(C_5H_5)中的 Fe-C 键长介于 2.058～2.059 Å，与经典的夹心化合物

Fe(C$_5$H$_5$)$_2$ 中的 Fe-C 键长 2.079Å 十分接近，同时 phC-Fe 键长为 1.891Å，比半夹心化合物(B$_6$C)Fe 中的 phC-Fe 键长短 0.058Å。在 Fe(C$_5$H$_5$)$_2$ 中插入半夹心化合物(B$_6$C)Fe，通过结构重组可得到三层夹心化合物(C$_5$H$_5$)Fe(B$_6$C)Fe(C$_5$H$_5$)，其中平面六配位碳 B$_6$C 单元为桥，通过 Fe-C 键与两个半夹心化合物(C$_5$H$_5$)Fe 相结合。具有 C_2 对称性的(C$_5$H$_5$)Ru(B$_6$C)Ru(C$_5$H$_5$)、(C$_5$H$_5$)Os(B$_6$C)Os(C$_5$H$_5$)与(C$_5$H$_5$)Fe(B$_6$C)Fe(C$_5$H$_5$) 类似，均为真正的极小结构。由图 5-4 及表 5-2 可见，含两个苯环配体的平面六配位碳三层过渡金属夹心化合物(C$_6$H$_6$)Mn(B$_6$C)Mn(C$_6$H$_6$)中，Mn-C 键长（$r_{\text{Mn-C}}$）介于 2.105～2.106Å，Mn-phC 键长为 1.926Å，Mn-B 键长为 2.503Å，B-B 键长为 1.599Å，与 Mn 同族的第二、三过渡金属系夹心化合物(C$_5$H$_5$)M(B$_6$C)M(C$_5$H$_5$)（M=Tc, Re）结构与之类似。

表 5-2 平面六配位碳（phC）三层夹心化合物 **20**～**25** 的重要结构参数、最小振动频率、HOMO-LUMO 能隙、phC 的原子电荷及韦伯总键级

化合物	$r_{\text{M-C}}$/Å	$r_{\text{M-B}}$/Å	$r_{\text{B-B}}$/Å	$r_{\text{M-phC}}$/Å	θ/(°)	q_{phC}	WBI$_{\text{phC}}$	v_{min}/cm^{-1}	ΔE_{g}/(kJ/mol)
20 (C$_5$H$_5$)Fe(B$_6$C)Fe(C$_5$H$_5$)	2.058～2.059	2.466～2.487	1.599～1.600	1.891	179.2	−0.77	3.90	13	340.58
21 (C$_5$H$_5$)Ru(B$_6$C)Ru(C$_5$H$_5$)	2.166～2.168	2.568～2.582	1.606～1.607	2.011	179.4	−0.80	3.95	23	358.96
22 (C$_5$H$_5$)Os(B$_6$C)Os(C$_5$H$_5$)	2.178～2.181	2.564～2.588	1.615～1.617	2.006	178.79	−0.95	3.90	24	375.24
23 (C$_6$H$_6$)Mn(B$_6$C)Mn(C$_6$H$_6$)	2.105～2.106	2.503	1.599	1.926	179.99	−0.69	3.92	37	358.91
24 (C$_6$H$_6$)Tc(B$_6$C)Tc(C$_6$H$_6$)	2.205	2.591～2.592	1.608	2.032	179.98	−0.74	3.94	8	344.44
25 (C$_6$H$_6$)Re(B$_6$C)Re(C$_6$H$_6$)	2.217	2.589	1.617	2.022	180.00	−0.87	3.92	14	307.87

为进一步探讨这些平面六配位碳三层过渡金属夹心化合物的稳定性，我们计算了反应（1）和反应（2）在反应前后的能量、焓、吉布斯自由能变化：

$$\text{Fe(C}_5\text{H}_5)_2 + \text{(B}_6\text{C)Fe} = \text{(C}_5\text{H}_5)\text{Fe(B}_6\text{C)Fe(C}_5\text{H}_5) \tag{1}$$

$$\text{Mn(C}_6\text{H}_6)_2^+ + \text{(B}_6\text{C)Mn}^- = \text{(C}_6\text{H}_6)\text{Mn(B}_6\text{C)Mn(C}_6\text{H}_6) \tag{2}$$

包含零点能校正，$\Delta E(1)=-128.08\text{kJ/mol}$，$\Delta H(1)=-126.18\text{kJ/mol}$，$\Delta G(1)=-85.92\text{kJ/mol}$；$\Delta E(2)=-599.73\text{kJ/mol}$，$\Delta H(1)=-598.35\text{kJ/mol}$，$\Delta G(2)=-555.78\text{kJ/mol}$。这些负的能量、焓、吉布斯自由能变化表明反应（1）和反应（2）在热力学上是有利的。

5.2.2 自然键轨道（NBO）及分子轨道（MO）分析

自然键轨道（NBO）分析揭示这些平面六配位碳三层过渡金属夹心化合物中的所有原子均满足八隅律。如在$(C_5H_5)Fe(B_6C)Fe(C_5H_5)$中（其典型分子轨道见图 5-5），$WBI_{phC}=3.90$，$WBI_C=3.96$，$WBI_B=3.46$，$WBI_H=0.94$，$WBI_{Fe}=4.04$；中间 B_6C 单元中 $WBI_{B-B}=1.10$，$WBI_{B-phC}=0.55$，而自由 B_6C^{2-} 中 $WBI_{B-B}=1.26$，$WBI_{B-phC}=0.65$，表明化合物的形成对 B_6C 单元结构影响不大。值得注意的是，垂直方向的 C-Fe 键作用可有效补偿键级的轻微差别，$WBI_{phC-Fe}=0.28$ 和 $WBI_{phC}=3.90$ 表明 $(C_5H_5)Fe(B_6C)Fe(C_5H_5)$中心碳原子满足成键要求。有趣的是，$(C_nH_n)M(B_6C)M(C_nH_n)$（M=Fe, Ru, Os, Mn, Tc, Re; n =5, 6）中的平面六配位碳携带的电荷介于−0.69～

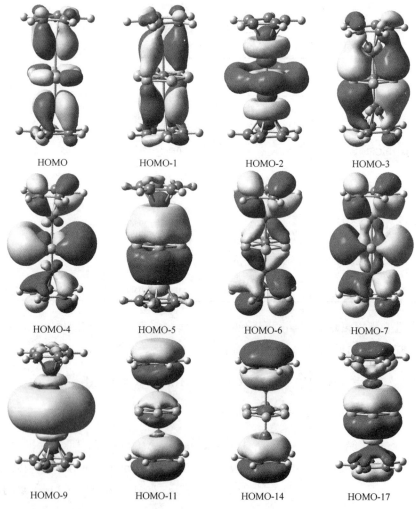

图 5-5 C_2 $(C_5H_5)Fe(B_6C)Fe(C_5H_5)$典型的分子轨道

−0.95|e|，表明这些化合物中平面六配位碳基本可看作 C⁻。正是这个 $2p_z$ 轨道额外的离域电子使得化合物中心平面六配位碳得以稳定，这种情形类似于经典的平面四配位碳(ptC)体系，ptC 中心为三个 sp^2 杂化轨道外加一个双占的 $2p_z$ 轨道。

5.2.3　红外光谱模拟

图 5-6 列出了理论水平上模拟的平面六配位碳三层过渡金属夹心化合物 C_2 $(C_5H_5)Fe(B_6C)Fe(C_5H_5)$、$(C_6H_6)Mn(B_6C)Mn(C_6H_6)$ 的红外光谱。由图 5-6 可知，C_2 $(C_5H_5)Fe(B_6C)Fe(C_5H_5)$ 处于 699cm⁻¹ 和 1128cm⁻¹ 处的两个强吸收峰，为两个 phC 在 B_6 面内的振动产生，而 775cm⁻¹ 处的强吸收峰则为 phC 脱离 B_6 面的振动所产生。两个配体 $C_5H_5^-$ 上的 10 个 H 的不对称面外摇摆、面内振动分别产生 844cm⁻¹

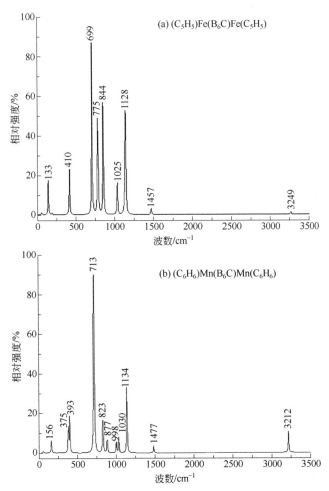

图 5-6　B3LYP 理论水平上模拟的平面六配位碳三层过渡金属夹心化合物
$C_2(C_5H_5)Fe(B_6C)Fe(C_5H_5)$、$(C_6H_6)Mn(B_6C)Mn(C_6H_6)$ 的红外光谱

和 $1025cm^{-1}$ 处的吸收峰。$133cm^{-1}$ 处的弱吸收峰对应于 B_6 环沿着分子轴的上下振动，$410cm^{-1}$ 处的吸收峰对应于两个配体 $C_5H_5^-$ 的不对称摇摆，而 $1457cm^{-1}$ 处的最弱吸收峰为它们面内摇摆产生。如图 5-6（b）所示，$(C_6H_6)Mn(B_6C)Mn(C_6H_6)$ 中 phC 脱离平面的振动产生的吸收峰位于 $713cm^{-1}$ 处，其余吸收峰基本与 $(C_5H_5)Fe(B_6C)Fe(C_5H_5)$ 类似。图 5-6 中(a)与(b)之间的联系进一步揭示这些三层夹心化合物的振动模式类似，其余化合物的红外光谱可参照分析，这里不再详述。

值得一提的是，平面六配位碳三层夹心化合物还可以进一步拓展至四层夹心化合物，平面六配位碳可以拓展至平面七配位硼[18]。

综上，本节我们在密度泛函理论水平上理论预测了平面六配位碳中心的 $(C_nH_n)M(B_6C)M(C_nH_n)$（M=Fe, Ru, Os, Mn, Tc, Re; n =5, 6）系列三层过渡金属夹心化合物的结构和性质。与自由的 B_6C^{2-} 相比，这些夹心化合物中 B_6C 单元结构变化很小，phC 携带约一个单位的负电荷，过渡金属部分填充的 nd 轨道与配体的离域 π 轨道有效重叠形成强的配位作用。红外光谱分析揭示这些平面六配位碳三层夹心化合物强的红外吸收峰主要由平面六配位碳的面内和面外振动所产生。有趣的是它们还可进一步拓展至含两个平面六配位碳、平面七配位硼的四层过渡金属夹心化合物。

在第一过渡金属的平面六配位碳金属夹心化合物 $(B_6C)_2M$（X=C, N; M=Fe, Co, Ni）研究基础上，李思殿等进一步采用密度泛函理论方法研究了含有平面六配位碳和氮的第二和第三过渡系金属夹心化合物 $(B_6X)_2M$（X=C, N; M =Ru, Rh, Pd, Os, Ir, Pt）的几何和电子性质[19]。2007 年，李前树等以 B_6C^{2-} 为配体、碱土金属为核，理论设计了单层及多层平面六配位碳碱土金属夹心化合物[20]。需要指出的是，传统的面-面夹心化合物中两个配体之间可能进行融合，而导致夹心化合物不稳定。2007—2009 年，为克服配体之间可能出现的融合，丁益宏等人以平面四配位碳团簇 CAl_4^{2-}、CAl_3Si，CAl_2Si_2 为配体，理论设计了系列"杂夹板夹心"化合物[21-23]。

本节理论设计的平面六配位碳三层及四层过渡金属夹心化合物结构新颖，期待进一步实验合成，从而丰富平面多配位碳过渡金属夹心化合物研究领域。

5.3　C_6Li_6 为配体的平面四配位碳过渡金属夹心化合物

1978 年，Lagow 等人合成了六锂苯 C_6Li_6，其室温下可稳定存在[24]。具有星状结构的 D_{6h} C_6Li_6 为其势能面上的真正极小结构，其中六个 Li 原子以桥基方式与 C_6 环键连，使得碳环上 C 原子与两个 Li 均成键，尽管 C-Li 之间作用以离子键作用为主，C 原子仍可看作平面四配位碳(ptC)[25-27]。同苯分子 C_6H_6 类似，C_6Li_6 含有六个 π 电子，符合休克尔 $4n+2$ 规则，具有芳香性。C_6H_6 可以与过渡金属形成稳定的夹心化合物，芳香性的 C_6Li_6 是否也可以作为配体与过渡金属形成平面四配位碳过渡金属夹心化合物呢？设计新型的过渡金属夹心化合物，需要配体和过渡金属原子几何和电子结构的良好匹配，本节我们将采用第一性原理方法系统研究 $[M(C_6Li_6)_2]^{n-}$（M=Nb, Ta, Mo, W; n=1, 0）的结构、成键及稳定性[28]。

5.3.1 完全交错的夹心结构

图 5-7 列出了 B3LYP 和 MP2 两种方法水平上 $[M(C_6Li_6)_2]^{n-}$（M=Nb, Ta, Mo, W; n=1, 0）的优化结构。MP2 与 B3LYP 方法优化所得结构类似，键长略有微小差别。简便起见，我们主要讨论 B3LYP 方法给出的结果。D_{6d} $[M(C_6Li_6)_2]^{n-}$（M=Nb, Ta, Mo, W; n=1,0；**28**～**30**）结构均为势能面上的真正极小结构，其中完全交错的两个配体 C_6Li_6 沿着 C_6 轴将过渡金属原子夹在中心，金属 Li 原子弯向中心金属。频率分析发现完全重叠式的 D_{6h} $[M(C_6Li_6)_2]^{n-}$（M=Nb, Ta, Mo, W; n=1,0）结构有一个虚频，表明其为过渡态。如 D_{6d} $[Nb(C_6Li_6)_2]^-$ 最低频率为 $53cm^{-1}$，D_{6h} 结构为过渡态，虚频振动方式为两个配体沿着六重轴反向转动。

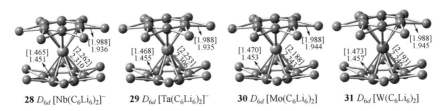

28 D_{6d} [Nb(C$_6$Li$_6$)$_2$]$^-$　　**29** D_{6d} [Ta(C$_6$Li$_6$)$_2$]$^-$　　**30** D_{6d} [Mo(C$_6$Li$_6$)$_2$]　　**31** D_{6d} [W(C$_6$Li$_6$)$_2$]

图 5-7　B3LYP 和 MP2 两种方法水平上夹心化合物 $[M(C_6Li_6)_2]^{n-}$
（M=Nb, Ta, Mo, W; n=1, 0）的优化结构
括号里的数字是 MP2 方法水平下的键长数据

由图 5-7 和表 5-3 可知，这些夹心化合物中配体 C_6Li_6 的基本结构得以保持，与自由的 C_6Li_6 相比 C-C、C-Li 键均略微变长，表明配体 C_6Li_6 与过渡金属中心配位后弱化了配体内部的成键。如：自由的 C_6Li_6 中 C-C、C-Li 键长分别为 1.415Å 和 1.913Å，$[Nb(C_6Li_6)_2]^-$ 中 C-C、C-Li 的键长为 1.451Å 和 1.936Å。$[M(C_6Li_6)_2]^{n-}$（M=Nb, Ta, Mo, W; n=1, 0）中 C-Nb、C-Ta、C-Mo、C-W 的键长分别为 2.310Å、2.306Å、2.243Å 和 2.246Å，同文献中报道的 D_{6h} $[M(C_6H_6)_2]^{n-}$（M=Nb, Ta, Mo, W; n=1,0）中 C-M 键长一致。这些平面四配位碳过渡金属夹心化合物中桥 Li 原子整体弯向中心的过渡金属原子，表明它们之间有一定成键作用。

表 5-3　C_6Li_6 及其过渡金属夹心化合物[$Nb(C_6Li_6)_2$]$^-$、[$Ta(C_6Li_6)_2$]$^-$、[$Mo(C_6Li_6)_2$]、
　　　　[$W(C_6Li_6)_2$]的最小振动频率、自然电荷、韦伯键级、核独立化学位移值

化合物	对称性	v_{min}/cm^{-1}	$q_{Li}/|e|$	$q_C/|e|$	$q_M/|e|$	WBI_{M-C}	WBI_{C-Li}	WBI_{C-C}	NICS(1)
C_6Li_6	D_{6h}	98	0.63	−0.63			0.26	1.43	−6.97
[$Nb(C_6Li_6)_2$]$^-$	D_{6d}	53	0.48	−0.55	−0.25	0.46	0.21	1.22	
[$Ta(C_6Li_6)_2$]$^-$	D_{6d}	53	0.48	−0.58	0.20	0.45	0.21	1.22	−28.08
[$Mo(C_6Li_6)_2$]	D_{6d}	28	0.55	−0.52	−0.46	0.45	0.19	1.22	—
[$W(C_6Li_6)_2$]	D_{6d}	53	0.54	−0.56	0.23	0.47	0.18	1.22	−29.03

苯分子 C_6H_6 作为配体与过渡金属原子形成夹心化合物时，两个 C_6H_6 通常以完全重叠式与中心的过渡金属原子配位，而[$M(C_6Li_6)_2$]$^{n-}$（M=Nb, Ta, Mo, W; n=1, 0）中两个配体却是完全交错式，这种差别主要源于配体上的电荷分布差异。两个 C_6Li_6 配体以完全重叠式接近，Li 原子由于一定程度弯向过渡金属中心而使得 Li-Li 之间产生巨大的库仑排斥，导致 D_{6h} [$M(C_6Li_6)_2$]$^{n-}$（M=Nb, Ta, Mo, W; n=1, 0）不稳定，完全交错式可削弱这种排斥而使化合物稳定。如：D_{6d} [$Nb(C_6Li_6)_2$]$^-$中 C 原子和 Li 原子携带的自然电荷分别为−0.55|e|、0.48|e|，两个配体 Li-Li、C-C 之间的巨大斥力迫使它们以完全交错式与过渡金属原子配位。由表 5-3 可知，[$M(C_6Li_6)_2$]$^{n-}$（M=Nb, Ta, Mo, W; n=1, 0）这个系列中电荷分布类似，因此它们均为 D_{6d} 构型。

5.3.2　自然键轨道（NBO）及分子轨道（MO）分析

这些新颖的平面四配位碳过渡金属夹心化合物为什么能稳定呢？自然键轨道（NBO）分析可以帮助我们回答这个问题。这里我们以[$Nb(C_6Li_6)_2$]$^-$为例，其中 Nb 的电子布居为[核]$5s^{0.21}4d_{xy}^{1.25}4d_{x^2-y^2}^{1.25}4d_{xz}^{0.73}4d_{yz}^{0.73}4d_{z^2}^{0.39}$，与表 5-3 中自然电荷数据一致，5s 电子几乎被完全激发，仅为 0.21|e|。[$M(C_6Li_6)_2$]$^{n-}$（M=Nb, Ta, Mo, W; n=1, 0）中过渡金属原子携带较少的电荷，如 q_{Nb}、q_{Ta} 分别为−0.25|e|、0.20|e|，主要因为配体 C_6Li_6 通过 π→d 配位作用向中心过渡金属提供了部分电子。自由的 C_6Li_6 中 C-C 韦伯键级为 1.43，而夹心化合物中配体 C_6Li_6 中 C-C 韦伯键级平均值为 1.22，可见中心过渡金属原子的引入削弱了配体内部的成键。在这些夹心化合物中，过渡金属与配体中碳原子之间的韦伯键级介于 0.45～0.47，表明 M-C 的配位键作用具有明显共价性。

为进一步揭示这些过渡金属夹心化合物的成键特征，我们进行了分子轨道分析。[$M(C_6Li_6)_2$]$^{n-}$（M=Nb, Ta, Mo, W; n=1, 0）化合物的稳定主要得益于过渡金属原子部分填充的 d 轨道和配体 C_6Li_6 的离域 π 轨道之间的作用。简便起见，我们

仅以[Nb(C₆Li₆)₂]⁻的分子轨道为例进行分析，其它化合物与其类似。图 5-8 列出了[Nb(C₆Li₆)₂]⁻的前 13 个价分子轨道。最高占据轨道 HOMO 主要为配体 C_6Li_6 中 Li 原子 2s 轨道的贡献；简并的 HOMO-1(e_2)，HOMO-3(e_2)轨道为过渡金属原子 Nb 的 $4d_{xy}$ 及 $4d_{x^2-y^2}$ 与配体 C_6Li_6 的 π 型轨道的作用；HOMO-7(e_1)主要为两个配体 C_6Li_6 π 轨道之间的作用；简并的 HOMO-8(e_5)为 Nb 的 $4d_{xz}$ 及 $4d_{yz}$ 轨道与配体 C_6Li_6 π 轨道之间的作用；HOMO-12(a_1)轨道主要为 Nb 的 $4d_{z^2}$ 轨道与配体 C_6Li_6 π 轨道之间作用；其余主要为配体 C_6Li_6 的轨道。

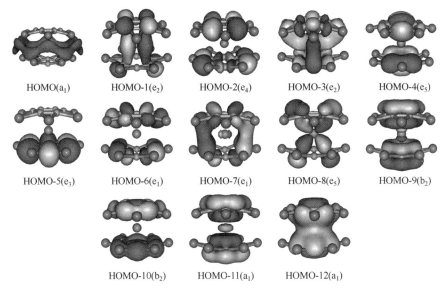

图 5-8　D_{6d} [Nb(C₆Li₆)₂]⁻的前 13 个价分子轨道

5.3.3　芳香性及稳定性

为探讨这些新颖夹心化合物的芳香性，我们计算了配体中心上方 1Å 处的核独立化学位移（NICS）值。如表 5-3 所示，C_6Li_6 的 NICS(1)值为−6.97，已知 C_6H_6 的 NICS(1)值为−9.97，表明 C_6Li_6 与苯分子一样具有 π 芳香性。与自由配体相比，[M(C₆Li₆)₂]$^{n-}$（M=Nb, Ta, Mo, W; n=1,0）中的 NICS(1)值更负，表明过渡金属原子 nd_{z^2} 轨道与配体 π 轨道之间的作用可使 C_6Li_6 中 π 电子离域性更强。

为进一步探讨[M(C₆H₆)₂]$^{n-}$（M=Nb, Ta, Mo, W; n=1, 0）化合物的稳定性，我们计算了反应[M(C₆Li₆)₂]$^{n-}$ ⟶ 2C₆Li₆ + M^{n-}前后的能量变化，包含零点能校正，ΔE 介于为−533.69～−795.17kJ/mol 之间，表明这些平面四配位碳过渡金属化合物稳定性良好，不容易解离为过渡金属离子 M^{n-}和两个自由的 C_6Li_6。

5.3.4 红外光谱模拟

图 5-9 为理论预测的夹心化合物$[Mo(C_6Li_6)_2]$、$[W(C_6Li_6)_2]$的红外光谱图。由图 5-9 可见，$629cm^{-1}$ 处的最大吸收峰对应于配体 C_6Li_6 中 C-Li 键的反对称伸缩振动；$208cm^{-1}$、$301cm^{-1}$ 处的吸收峰为两个 C_6Li_6 的 C-Li 面内及面外弯曲产生；Nb-C 反对称伸缩振动产生了 $76cm^{-1}$ 处的吸收峰；C_6Li_6 中典型的 C-C 伸缩振动产生 $1075cm^{-1}$ 处的吸收峰。化合物$[W(C_6Li_6)_2]$的红外光谱与$[Nb(C_6Li_6)_2]^-$十分类似，这里不再赘述。

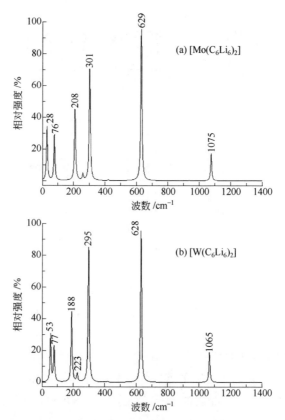

图 5-9　B3LYP 水平上模拟的夹心化合物$[Mo(C_6Li_6)_2]$（a）、
$[W(C_6Li_6)_2]$（b）的红外光谱图

综上，本节我们采用密度泛函理论 B3LYP 方法和从头算 MP2 方法系统设计了平面四配位碳过渡金属夹心化合物$[M(C_6Li_6)_2]^{n-}$（M=Nb, Ta, Mo, W; n=1, 0）。过渡金属未充满的 nd 轨道与配体 C_6Li_6 π 轨道之间强的配位键作用使这些化合物得以稳定。过渡金属原子与碳之间的配位键以共价性成分为主，离子键成分很少。化合物中的 C-C 键比自由 C_6Li_6 的略长，表明过渡金属原子与配体

d-p 配键形成时弱化了配体内部的成键。这系新颖夹心化合物中配体中心上方 1Å 处的核独立化学位移（NICS）值均为较大负值，表明其仍具有 π 芳香性。预测的[$Mo(C_6Li_6)_2$]、[$W(C_6Li_6)_2$]中性夹心化合物的红外光谱可以为将来的实验表征提供理论依据。

5.4 $C_5Li_5^-$ 为配体的锌-锌金属链夹心化合物

2004 年，Resa 课题组[29]首次实验合成并表征了稳定的含 Zn-Zn 键的双核金属夹心配合物 $Zn_2(\eta^5-C_5Me_5)_2$，发现其中金属锌之间存在共价单键，从而开辟了双核和多核过渡金属串夹心配合物研究新领域[28,29]。近年来，$Zn_2(\eta^5-C_5Me_5)_2$ 新颖的结构和潜在的应用性质激起了化学工作者的极大兴趣，许多新颖的双核、多核金属配合物被理论预测或实验合成，如：2007 年，Frenking 等[32]采用密度泛函的 BP86/TZ2P 方法理论研究了含双核及多核金属的夹心配合物 CpM_nCp（M=Be, Mg, Ca, Zn; n=2～5）的结构和稳定性；2008 年，Chattatraj 等[40]预测了全金属双核配合物 $M_2(Be_3)_2$（M=Zn, Be），高国华等理论研究了富勒烯双核锌夹心配合物 C_{60}-Zn-Zn-C_{60}、C_{70}-Zn-Zn-C_{70} 等的结构和稳定性。这些研究工作[30-42]拓展了人们对于化学键的认识，丰富了金属配合物研究领域。

金属串夹心配合物新颖的结构使其可能在光、电、磁和催化等方面具有独特性质，具有潜在的纳米电子器件-分子导线和分子开关的应用性，成为配合物研究的一个新热点。然而，多少个 Zn 原子形成的金属串能被配体稳定形成稳定的夹心配合物？稳定的金属串夹心配合物需要几何和电子结构的匹配，除 $C_5H_5^-$ 外，是否还有更合适的新配体？

2005 年，我们理论预测了含有平面六配位碳的过渡金属夹心配合物$(B_6C)_2M$（M=Fe, Co, Ni）。是否能将平面配位碳和金属串夹心配合物两个新颖研究方向结合起来呢？与 $C_5H_5^-$ 类似，星状的 $C_5Li_5^-$ 含有五个平面四配位碳，分子轨道分析表明其具有 6 个 π 电子，可以作为配体和金属形成夹心配合物。$C_5Li_5^-$是否可以稳定 Zn-Zn 金属串呢？该系列配合物具有特殊的结构和性质呢？

本节我们对以 $C_5Li_5^-$ 为配体形成的金属串夹心配合物的结构和稳定性进行系统研究[43]。将含多个平面四配位碳原子的 $C_5Li_5^-$ 作为配体引入过渡金属夹心配合物，拓展了经典配合物研究领域，本研究工作对于人们认识平面四配位碳及金属串夹心配合物的几何结构和电子性质有着积极意义。

5.4.1 含锌-锌金属链的夹心结构

图 5-10 列出了 B3LYP/def2-TZVP 水平上优化的 $Zn_n(C_5Li_5)_2$（n=2～8）的几

何结构，并标注了 Zn-Zn 和 Zn-C 的键长。由图 5-10 和表 5-4 可知，具有 D_5 对称性的 $Zn_n(C_5Li_5)_2$（n=2～8；**32**～**38**）为体系势能面上的真正极小结构，两个配体沿着中心 C_5 轴形成的二面角 D_{EMME} 介于 18.0°～19.7°。振动频率分析表明完全重叠式 D_{5h} 和完全交错式 D_{5d} 结构则为过渡态，消除虚频后将自动变为稳定的 D_5 结构，需要指出的是 D_{5h}、D_{5d} 与 D_5 构型能量相差很小（<0.4kJ/mol），与 $Zn_n(C_5H_5)_2$（n=2～8）情形类似。

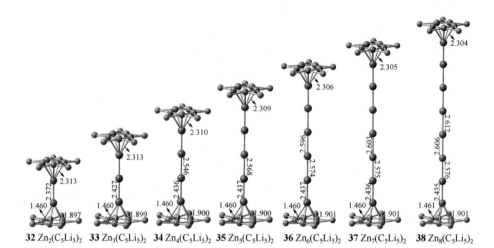

图 5-10　B3LYP/def2-TZVP 水平上 $Zn_n(C_5Li_5)_2$（n=2～8）的优化结构

C-Zn 键长介于 2.304～2.313Å，随着 n 值增大，C-Zn 键变短，即 $Zn_n(C_5Li_5)_2$ 中 C-Zn 之间的作用比 $Zn_{n-1}(C_5Li_5)_2$ 中的增强，而 Zn-Zn 平均键长随着 n 值增大略有增长，作用略有减弱。随着 n 值增大，Zn_n 由双核逐步变为 Zn_n 链。在这些金属链夹心配合物中 Zn-Zn 键比 Zn_2 双原子分子中更短，作用更强。这些夹心化合物中 Zn-Zn 韦伯键级介于 0.60～1.02，表明 Zn-Zn 之间共价作用较强。用 $C_5Li_5^-$ 替代 $Zn_n(C_5H_5)_2$ 中的 $C_5H_5^-$ 并不影响配合物的稳定。在这些配合物中，$C_5Li_5^-$ 结构保持良好，C-C、C-Li 键长变化很小。同自由的 $C_5Li_5^-$ 相比，$Zn_n(C_5Li_5)_2$ 中 C-C 键略有增长，表明 C-Zn 之间的作用削弱了配体 $C_5Li_5^-$ 内部的键，然而整个系列中 C-C 键变化并不大，基本保持在 1.46Å。

5.4.2　自然键轨道（NBO）及分子轨道分析

什么因素使得这些平面四配位碳金属链夹心化合物 $Zn_n(C_5Li_5)_2$（n=2～8）得以稳定呢？我们采用自然键轨道（NBO）对它们的电子结构和成键特征进行了分析。由表 5-4 可知，$Zn_n(C_5Li_5)_2$ 中所有 Zn 原子均带正电荷，与 C 直接键连

的 Zn 原子携带的正电荷介于 0.15～0.37|e|，表明金属 Zn 与 $C_5Li_5^-$ 之间存在部分离子键作用。C 原子总键级介于 3.51～3.52，表明 $Zn_n(C_5Li_5)_2$ 中 C 原子基本满足八隅律；Li 原子总键级为 0.56，Li-C 键级为 0.21，表明 Li 在化合物中主要提供电子，和 C 之间主要形成离子键，但仍有一定的共价键，而 Zn 原子总键级介于 1.47～2.22，Zn-C 键级为 0.21～0.22，表明 Zn-Zn 之间为共价作用，而 Zn-C 之间为离子键。

表 5-4　B3LYP/def2-TZVP 水平上 $Zn_n(C_5Li_5)_2$（n=2～8）的自然电荷、韦伯键级、最低振动频率、HOMO-LUMO 能隙 ΔE_g

化合物	D_{EMME}	q_{Li} /|e|	q_C /|e|	q_{Zn} /|e|	$WBI_{Zn\text{-}Zn}$ /|e|	$WBI_{C\text{-}Li}$	$WBI_{C\text{-}C}$	$WBI_{C\text{-}Zn}$	WBI_{Zn}	WBI_C	ν_{min} /cm⁻¹	ΔE_g /(kJ/mol)
$Zn_2(C_5Li_5)_2$	19.74°	0.72	-0.79	0.37	1.02	0.21	1.33	0.21	2.21	3.52	30	288.68
$Zn_3(C_5Li_5)_2$	18.06°	0.72	-0.79	0.18 0.31	0.82	0.21	1.33	0.22	2.18	3.51	20	288.49
$Zn_4(C_5Li_5)_2$	17.99°	0.72	-0.79	0.18 0.15	0.81	0.21	1.33	0.22	2.20 1.69	3.51	15	250.18
$Zn_5(C_5Li_5)_2$	17.99°	0.73	-0.79	0.18 0.15 -0.01	0.80 0.63	0.21	1.33	0.22	2.21 1.67 1.57	3.51	12	204.68
$Zn_6(C_5Li_5)_2$	17.97°	0.73	-0.79	0.18 0.15 -0.01	0.79 0.61 0.60	0.21	1.33	0.22	2.22 1.66 1.52	3.51	9	173.26
$Zn_7(C_5Li_5)_2$	17.97°	0.73	-0.79	0.18 0.15 -0.01 -0.02	0.92 0.70 0.68	0.21	1.33	0.22	2.22 1.65 1.51 1.48	3.51	7	152.88
$Zn_8(C_5Li_5)_2$	17.97°	0.73	-0.79	0.19 0.16 -0.01 -0.02	0.79 0.60 0.57 0.56	0.21	1.33	0.22	2.22 1.65 1.51 1.47	3.51	6	138.78

注：D_{EMME} 为两个配体沿着中心 C_5 轴形成的二面角。

为进一步揭示 $Zn_n(C_5Li_5)_2$ 的成键本质，我们进行了分子轨道分析。简单起见，我们仅以 $Zn_2(C_5Li_5)_2$ 为例。如图 5-11 所示，HOMO-6(a_1)轨道揭示 $Zn_2(C_5Li_5)_2$ 中形成 Zn-Zn 单键，Zn 原子为 $sp^{0.03}d^{0.01}$ 杂化，几乎为纯的 4s 轨道成分；简并的 HOMO-2(e_1) 和 HOMO-3(e_1)轨道主要为配体 $C_5Li_5^-$ 的 π 轨道，其与 Zn $3d_{xz}$、$3d_{yz}$

轨道之间有部分作用,不同的是 HOMO-2(e_1)中两个配体 π 轨道反相,而 HOMO-3(e_1)中同相。过渡金属 Zn 3d 轨道与配体 π 轨道之间的 d-p 作用虽然不是很强,但仍有助于 $Zn_2(C_5Li_5)_2$ 整体的稳定。

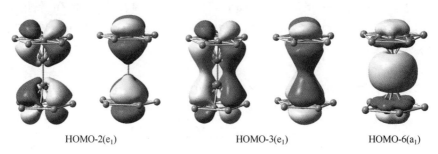

HOMO-2(e_1)   HOMO-3(e_1)   HOMO-6(a_1)

图 5-11 $Zn_2(C_5Li_5)_2$ 的部分价轨道

5.4.3 芳香性及稳定性

为进一步探讨 $Zn_n(C_5Li_5)_2$ (n=2~8) 中 $C_5Li_5^-$ 的芳香性,我们对 C_5 环中心及其上方、下方 1Å 处的核独立化学位移(NICS)值。由表 5-5 可见,NICS(0)、NICS(+1)、NICS(−1)均为较大负值,表明这些新颖化合物中配体 $C_5Li_5^-$ 仍具有 π 芳香性,与 $Zn_2(C_5H_5)_2$ 中的 $C_5H_5^-$ 类似。

表 5-5   B3LYP/def2-TZVP 水平上 $Zn_n(C_5Li_5)_2$ (n=2~8) 配体中心及其上方、下方 1Å 处的核独立化学位移(NICS)值

NICS	n=2	n=3	n=4	n=5	n=6	n=7	n=8
NICS(0)	−14.71	−13.54	−13.83	−13.53	−13.49	−13.39	−13.36
NICS(+1)	−11.63	−11.88	−12.11	−12.15	−12.21	−12.27	−12.34
NICS(−1)	−29.96	−29.44	−29.83	−29.53	−29.52	−29.42	−29.37

为揭示 $Zn_n(C_5Li_5)_2$ (n=2~8) 的热力学稳定性,我们设计了如下反应;并计算了反应前后能量的变化(见图 5-12)。

$$2C_5Li_5^- + Zn_n^{2+} \Longrightarrow Zn_n(C_5Li_5)_2 \ (n=2\sim8)$$

综上所述,本节我们采用密度泛函理论,在 B3LYP/def2-TZVP 水平上预测了 $Zn_n(C_5Li_5)_2$ (n=2~8) 系列平面四配位碳金属链夹心化合物的结构和稳定性。在这些新颖化合物中,Zn_n 与配体 $C_5Li_5^-$ 之间主要为离子键作用,Zn-Zn 之间为共价作用。良好的热力学稳定性使得这些平面四配位碳金属链夹心化合物有望在实验上被合成,从而丰富平面四配位碳金属链夹心化合物研究领域。

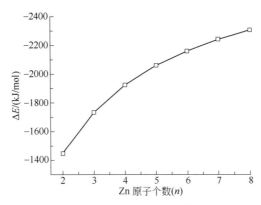

图 5-12　B3LYP/def2-TZVP 水平上 $2C_5Li_5^- + Zn_n^{2+} \Longrightarrow Zn_n(C_5Li_5)_2$（$n$=2～8）
反应前后能量变化曲线

参 考 文 献

[1] Kealy, T. J.; Pauson, P. L. *Nature* [J], **1951**, 168: 1039-1040.

[2] Wilkinson, G.; Rosenblum, M.; Whiting, M. C.; et al. *J. Am. Chem. Soc.* [J], **1952**, 74: 2125-2126.

[3] Fischer, E. O.; Pfab, W. *Z. Naturforsch., B: J. Chem. Sci.* [J], **1952**, 7: 377-379.

[4] Long, N. J. Metallocenes: An Introduction to Sandwich Complexes[M]. Blackwell Science: *Oxford*, U. K., **1998**.

[5] Wilkinson, G.; Rosenblum, M.; Whiting, M. C.; et al. *J. Am. Chem. Soc.* [J], **1952**, 74: 2125-2126.

[6] Muetterties, E. L.; Bleeke, J. R.; Wucherer, E. J.; et al. *Chem. Rev.* [J], **1982**, 82: 499-525.

[7] Freiser, B. S., Eds. Organometallic Ion Chemistry [M]. Kluwer: Dordrecht, The Netherlands, **1996**.

[8] Urnėžius, E.; Brennessel, W. W.; Cramer, C. J.; et al. *Science* [J], **2002**, 295: 832-834.

[9] Mercero, J. M.; Ugalde, J. M. *J. Am. Chem. Soc.* [J], **2004**, 126: 3380-3381.

[10] Resa, I.; Carmona, E.; Gutierrez-Puebla, E.; et al. *Science*[J], **2004**, 305: 1136-1138.

[11] Li, S. D.; Guo, J. C.; Miao, C. Q.; et al. *Angew. Chem. Int. Ed* [J], **2005**, 44: 2158-2161.

[12] Jemmis, E. D.; Reddy, A. C. *Organometallics*[J], **1988**, 7: 1561-1564.

[13] Attwood, M. D.; Fonda, K. K.; Grimes, R. N.; et al. *Organometallics*[J], **1989**, 8: 1300-1303.

[14] Wang, X.; Sabat, M.; Grimes, R. N. *J. Am. Chem. Soc.* [J], **1995**, 117: 12218-12226.

[15] Yao, H.; Sabat, M.; Grimes, R. N. *Organometallics*[J], **2002**, 21: 2833-2835.

[16] Wang, J.; Acioli, P. H.; Jelinek, J. *J. Am. Chem. Soc.* [J], **2005**, 127: 2812-2813.

[17] Li, S. D.; Miao, C. Q.; Ren, G. M.; et al. *Eur. J. Inorg. Chem.* [J], **2006**, 2567-2571.

[18] Li, S. D.; Miao, C. Q.; Guo, J.C. *J. Phys. Chem. A* [J], **2007**, 111: 12069-12071.

[19] 李思殿, 任光明, 苗常青, 等. 高等学校化学学报[J], **2007**, 28: 129-131.

[20] Luo, Q.; Zhang, X. H.; Huang, K. L. *J. Phys. Chem. A* [J], **2007**, 111: 2930-2934.

[21] Yang L. M.; Ding Y. H.; Sun C. C. *J. Am. Chem. Soc.* [J], **2007**, 129: 658-665.

[22] Yang L. M.; Ding Y. H.; Sun C. C. *J. Am. Chem. Soc.* [J], **2007**, 129: 1900-1901.

[23] 贺海鹏, 杨利明, 丁益宏. 高等学校化学学报 [J], **2009**, 30: 2464-2468.

[24] Shimp, L. A.; Chung, C.; Lagow, R. J. *Inorg. Chim. Acta* [J], **1978**, 29: 77-81.

[25] Smith, B. J. *Chem. Phys. Lett.* [J], **1993**, 207: 403-406.

[26] Bachrach, S. M.; Miller Jr., J. V. *J. Org. Chem.* [J], **2002**, 67: 7389-7398.

[27] Minkin, V. I.; Minyaev, R. M.; Starikov, A. G.; et al. *Russ. J. Org. Chem.* [J], **2005**, 41: 1289-1295.

[28] Guo, J. C. *J. Mol. Struc-THEOCHEM[J]*, **2010**, 953: 139-142.

[29] Resa, I.; Carmona, E.; Gutierrez-Puebla, E. *Science*[J], **2004**, 305: 1136-1138.

[30] Parkin, G. *Science*[J], **2004**, 305: 1117-1118.

[31] Schnepf, A.; Himmel, H. J. *Angew. Chem. Int. Ed.* [J], **2005**, 44: 3006-3008.

[32] Grirrane, A.; Resa, I.; Rodriguez, A; et al. *J. Am. Chem. Soc.* [J], **2007**, 129: 693-703.

[33] Río, D. D.; Galindo, A.; Resa, I.; et al. *Angew. Chem. Int. Ed.* [J], **2005**, 44:1244-1247.

[34] Xie, Y. M.; Schaefer Ⅲ, H. F.; King, R.B. *J. Am. Chem. Soc.* [J], **2005**, 127: 2818-2819.

[35] Xie, Z. Z.; Fang, W. H. *Chem. Phys. Lett.* [J], **2005**, 404: 212-216.

[36] Timoshkin, A. Y.; Schaefer Ⅲ, H. F. *Organometallics* [J], **2005**, 24: 3343-3345.

[37] Xie, Y. M.; Schaefer Ⅲ, H. F.; Jemmis, E.D. *Chem. Phys. Lett.* [J], **2005**, 402: 414-421.

[38] Zhou, J.; Wang, W. N.; Fan, K. N. *Chem. Phys. Lett.* [J], **2006**, 424: 247-251.

[39] Liu, Z. Z.; Tian, W. Q.; Feng, J. K.; et al. *J. Mol. Struc-THEOCHEM* [J], **2007**, 809: 171-179.

[40] Chattaraj, P. K.; Roy, D. R.; Duley, S. *Chem. Phys. Lett.* [J], **2008**, 460: 382-385.

[41] Zhou, J.; Xiao, F.; Liu, Z. P.; et al. *J. Mol. Struc-THEOCHEM* [J], **2007**, 808: 163-166.

[42] Alejandro, V.; Israel, F.; Gernot, F.; et al. *Organometallics* [J], **2007**, 26: 4731-4736.

[43] Gao, G.; Xu, X.; Kang, H. S. *J. Comput. Chem.* [J], **2008**, 30: 978-982.

[44] Guo, J. C.; Li, J. G. *J. Mol. Struc-THEOCHEM* [J], **2010**, 942: 43-46.

第6章 平面多配位碳过渡金属层夹心化合物

6.1 $C_8H_8^{2-}$ 及 $C_9H_9^-$ 稳定的平面四配位碳过渡金属层夹心化合物

大量的理论和实验研究表明，稳定平面四配位碳（ptC）的配体原子除主族原子外，还可以是过渡金属原子。同主族原子相比，过渡金属原子容易与有机配体结合，更容易实验宏观量合成。CNi_4就是一个很有趣的单元。1991 年，Musanke等人报道的$Ca_4Ni_3C_5$晶体中就含有完美的平面正方形单元CNi_4^{4-}[1]，Hoffmann 还采用理论方法详尽探讨了其中平面四配位碳的结构和稳定性[2]。2006 年，Schleyer采用杂化密度泛函理论 B3LYP 方法探讨了金属四元环稳定 ptC 的可能性，理论预测了 CCu_4^{2+} 的全局极小结构中含有 ptC，与其等电子并含有 ptC 的 CNi_4^{2-} 为局域极小[3]。前面，我们还采用 H 和 Cl 原子作为桥稳定 CNi_4 单元，得到了 CNi_4H_4、CNi_4Cl_4 等全局极小结构。将平面多配位碳稳定单元作为配体，可以与金属形成夹心化合物，包括平面六配位碳的 B_6C^{2-} 作为配体形成的夹心化合物 $[(B_6C)_2M]$（M=Mn, Fe, Co, Ni）及其三层、四层夹心化合物，含六个平面四配位碳的 C_6Li_6作为配体形成的过渡金属夹心化合物 $C_6Li_6MC_5Li_6^{n-}$（M=Mo, W, Nb, Ta; $n=1, 0$），含五个平面四配位碳的 $C_5Li_5^-$ 为配体形成的金属链夹心化合物 $[C_5Li_5]_2Zn_n$（$n=2\sim8$）等。然而，这些夹心化合物均是将平面多配位碳分子作为配体配位过渡金属或碱金属，是否可以将含平面多配位碳单元作为"心"形成金属层夹心化合物呢？

2009 年，Murahashi 等合成并表征了含有 Pd_3 三角形金属层的夹心配合物 $[Pd_3(C_7H_7)_2(CH_3CN)_3][BF_4]_2$ 和含 Pd_4 正方形的 $[C_8H_8]Pd_4[C_9H_9]^+$，从而开辟了过渡金属层夹心化合物研究新领域[4,5]。根据我们之前研究过的金属烃化合物 CPd_4H_4、$[C_8H_8]Pd_4[C_9H_9]^+$中准正方形 Pd_4 刚好可以容纳一个碳原子。加入 C 得到的 $[C_8H_8]Pd_4C[C_9H_9]^+$是否稳定呢？本节我们将采用密度泛函理论方法系统探讨 $[C_8H_8]M_4C[C_9H_9]^+$、$[C_8H_8]M_4C[C_8H_8]$(M=Ni, Pd, Pt)系列平面四配位碳过渡金属层夹心化合物的结构和稳定性，进一步丰富平面多配位碳过渡金属夹心化合物研究领域[6]。

6.1.1 平面四配位碳过渡金属层夹心结构

图 6-1 列出了 B3LYP 水平上 C_1 [C$_8$H$_8$]Pd$_4$[C$_9$H$_9$]$^+$、D_{4h} [C$_8$H$_8$]Pd$_4$[C$_8$H$_8$]、C_s [C$_8$H$_8$]M$_4$C[C$_9$H$_9$]$^+$、[C$_8$H$_8$]M$_4$C[C$_8$H$_8$]（M=Ni, Pd, Pt）的优化结构。同实验已合成并表征的化合物 C_1 [C$_8$H$_8$]Pd$_4$[C$_9$H$_9$]$^+$类似，含平面四配位碳的[C$_8$H$_8$]Pd$_4$C[C$_9$H$_9$]$^+$中配体 C$_8$H$_8$ 基本以 μ_4-η^2: η^2: η^2: η^2 方式与中间的 Pd$_4$C 配位，Pd - C$_{C_8H_8}$ 配位键长介于 2.320～2.322Å；而 C$_9$H$_9$ 则以 μ_4-η^2: η^2: η^2: η^2 方式与 Pd$_4$C 配位，η^2-Pd- C$_{C_9H_9}$ 配位键长介于 2.412～2.486Å，η^3-Pd-C$_{C_9H_9}$ 配位键长为 2.403～2.649Å，需要指出的是 C$_9$H$_9$ 上有一个 C 原子同两个 Pd 配位，相应的 Pd-C$_{C_9H_9}$ 配位键最长为 2.857Å。C_s [C$_8$H$_8$]Pd$_4$C[C$_9$H$_9$]$^+$中 Pd-Pd 键长介于 2.801～2.805Å，比 C_1 [C$_8$H$_8$]Pd$_4$C[C$_9$H$_9$]$^+$中 Pd-Pd 键长 2.776～2.793Å 略长。

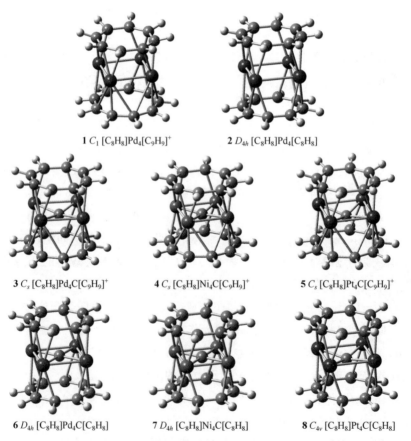

1 C_1 [C$_8$H$_8$]Pd$_4$[C$_9$H$_9$]$^+$ 2 D_{4h} [C$_8$H$_8$]Pd$_4$[C$_8$H$_8$]

3 C_s [C$_8$H$_8$]Pd$_4$C[C$_9$H$_9$]$^+$ 4 C_s [C$_8$H$_8$]Ni$_4$C[C$_9$H$_9$]$^+$ 5 C_s [C$_8$H$_8$]Pt$_4$C[C$_9$H$_9$]$^+$

6 D_{4h} [C$_8$H$_8$]Pd$_4$C[C$_8$H$_8$]   7 D_{4h} [C$_8$H$_8$]Ni$_4$C[C$_8$H$_8$]   8 C_{4v} [C$_8$H$_8$]Pt$_4$C[C$_8$H$_8$]

图 6-1　B3LYP 水平上[C$_8$H$_8$]Pd$_4$[C$_9$H$_9$]$^+$、[C$_8$H$_8$]Pd$_4$[C$_8$H$_8$]、[C$_8$H$_8$]M$_4$C[C$_9$H$_9$]$^+$、[C$_8$H$_8$]M$_4$C[C$_8$H$_8$]（M=Ni, Pd, Pt）的优化结构

C_s [C$_8$H$_8$]Pd$_4$C[C$_9$H$_9$]$^+$中 Pd$_4$C 单元中 ptC-Pd 键长为 1.997~1.998Å，比经典的 Pd-C 共价键长 2.14Å 更短。平面四配位碳 ptC 的韦伯总键级为 3.60，ptC-Pd 韦伯键级介于 0.74~0.75，表明多中心键对于化合物的稳定有着重要作用。平面四配位碳 ptC 携带的自然电荷为 0.09|e|，过渡金属 Pd 原子则携带 0.22~0.23|e|的正电荷，表明 ptC-Pd 之间主要为共价键作用。Pd 原子的韦伯总键级介于 2.25~2.28。三重态及五重态结构能量远不如单重态的 C_s [C$_8$H$_8$]Pd$_4$C[C$_9$H$_9$]$^+$稳定。C_s [C$_8$H$_8$]Ni$_4$C[C$_9$H$_9$]$^+$、[C$_8$H$_8$]Pt$_4$C[C$_9$H$_9$]$^+$情形与之类似。

两个 C$_8$H$_8$ 以 μ_4-η^2: η^2: η^2: η^2 方式与正方形 Pd$_4$ 配位，形成完美的金属层夹心化合物 D_{4h} [C$_8$H$_8$]Pd$_4$[C$_8$H$_8$]，其中 Pd-Pd 键长为 2.739Å。在 D_{4h} [C$_8$H$_8$] Pd$_4$[C$_8$H$_8$]中心引入一个 C 原子后即可得到平面四配位碳金属层夹心化合物 D_{4h} [C$_8$H$_8$] Pd$_4$C[C$_8$H$_8$]。[C$_8$H$_8$]Pd$_4$C[C$_8$H$_8$]有 60 个价电子，其中 Pd-Pd 键长为 2.799Å，ptC-Pd 键长为 1.979Å，韦伯键级为 0.75。Pd 韦伯总键级为 2.32，ptC 韦伯总键级为 3.61。配体 C$_8$H$_8$ 和 Pd$_4$C 之间形成强的配位键，C$_{\text{C}_8\text{H}_8}$-Pd 键长为 2.398Å，韦伯键级为 0.17。值得注意的是[C$_8$H$_8$]Pd$_4$C[C$_8$H$_8$]中 C$_8$H$_8$ 的 C-C 键由于配位作用而分成两种，其中较短的 C-C 键长为 1.401Å，较长的为 1.457Å，平均键长为 1.429Å，比 D_{8h} C$_8$H$_8$$^{2-}$中 C-C 键 1.399Å 略长。在整个夹心化合物[C$_n$H$_n$]M$_4$C[C$_{n'}$H$_{n'}$]系列中，碳环上碳原子主要以 η^2 配位方式与正方形 M$_4$C 中的过渡金属原子配位，从而使得 C-C 键长出现交替情况。完美的 D_{4h} [C$_8$H$_8$]Ni$_4$C[C$_8$H$_8$]和碳原子略突出金属层平面的 C_{4v} [C$_8$H$_8$]Pt$_4$C[C$_8$H$_8$]情形与[C$_8$H$_8$]Pd$_4$C[C$_8$H$_8$]类似。需要指出的是，完美的 D_{4h} [C$_8$H$_8$]Pt$_4$C[C$_8$H$_8$]为过渡态结构，消除虚频后得到稳定的 C_{4v} 结构，其中碳原子高出 Pt$_4$ 环平面 0.27Å，成为准平面四配位碳。值得注意的是，从几何尺寸上，[C$_n$H$_n$]M$_4$C[C$_{n'}$H$_{n'}$]（M=Ni, Pd, Pt）这些化合物中 Ni$_4$ 正方形与 C 原子最为匹配。

采用与 C 等电子的 B$^-$、N$^+$替换 C_s [C$_8$H$_8$]M$_4$C[C$_9$H$_9$]$^+$和 D_{4h} [C$_8$H$_8$]M$_4$C[C$_8$H$_8$]（M=Pd, Ni, Pt）中的 C 原子，可得到含平面四配位硼（ptB）、氮（ptN）的金属层夹心化合物 [C$_8$H$_8$]M$_4$B[C$_9$H$_9$]和[C$_8$H$_8$]M$_4$C[C$_8$H$_8$]（M=Pd, Ni, Pt），由于 C、B、N 几何尺寸的差异，部分平面四配位非金属化合物结构会有轻微畸变，对称性有所降低，但整体结构基本保持。

C_s [C$_8$H$_8$]Pd$_4$C[C$_9$H$_9$]$^+$中 C 原子电子布居为 ptC [He]2s$^{1.54}$2p$^{2.29}$(2p$_x^{0.65}$2p$_y^{0.79}$ 2p$_z^{0.85}$)，D_{4h} [C$_8$H$_8$]Pd$_4$C[C$_8$H$_8$] 中则为 ptC [He]2s$^{1.53}$2p$^{2.20}$(2p$_x^{0.85}$2p$_y^{0.85}$ 2p$_z^{0.50}$)。在这些稳定的平面四配位碳金属层夹心化合物中 C 原子作为 σ 电子供体、π 电子受体，C 原子可以将电子有效分散至 2p$_z$ 轨道，从而使得平面四配位碳中心得以稳定，符合 Wang-Schleyer 提出的平面四配位碳电子稳定策略。

6.1.2 分子轨道（MO）分析

分子轨道理论可以帮助我们进一步揭示平面四配位碳的成键本质。图 6-2 列出了 D_{4h} [C$_8$H$_8$]Pd$_4$C[C$_8$H$_8$]中与平面四配位碳最相关的价分子轨道。HOMO-16(a$_{2u}$)和 HOMO-25(a$_{2u}$)轨道中 ptC 2p$_z$ 轨道均与周边四个 Pd 4d 轨道有效重叠。HOMO-16(a$_{2u}$)中配体 C$_8$H$_8$ 上的离域 π 轨道与 Pd$_4$C 层轨道位相相反，而 HOMO-25(a$_{2u}$)中二者位相相同。HOMO-25(a$_{2u}$)中 ptC 2p$_z$ 轨道与配体 C$_8$H$_8$ 上的离域 π 轨道有一定的重叠，将有助于 C$_8$H$_8$ 环 π 电子离域。简并的 HOMO-26(e$_u$)揭示 ptC 2p$_x$、2p$_y$ 与 Pd 4d 沿 Pd$_4$C 径向有效重叠形成 σ 键。HOMO-13(b$_{1g}$)、HOMO-22(e$_u$)、HOMO-27(a$_{1g}$)主要为 Pd(d$_{z^2}$)-配体(π)的配位键作用。其余的[C$_8$H$_8$]M$_4$X[C$_9$H$_9$]^q、[C$_8$H$_8$] M$_4$X[C$_8$H$_8$]^q（M=Ni, Pd, Pt; X=B, C, N; q 表示所带电荷）夹心化合物分子轨道与[C$_8$H$_8$]Pd$_4$C[C$_8$H$_8$]类似，这里不再详述。

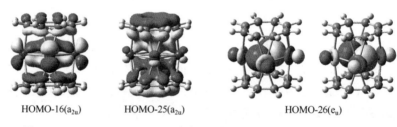

HOMO-16(a$_{2u}$)　　　　HOMO-25(a$_{2u}$)　　　　　　HOMO-26(e$_u$)

图 6-2　D_{4h} [C$_8$H$_8$]Pd$_4$C[C$_8$H$_8$]中与平面四配位碳最相关的价分子轨道

6.1.3 芳香性及热力学稳定性

由表 6-1 可知，夹心化合物[C$_8$H$_8$]Pd$_4$[C$_9$H$_9$]$^+$和[C$_8$H$_8$]M$_4$C[C$_9$H$_9$]$^+$（M=Ni, Pd, Pt）中 C$_9$H$_9$ 配体上方 1Å 处的核独立化学位移 NICS(1)值介于−8.04～−20.78，具有 π 芳香性，自由[C$_9$H$_9$]$^-$(D_{9h})环的 NICS(1)=−12.43，可见这些新颖夹心化合物中的 C$_9$H$_9$ 环接近于具有 10π 电子的芳香环[C$_9$H$_9$]$^-$。然而，它们中的 C$_8$H$_8$ 环的 NICS(1)值却为正值，接近于 8π 电子的中性反芳香性 C$_8$H$_8$ 环。值得注意的是，[C$_8$H$_8$]Pd$_4$[C$_8$H$_8$]、[C$_8$H$_8$]M$_4$C[C$_8$H$_8$]（M=Ni, Pd, Pt）化合物中的 C$_8$H$_8$ 环 NICS(1)值均为较小负值，具有弱芳香性。键长数据分析也可给出同样结论，如[C$_8$H$_8$]Pd$_4$[C$_9$H$_9$]$^+$中 C$_8$H$_8$ 环相邻 C-C 键长相差约 0.038Å，而[C$_8$H$_8$]Pd$_4$[C$_8$H$_8$]的 C$_8$H$_8$ 环中二者仅相差 0.029Å。[C$_8$H$_8$]M$_4$C[C$_8$H$_8$]自然键轨道（NBO）分析表明 D_{4h} [C$_8$H$_8$]Pd$_4$C[C$_8$H$_8$]中的 C$_8$H$_8$ 环整体携带的自然电荷为−0.37|e|，远低于自由 [C$_8$H$_8$]$^{2-}$携带的负电荷，导致环流效应明显降低，NICS 值不及自由配体更负。这些平面四配位碳化合物中的 M$_4$C 单元向大环配体上转移的电子数不足以使配体呈 [C$_9$H$_9$]$^-$、[C$_8$H$_8$]$^{2-}$电荷态。由表 6-1 可知，平面四配位碳金属层夹心化合物[C$_n$H$_n$]M$_4$C[C$_{n'}$H$_{n'}$]（M=Ni, Pt; n, n'=8, 9）大环

上的 NICS(1)值明显比不含平面四配位碳的$[C_nH_n]M_4[C_{n'}H_{n'}]$的相应值更负，表明平面四配位碳中心有助于大环配体的环流效应，与分子轨道分析所得结论一致。

表 6-1　B3LYP 水平上$[C_8H_8]Pd_4[C_9H_9]^+$、$[C_8H_8]Pd_4[C_8H_8]$、$[C_8H_8]M_4C[C_9H_9]^+$、$[C_8H_8]M_4C[C_8H_8]$（M=Ni, Pd, Pt）的自然电荷、韦伯键级、核独立化学位移、最小振动频率、最高占据轨道能量、HOMO-LUMO 能隙 ΔE_g

化合物	$q_{ptC}/\|e\|$	WBI_{ptC}	$q_M/\|e\|$	WBI_M	WBI_{ptC-M}	NICS(1)①	ν_{min} /cm^{-1}	E_{HOMO} /(kJ/mol)	ΔE_g /(kJ/mol)
1 C_1 $[C_8H_8]Pd_4[C_9H_9]^+$			0.25~0.26	2.03~2.04		24.70, *-15.13*	12	-892.70	248.79
2 D_{4h} $[C_8H_8]Pd_4[C_8H_8]$			0.19	2.06		-6.72	64	-507.25	241.78
3 C_s $[C_8H_8]Pd_4C[C_9H_9]^+$	0.09	3.60	0.22~0.23	2.25~2.28	0.74~0.75	26.83, *-8.04*	2	-787.23	182.71
4 C_s $[C_8H_8]Ni_4C[C_9H_9]^+$	0.22	4.11	0.18~0.19	2.63~2.66	0.70	2.18, *-9.98*	10	-795.26	206.97
5 C_s $[C_8H_8]Pt_4C[C_9H_9]^+$	-0.15	3.66	0.26	2.84~2.85	0.75~0.78	14.23, *-20.78*	20	-787.52	222.69
6 D_{4h} $[C_8H_8]Pd_4C[C_8H_8]$	0.17	3.61	0.14	2.32	0.75	-2.39	42	-418.58	184.65
7 D_{4h} $[C_8H_8]Ni_4C[C_8H_8]$	0.30	3.72	0.10	2.68	0.75	-4.96	97	-401.68	217.71
8 C_{4v} $[C_8H_8]Pt_4C[C_8H_8]$	-0.11	3.71	0.18	2.85	0.77	-6.32	56	-415.38	199.35

① NICS(1)值中，正体为C_8H_8环的，斜体为C_9H_9环的。

为进一步探讨这些平面四配位碳金属层夹心化合物的热力学稳定性，我们以$[C_8H_8]Pd_4[C_9H_9]^+$、$[C_8H_8]Pd_4[C_8H_8]$计算了下面反应中平面四配位碳原子的插入能（ΔE_{ptC}）：

$$[C_8H_8]Pd_4[C_9H_9]^+ + C \Longrightarrow [C_8H_8]Pd_4C[C_9H_9]^+ \tag{1}$$

$$[C_8H_8]Pd_4[C_8H_8] + C \Longrightarrow [C_8H_8]Pd_4C[C_8H_8] \tag{2}$$

反应（1）的碳原子插入能 ΔE_{ptC} 为-215.33kJ/mol；反应（2）的 ΔE_{ptC} 为-174.27kJ/mol。依据 Ni、Pd、Pt 的类似性，可以预测化合物$[C_nH_n]M_4[C_{n'}H_{n'}]$（M=Ni, Pt; n,n'=8, 9）的碳原子插入能也为较大负值。碳原子插入能表明中心 C 原子与四个过渡金属形成强的 C-M 键，从而增强了这些夹心化合物 $[C_8H_8]M_4C[C_9H_9]^+$、$[C_8H_8]M_4C[C_8H_8]$（M=Ni, Pd, Pt）的热力学稳定性。

由表 6-1 可知，能量较低的最高占据轨道（E_{HOMO}=-401.68~-795.26kJ/mol）、大的 HOMO-LUMO 能隙（ΔE_g=182.71~222.69kJ/mol）进一步表明这些平面四配位碳金属层夹心化合物 $[C_nH_n]M_4C[C_{n'}H_{n'}]$（M=Ni, Pd, Pt; n, n'=8, 9）具有良好的热力学稳定性。

6.1.4　红外光谱模拟

图 6-3 列出了理论预测的$[C_8H_8]Pd_4C[C_9H_9]^+$和$[C_8H_8]Pd_4[C_9H_9]^+$的红外光谱图。

$[C_8H_8]Pd_4C[C_9H_9]^+$ 中 172cm^{-1} 处的吸收峰由平面四配位碳脱离平面的振动产生；484cm^{-1} 处的最强吸收峰对应 ptC-Pd 的反对称伸缩振动；726cm^{-1}、765cm^{-1} 处吸收峰由配体上 H 原子的面外振动产生；1429~1545cm^{-1} 处的峰对应配体 C 环上的 C-C 键伸缩振动；3168cm^{-1} 处的吸收峰则由 C-H 键的反对称伸缩振动产生。$[C_8H_8]Pd_4[C_9H_9]^+$ 的红外光谱图与 $[C_8H_8]Pd_4C[C_9H_9]^+$ 的类似，只是缺少 ptC-Pd 键的相应峰，其余峰峰位和强度略有变化。金属层夹心化合物是否含有平面四配位碳可以借助这一特征频率来进行表征，$[C_nH_n]M_4[C_{n'}H_{n'}]$（M=Ni, Pd, Pt; n, n'=8, 9）化合物没有 484cm^{-1} 左右的强吸收峰。

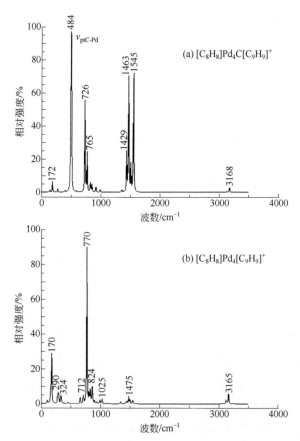

图 6-3　B3LYP/def2-TZVP 水平上预测的$[C_8H_8]Pd_4C[C_9H_9]^+$（a）和
$[C_8H_8]Pd_4[C_9H_9]^+$（b）的红外光谱

综上，我们在密度泛函理论水平上系统探讨了$[C_nH_n]M_4C[C_{n'}H_{n'}]$（M=Ni, Pd, Pt; n, n'=8, 9）平面四配位碳过渡金属层夹心化合物的结构和稳定性。大环配体 C_8H_8、$[C_9H_9]^-$ 与 M_4C 几何尺寸和电子结构匹配，$[C_nH_n]M_4C[C_{n'}H_{n'}]$（M=Ni, Pd, Pt; n, n'=8,

9）中配体与过渡金属原子之间形成强的配位键，中心平面四配位碳的存在提供了额外的稳定化能。等电子的平面四配位硼、氮过渡金属层夹心化合物结构和性质与[C_nH_n]M_4C[$C_{n'}H_{n'}$]（M=Ni, Pd, Pt; n, n'=8, 9）类似。这些新颖的夹心化合物进一步拓展了平面四配位碳和过渡金属夹心化合物研究领域，为设计、合成平面碳化合物提供了新途径。

6.2 无机配体 $B_4N_4H_8^-$ 稳定的平面四配位碳过渡金属层夹心化合物

借助有机配体及过渡金属稳定平面四配位原子是目前实验合成的有效途径。2011 年，张献明等合成了首例含平面四配位氧的金属有机配合物[7]。2015 年，Alexandrova 等人实验合成并表征了含平面四配位碳 CNi_4、CCo_4 的平面材料[8]。前面我们探讨了有机配体 C_8H_8 及 C_9H_9 稳定的系列平面四配位碳过渡金属层夹心化合物[C_nH_n]CM_4[$C_{n'}H_{n'}$]（M=Ni, Pd, Pt），无机配体是否也可以稳定 CM_4 单元形成类似的夹心化合物呢？在之前的研究中我们发现 $CNi_4(C_8H_8)_2$ 中的 Ni_4C 单元携带 2.0|e|的正电荷，其中配体 C_8H_8 携带 1.0|e|的负电荷，实际为 $C_8H_8^-$。$C_8H_8^-$ 含有 9 个 π 电子，为准芳香性体系。本节我们在 $CNi_4(C_8H_8)_2$ 研究基础上，采用无机配体 $B_4N_4H_8^-$ 对其配体 $C_8H_8^-$ 进行等电子替代，理论设计了新颖的平面四配位碳过渡金属层夹心化合物 $CNi_4(B_4N_4H_8)_2$[9]。我们采用 B3LYP 及 PBE1PBE 两种方法在 def2-TZVP 基组水平上，系统研究以 $B_4N_4H_8$ 为配体与 CNi_4 单元形成的平面四配位碳过渡金属层夹心配合物的几何及电子结构、成键特征及热力学稳定性，揭示其结构、化学键及理化性质之间的构效关系，为研究平面四配位碳过渡金属层夹心配合物新型催化剂等功能材料积累理论基础。

6.2.1 $B_4N_4H_8^-$ 稳定的平面四配位碳过渡金属层夹心结构

图 6-4 列出了 B3LYP 及 PBE0 两种方法水平上 D_{4h} $B_4N_4H_8^-$、$C_8H_8^-$ 的优化结构及 5 个离域的 π 轨道。这两种方法水平上，完美的 D_{4h} $B_4N_4H_8^-$、$C_8H_8^-$ 均为真正的极小结构。值得注意的是，HOMO(b_{1u}) 仅有一个电子占据，使得它们成为 9π 准芳香性体系。

图 6-5 列出了 B3LYP 及 PBE0 两种方法水平上 $Ni_4(B_4N_4H_8)_2$ 及 $CNi_4(B_4N_4H_8)_2$ 的优化结构。两种方法给出的配体 $B_4N_4H_8^-$ 和 $C_8H_8^-$、夹心化合物 $Ni_4(B_4N_4H_8)_2$ 及 $CNi_4(B_4N_4H_8)_2$ 结构差别很小，PBE0 比 B3LYP 方法给出的键长略短 0.00～0.027Å。由于 PBE1PBE 与 B3LYP 方法所得结果一致，除特别说明外，下面主要使用 B3LYP 结果进行讨论。

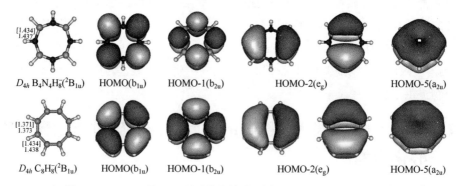

D_{4h} B$_4$N$_4$H$_8^-$(^{2}B$_{1u}$)   HOMO(b$_{1u}$)   HOMO-1(b$_{2u}$)   HOMO-2(e$_g$)   HOMO-5(a$_{2u}$)

D_{4h} C$_8$H$_8^-$(^{2}B$_{1u}$)   HOMO(b$_{1u}$)   HOMO-1(b$_{2u}$)   HOMO-2(e$_g$)   HOMO-5(a$_{2u}$)

图 6-4　B3LYP 及 PBE0 两种方法水平上 D_{4h} B$_4$N$_4$H$_8^-$、C$_8$H$_8^-$的
优化结构及其 5 个离域 π 轨道

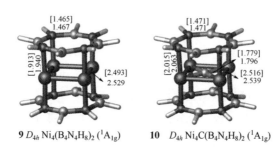

9 D_{4h} Ni$_4$(B$_4$N$_4$H$_8$)$_2$ (^{1}A$_{1g}$)　　**10** D_{4h} Ni$_4$C(B$_4$N$_4$H$_8$)$_2$ (^{1}A$_{1g}$)

图 6-5　B3LYP 及 PBE0（方括号）水平上 Ni$_4$(B$_4$N$_4$H$_8$)$_2$ 及 Ni$_4$C(B$_4$N$_4$H$_8$)$_2$ 的优化结构

　　与金属层夹心化合物 Ni$_4$(C$_8$H$_8$)$_2$ 和 CNi$_4$(C$_8$H$_8$)$_2$ 类似，无机配体 B$_4$N$_4$H$_8^-$可以与正方形 Ni$_4^{2+}$、CNi$_4^{2+}$ 单元形成完美的夹心化合物。单重态的 D_{4h} Ni$_4$(B$_4$N$_4$H$_8$)$_2$ 及 CNi$_4$ (B$_4$N$_4$H$_8$)$_2$ 为势能面上的真正极小结构。我们对多重度为 3、5、7 的 D_{4h} Ni$_4$(B$_4$N$_4$H$_8$)$_2$ 及 CNi$_4$ (B$_4$N$_4$H$_8$)$_2$ 结构也进行了计算，但它们能量明显高于单重态，这里我们重点讨论稳定的单重态结构及相关性质。

　　虽然无机配体 B$_4$N$_4$H$_8^-$与环多烯 C$_8$H$_8^-$为等电子体，均为 9π 准芳香性体系，但电子结构仍有区别，使得与过渡金属层 Ni$_4$ 及 Ni$_4$C 配位方式有所不同。夹心化合物 Ni$_4$(C$_8$H$_8$)$_2$ 和 Ni$_4$C(C$_8$H$_8$)$_2$ 中两个 C$_8$H$_8^-$配体以 μ_4-η^2: η^2: η^2: η^2 方式与正方形单元 Ni$_4^{2+}$、CNi$_4^{2+}$ 形成配位键，而 Ni$_4$(B$_4$N$_4$H$_8$)$_2$ 及 CNi$_4$ (B$_4$N$_4$H$_8$)$_2$ 中的 B$_4$N$_4$H$_8^-$配体则以 μ_4-η^1: η^1: η^1: η^1-(N)方式与 Ni$_4^{2+}$、CNi$_4^{2+}$配位，显然电负性大的 N 原子比 B 原子更适合与过渡金属 Ni 形成配位键。如图 6-5 所示，D_{4h} Ni$_4$(B$_4$N$_4$H$_8$)$_2$ 中 Ni-N 键长为 1.940Å、Ni-Ni 键长为 2.529Å，均在合理成键范围。需要注意的是 Ni$_4$(B$_4$N$_4$H$_8$)$_2$ 中 B-N 键长为 1.467Å，比自由 B$_4$N$_4$H$_8^-$中的 B-N 键长长 0.03Å，表明随着配体 B$_4$N$_4$H$_8^-$与过渡金属 Ni 原子间配位键的形成，其内部的 B-N 键作用弱化。

在金属层夹心化合物中心引入一个 C 原子，得到完美的平面四配位碳过渡金属层夹心化合物 D_{4h} CNi$_4$(B$_4$N$_4$H$_8$)$_2$，其中 Ni-N 键长为 2.063Å，Ni-Ni 键长为 2.539Å，ptC-Ni 键长为 1.796Å。与 Ni$_4$(B$_4$N$_4$H$_8$)$_2$ 相比，中心 ptC 原子的引入使得 CNi$_4$(B$_4$N$_4$H$_8$)$_2$ 中 Ni-N、Ni-Ni 键长均有所增加。值得一提的是，ptC 原子的引入对于 Ni-Ni 键长影响很小，仅增长 0.01Å，表明几何尺寸上 Ni$_4$ 正方形刚好容纳一个碳原子。夹心化合物 D_{4h} Ni$_4$(B$_4$N$_4$H$_8$)$_2$ 和 CNi$_4$(B$_4$N$_4$H$_8$)$_2$ 中配体与 Ni$_4^{2+}$、CNi$_4^{2+}$ 间形成强的配位键。

6.2.2　自然键轨道（NBO）及分子轨道（MO）分析

为了揭示这些金属层夹心化合物的成键特征，我们对 D_{4h} Ni$_4$(B$_4$N$_4$H$_8$)$_2$ 和 CNi$_4$(B$_4$N$_4$H$_8$)$_2$ 进行了自然键轨道（NBO）分析。如表 6-2 所示，在 B3LYP 水平上，Ni$_4$(B$_4$N$_4$H$_8$)$_2$ 中 Ni 原子携带的自然电荷为 0.22|e|，Ni$_4$ 整体携带的电荷为 0.88|e|，CNi$_4$(B$_4$N$_4$H$_8$)$_2$ 中 CNi$_4$ 携带的电荷为 0.46|e|，在 Ni$_4$(B$_4$N$_4$H$_8$)$_2$ 和 CNi$_4$(B$_4$N$_4$H$_8$)$_2$ 中 B$_4$N$_4$H$_8$ 略带部分负电荷。由于 B 和 N、Ni 和 N 之间存在较大的电负性差异，D_{4h} Ni$_4$(B$_4$N$_4$H$_8$)$_2$、CNi$_4$(B$_4$N$_4$H$_8$)$_2$ 中 B 和 N 的电荷差别很大，分别为 0.5|e| 和 −1.0|e|，而 Ni-N 键则具有明显的离子键特征。Ni$_4$(B$_4$N$_4$H$_8$)$_2$ 和 CNi$_4$(B$_4$N$_4$H$_8$)$_2$ 中 Ni-N 韦伯键级分别为 0.33 和 0.24，揭示 Ni 和 N 之间有一定共价键作用。夹心化合物中 B-N 韦伯键级为 0.89、0.90，比自由 B$_4$N$_4$H$_8^-$ 略小，表明 B-N 基本为共价单键。Ni$_4$(B$_4$N$_4$H$_8$)$_2$ 和 CNi$_4$(B$_4$N$_4$H$_8$)$_2$ 中 Ni-Ni 键级分别为 0.27、0.20，表明过渡金属之间有一定金属键作用。CNi$_4$(B$_4$N$_4$H$_8$)$_2$ 中 q_{ptC}=0.18|e|，WBI$_{Ni-ptC}$=0.79 揭示中心平面四配位碳与过渡金属之间主要为共价键作用。

表 6-2　B3LYP 水平上 Ni$_4$(B$_4$N$_4$H$_8$)$_2$ 及 CNi$_4$(B$_4$N$_4$H$_8$)$_2$ 的自然原子电荷、韦伯键级、核独立化学位移（NICS）值、HOMO−LUMO 能隙、最低振动频率

化合物	对称性	态	v_{min}/cm^{-1}	q_B/|e|	q_N/|e|	q_{Ni}/|e|	q_C
Ni$_4$(B$_4$N$_4$H$_8$)$_2$	D_{4h}	$^1A_{1g}$	80	0.47	−0.95	0.22	
CNi$_4$(B$_4$N$_4$H$_8$)$_2$	D_{4h}	$^1A_{1g}$	76	0.55	−0.98	0.07	0.18
B$_4$N$_4$H$_8^-$	D_{4h}	$^2B_{1u}$	132	0.54	−1.04		

化合物	WBI$_{B-N}$	WBI$_{Ni-N}$	WBI$_{Ni-Ni}$	WBI$_{Ni-C}$	WBI$_C$	ΔE_g/(kJ/mol)	NICS$_{zz}$(1)
Ni$_4$(B$_4$N$_4$H$_8$)$_2$	0.89	0.33	0.27			124.53	52.38
CNi$_4$(B$_4$N$_4$H$_8$)$_2$	0.90	0.24	0.20	0.79	3.77	211.72	−12.73
B$_4$N$_4$H$_8^-$	1.00					207.18	−4.36

注：为便于比较，D_{4h} B$_4$N$_4$H$_4^-$ 的相应数据也同时列出。

$CNi_4(B_4N_4H_8)_2$ 中主要存在三种作用：过渡金属 Ni 和配体之间的配位键、Ni-Ni 之间的共价键作用、Ni 和 ptC 之间的共价键作用，它们共同决定夹心化合物 $CNi_4(B_4N_4H_8)_2$ 的稳定构型。分子轨道分析可以帮助我们揭示 $CNi_4(B_4N_4H_8)_2$ 的成键特征。简单起见，图 6-6 仅列出了 $CNi_4(B_4N_4H_8)_2$ 部分典型的价分子轨道。由图 6-6 可见，$CNi_4(B_4N_4H_8)_2$ 的最高占据轨道 HOMO(b_{2g}) 主要由两个配体的离域 π 轨道同相重叠形成，过渡金属 Ni 的 $3d_{xy}$ 轨道贡献很小。简并的 HOMO-9(e_u)、HOMO-11(a_{1g})、HOMO-13(b_{2g}) 主要为四个 Ni 原子 $3d_{x^2-y^2}$，$3d_{xy}$ 之间的相互作用。需要指出的是，HOMO-9(e_u) 轨道中还包含过渡金属 Ni $3d_{x^2-y^2}$ 和 C $2p_x$（或 $2p_y$）轨道之间的作用。HOMO-14(b_{2u}) 和 HOMO-16(b_{2u}) 主要为过渡金属 Ni 原子的 3d 轨道（包括 $3d_{xz}$、$3d_{yz}$ 和 $3d_{z^2}$）和两个配体的离域 π 轨道（HOMO-1）之间的作用。HOMO-15(a_{2u}) 为中间层 CNi_4 的离域 π 轨道，主要由四个过渡金属 Ni 原子的 $3d_{xz}$、$3d_{yz}$ 及中心 C 原子的 $2p_z$ 轨道重叠形成。简并的 HOMO-22(e_u)、HOMO-25(e_u) 主要为 ptC 2p（$2p_x$ 或 $2p_y$）和 Ni 径向 3d 轨道之间重叠形成的 σ 键作用。有趣的是，完全同相的 HOMO-26(a_{2u}) 轨道中，配体离域 π 轨道与 ptC 2p（$2p_z$）之间有一定重叠，有助于电子离域并使体系稳定。HOMO-27(e_u) 主要为两个配体 $B_4N_4H_8^-$ 离域 π 轨道的重叠，值得注意的是 ptC 2s 轨道也有一小部分参与。这些成键轨道共同使得平面四配位碳过渡金属层夹心化合物 $CNi_4 (B_4N_4H_8)_2$ 得以稳定。

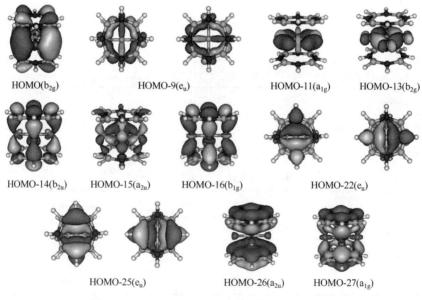

图 6-6　$CNi_4(B_4N_4H_8)_2$ 部分典型的价分子轨道

由表 6-2 可见，$Ni_4(B_4N_4H_8)_2$ 中配体中心上方 1.0Å 处 $NICS_{zz}(1)$ 值为 52.38，表明其不具有芳香性。值得一提的是，当引入平面四配位碳中心后，情况发生明显变化。$CNi_4(B_4N_4H_8)_2$ 中配体中心上方 1.0Å 处 $NICS_{zz}(1)$ 值为 -12.73，比自由 $B_4N_4H_8^-$ 的更负，表明碳原子的引入对于配体 $B_4N_4H_8^-$ 芳香性的增强至关重要。

6.2.3　热力学稳定性

为进一步揭示平面四配位碳金属层夹心化合物 $Ni_4C(B_4N_4H_8)_2$ 的热力学稳定性，我们计算了下面反应前后的能量变化：

$$Ni_4(B_4N_4H_8)_2 + C \Longrightarrow CNi_4(B_4N_4H_8)_2$$

包含零点能校正，反应前后能量变化为 -350.67kJ/mol，表明金属层夹心化合物中引入平面四配位碳中心在热力学上是有利的。此外，由表 6-2 可见，$Ni_4(B_4N_4H_8)_2$ 和 $CNi_4(B_4N_4H_8)_2$ 的 HOMO-LUMO 能隙分别为 124.53kJ/mol 和 211.72kJ/mol，进一步支持它们的稳定性。需要指出的是，$B_4N_4H_8^-$ 配位能力比 $C_8H_8^-$ 略弱，下面配体交换反应前后反应能量变化可证明这一点。

$$C_8H_8^- + CNi_4(B_4N_4H_8)_2 \Longrightarrow B_4N_4H_8^- + (C_8H_8)CNi_4(B_4N_4H_8)$$

反应前后能量变化为 -78.15kJ/mol，表明混杂配体的过渡金属层夹心化合物 $(C_8H_8)Ni_4C(B_4N_4H_8)$ 在能量上是有利的。

6.2.4　红外光谱模拟

图 6-7 列出了 B3LYP/def2-TZVP 理论水平上模拟的 $CNi_4(B_4N_4H_8)_2$ 和 $Ni_4(B_4N_4H_8)_2$ 的红外光谱图。由图 6-7（a）可见，2608cm^{-1} 处的最强吸收峰主要由 $CNi_4(B_4N_4H_8)_2$ 的两个配体 $B_4N_4H_8^-$ 中 B-H 的反对称伸缩振动产生，而 3537cm^{-1} 处的吸收峰对应 N-H 的反对称伸缩振动；两个配体 $B_4N_4H_8^-$ 中 16 个 H 的不对称面外摇摆产生 736cm^{-1} 和 913cm^{-1} 处的两个峰，而面内摇摆则产生 1135cm^{-1}、1267cm^{-1} 和 1377cm^{-1} 处的三个峰；833cm^{-1} 及 388cm^{-1} 处的两个峰对应 B-N、N-Ni 的反对称伸缩振动；335cm^{-1} 和 509cm^{-1} 处的两个弱峰对应配体 $B_4N_4H_8^-$ 环上的 B-N 扭曲。$Ni_4(B_4N_4H_8)_2$ 的红外光谱大体与其类似，这里需要注意的是，$CNi_4(B_4N_4H_8)_2$ 中存在位于 695cm^{-1} 处的 ptC-Ni 特征吸收峰，而 $Ni_4(B_4N_4H_8)_2$ 中没有该峰。这些理论模拟的红外光谱将为进一步实验合成和表征提供理论依据。

本节我们采用 B3LYP 和 PBE0 两种方法在 def2-TZVP 基组水平上预测了稳定的平面四配位碳过渡金属层夹心化合物 $CNi_4(B_4N_4H_8)_2$ 的结构和性质。与 $C_8H_8^-$ 类似，无机配体 $B_4N_4H_8^-$ 与 Ni_4C 单元几何和电子结构均能良好匹配，从而形成夹心化合物。$CNi_4(B_4N_4H_8)_2$ 中 $B_4N_4H_8^-$ 配体以 μ_4-η^1 : η^1 : η^1 : η^1-(N) 方式与 Ni_4C^{2+} 配位成

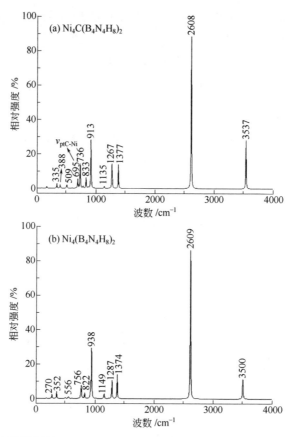

图 6-7 理论模拟的 $CNi_4(B_4N_4H_8)_2$（a）和 $Ni_4(B_4N_4H_8)_2$（b）的红外光谱

键，配位方式与 $C_8H_8^-$ 并不相同。中心碳原子的引入形成四个有效的 Ni-C 键，增强了 $CNi_4(B_4N_4H_8)_2$ 的热力学稳定性，并使夹心化合物 $CNi_4(B_4N_4H_8)_2$ 具有芳香性。

6.3 平面五配位碳、磷过渡金属层夹心化合物

CNi_4 单元可以通过桥 H 稳定形成过渡金属烃平面四配位碳化合物 CNi_4H_4,桥 H 和 Ni 之间可形成共价性为主的 σ 键；同时，CNi_4 单元也可通过与环多烯配体形成过渡金属层夹心化合物来稳定，配体和 CNi_4 单元之间主要形成 d-p 配键。由此可见，σ 键和 d-p 配键两种策略均可有效稳定平面四配位碳过渡金属层单元。2004年，李思殿等采用密度泛函理论方法预测了含平面五配位碳的铜烃 CCu_5H_5[10]，是否可以采用环多烯来稳定平面五配位碳 CCu_5 单元呢？本节我们采用密度泛函理论方法，在 B3LYP/def2-TZVP 理论水平上系统探讨平面五配位碳、磷的金属层夹心化合物$[(CCu_5)(C_{10}H_{10})_2]^-$ 及 $[(PCu_5)(C_{10}H_{10})_2]$的结构和性质。

6.3.1 完美的 D_{5h} [(CCu$_5$)(C$_{10}$H$_{10}$)$_2$]$^-$ 及 [(PCu$_5$)(C$_{10}$H$_{10}$)$_2$]

含平面五配位碳、磷的 D_{5h} CCu$_5$$^-$ 和 PCu$_5$ 并不稳定，在 B3LYP/def2-TZVP 水平上，它们为二级和三级鞍点。两个大环烯烃 C$_{10}$H$_{10}$ 从 XCu$_5$（X=C$^-$，P）单元上下两侧与其配位，则可形成完美的平面五配位碳、磷的金属层夹心化合物 D_{5h} [(CCu$_5$)(C$_{10}$H$_{10}$)$_2$]$^-$、[(PCu$_5$)(C$_{10}$H$_{10}$)$_2$]。图 6-8 列出了 B3LYP/def2-TZVP 理论水平上 [(CCu$_5$)(C$_{10}$H$_{10}$)$_2$]$^-$、[(PCu$_5$)(C$_{10}$H$_{10}$)$_2$] 的优化结构。

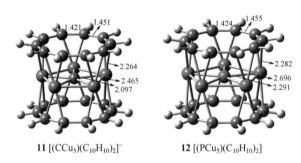

11 [(CCu$_5$)(C$_{10}$H$_{10}$)$_2$]$^-$ **12** [(PCu$_5$)(C$_{10}$H$_{10}$)$_2$]

图 6-8   B3LYP/def2-TZVP 理论水平上 D_{5h} [(CCu$_5$)(C$_{10}$H$_{10}$)$_2$]$^-$、
[(PCu$_5$)(C$_{10}$H$_{10}$)$_2$] 的优化结构

频率分析表明，完美的平面五配位碳金属层夹心化合物 D_{5h} [(CCu$_5$)(C$_{10}$H$_{10}$)$_2$]$^-$ 和 [(PCu$_5$)(C$_{10}$H$_{10}$)$_2$] 均为体系势能面上的真正极小结构。两个重叠的配体 C$_{10}$H$_{10}$ 从上下两侧以 C-C π 键与过渡金属 Cu 形成配键。 [(CCu$_5$)(C$_{10}$H$_{10}$)$_2$]$^-$ 中，Cu-C 键长为 2.097Å，Cu-Cu 键长为 2.465Å，比 CCu$_5$H$_5$ 中的 Cu-C 键（2.025Å），Cu-Cu 键（2.380Å）略长，作用有所减弱。表 6-3 给出的韦伯键级数据也证实了这一点。[(CCu$_5$)(C$_{10}$H$_{10}$)$_2$]$^-$ 中，Cu-C 键级为 0.47，Cu-Cu 键级为 0.09，而 CCu$_5$H$_5$ 中二者分别为 0.50 和 0.15。由于 CCu$_5$ 单元的作用，[(CCu$_5$)(C$_{10}$H$_{10}$)$_2$]$^-$ 中配体 C$_{10}$H$_{10}$ 的 C-C 键出现明显的单双键交替，较长的 C-C 键长为 1.451Å，而较短的 C-C 键长为 1.421Å，但由于环上 π 电子的离域使单键变短，双键变长，趋于平均化。[(PCu$_5$)(C$_{10}$H$_{10}$)$_2$] 中情形与之类似。

表 6-3   B3LYP 水平上 [(CCu$_5$)(C$_{10}$H$_{10}$)$_2$]$^-$ 及 [(PCu$_5$)(C$_{10}$H$_{10}$)$_2$] 的最小振动频率、自然原子电荷、韦伯键级、核独立化学位移(NICS)值、HOMO-LUMO 能隙 ΔE_g

化合物	态	v_{min}/cm^{-1}	q_{ppx}/|e|	q_{Cu}/|e|	q_C/|e|	WBI$_{X-Cu}$	WBI$_{Cu-Cu}$
11	$^1A_1'$	66	−0.88	0.43	−0.31	0.47	0.09
12	$^1A_1'$	71	−0.04	0.41	−0.32	0.47	0.07
CCu$_5$H$_5$	$^1A_1'$	42	−1.23	0.48		0.50	0.15

化合物	WBI$_{Cu-C}$	WBI$_{C-C}$	WBI$_{ppX}$	WBI$_{Cu}$	ΔE_g/(kJ/mol)	NICS (1)
11	0.20	1.20，1.37	2.53	1.72	167.95	−17.73
12	0.20	1.20，1.37	2.60	1.72	23.81	−14.60
CCu$_5$H$_5$			3.09	1.71	195.39	−7.66

注：为便于比较，D_{5h} CCu$_5$H$_5$ 的相应数据也同时列出。

6.3.2　自然键轨道（NBO）和分子轨道（MO）分析

自然键轨道（NBO）和分子轨道（MO）理论分析可以帮助我们理解 [(CCu$_5$)(C$_{10}$H$_{10}$)$_2$]$^-$ 和 [(PCu$_5$)(C$_{10}$H$_{10}$)$_2$] 的成键特征。首先我们来看 [(CCu$_5$)(C$_{10}$H$_{10}$)$_2$]$^-$，平面五配位 C 原子携带−0.88|e|的负电荷，每个 Cu 原子则携带 0.43|e|的正电荷，整个 CCu$_5$ 单元携带约 1.3|e|的正电荷，而每个 C$_{10}$H$_{10}$ 配体则携带约−1.15|e|，因此 C$_{10}$H$_{10}$ 实际介于 C$_{10}$H$_{10}^-$ 和 C$_{10}$H$_{10}^{2-}$ 之间。ppC 和 Cu 之间韦伯键级为 0.47，共价性较强，同时有一定离子键作用。Cu-Cu 之间键级很小，表明它们之间作用很弱。配体 C$_{10}$H$_{10}$ 上的 C 与 Cu 之间的键级为 0.20，为典型的配位键，并有一定离子键作用。

图 6-9 列出了 [(CCu$_5$)(C$_{10}$H$_{10}$)$_2$]$^-$ 的部分典型的分子轨道。HOMO、HOMO-2、HOMO-7、HOMO-9、HOMO-16、HOMO-19 揭示过渡金属 Cu 3d$_{xz}$ 和 3d$_{yz}$ 轨道与配体 C$_{10}$H$_{10}$ π 轨道之间形成的 d-p 配键；HOMO-1、HOMO-17 主要为 ppC 原子 2p$_x$ 和 2p$_y$ 轨道与 Cu 原子 3d 轨道之间形成的 σ 键；HOMO-3 中 ppC 原子与周围 Cu 原子 3d 轨道由于位相相反而没有成键；HOMO-4 中 Cu 原子 3d 轨道与配体 π 轨道之间存在较弱作用；HOMO-10 主要为相邻 Cu 原子之间 3d$_{xz}$ 和 3d$_{yz}$ 轨道形成的 π 键作用；HOMO-11、HOMO-13、HOMO-14 揭示 Cu 原子之间 3d$_{xy}$ 和 3d$_{x^2-y^2}$ 轨道之间可以形成 σ 键，需要指出的是 HOMO-11 中 Cu 原子的 3d 轨道与 ppC 的 2p$_x$ 和 2p$_y$ 轨道之间还有一定 σ 键作用；HOMO-12 中 Cu 原子 3d$_{xz}$ 和 d$_{yz}$ 轨道与 ppC 的 2p$_z$ 轨道之间形成了离域大 π 键，大 π 键的存在有利于 ppC 2 p$_z$ 轨道电子分散，从而使 ppC 中心得以稳定；HOMO-15 为 Cu 原子的 3d$_{z^2}$ 轨道与配体 C$_{10}$H$_{10}$ 之间形成 d-p 配键；HOMO-20 中 Cu 原子的 3d$_{z^2}$ 轨道与配体 C$_{10}$H$_{10}$ 之间有较弱作用；HOMO-24 主要为位相相反的两个配体 C$_{10}$H$_{10}$ 的离域大 π 键，值得一提的是 ppC 的 2p$_z$ 轨道与其位相相同，也有参与，这样可以进一步扩大 ppC 2p$_z$ 轨道电子分散范围，使体系稳定；HOMO-25、HOMO-26 主要为两个配体 π 轨道与过渡金属 Cu 3d$_{xz}$ 和 3d$_{yz}$ 之间的作用，两个配体 C$_{10}$H$_{10}$π 轨道同相，相互间有一定作用，C 的 2p$_x$ 和 2p$_y$ 轨道也有参与。分子轨道分析表明，Cu 作为 σ 电子供体，π 电子受可以

有效稳定中心的平面五配位碳，同时 Cu 和配体 $C_{10}H_{10}$ 之间强的 d-p 配键可以稳定金属层 CCu_5 单元，这样，$[(CCu_5)(C_{10}H_{10})_2]^-$ 整体稳定性得以维持。$[(PCu_5)(C_{10}H_{10})_2]$ 的分子轨道与 $[(CCu_5)(C_{10}H_{10})_2]^-$ 类似，这里不再详述。

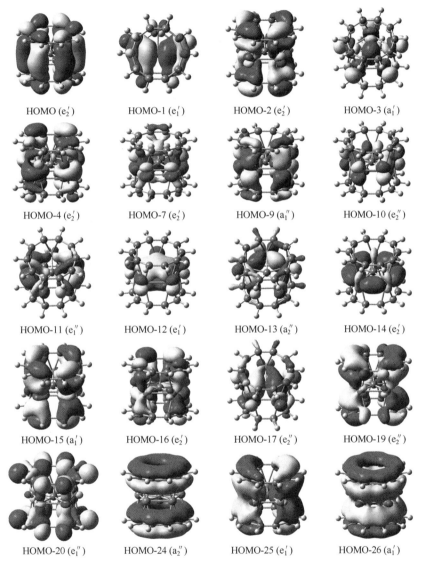

HOMO (e_2')   HOMO-1 (e_1')   HOMO-2 (e_2')   HOMO-3 (a_1')

HOMO-4 (e_2')   HOMO-7 (e_2')   HOMO-9 (a_1'')   HOMO-10 (e_2'')

HOMO-11 (e_1'')   HOMO-12 (e_1')   HOMO-13 (a_2'')   HOMO-14 (e_2')

HOMO-15 (a_1')   HOMO-16 (e_2')   HOMO-17 (e_2'')   HOMO-19 (e_2'')

HOMO-20 (e_1'')   HOMO-24 (a_2'')   HOMO-25 (e_1')   HOMO-26 (a_1')

图 6-9 $[(CCu_5)(C_{10}H_{10})_2]^-$ 的部分典型的分子轨道

6.3.3 红外光谱模拟

为便于将来实验合成和表征，我们在 B3LYP/def2-TZVP 水平上理论模拟了平面五配位碳过渡金属层夹心化合物 $[(CCu_5)(C_{10}H_{10})_2]^-$ 和 $[(PCu_5)(C_{10}H_{10})_2]$ 的红外光谱。

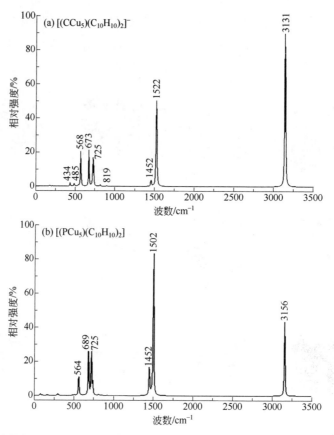

图 6-10　理论模拟的化合物$[(CCu_5)(C_{10}H_{10})_2]^-$（a）和$[(PCu_5)(C_{10}H_{10})_2]$（b）的红外光谱

$[(CCu_5)(C_{10}H_{10})_2]^-$和$[(PCu_5)(C_{10}H_{10})_2]$很接近，仅是中心原子有差异，因此它们的红外光谱图十分类似（见图 6-10）。首先来看$[(CCu_5)(C_{10}H_{10})_2]^-$的谱图，434cm^{-1}处的弱吸收峰对应 ppC 原子的脱离平面的上下振动；485cm^{-1}处的弱峰主要由配体 $C_{10}H_{10}$ 的碳环扭曲产生；568cm^{-1}处的峰对应配体 $C_{10}H_{10}$ "呼吸"式扩环振动，两个 C_{10} 环此扩彼缩，形成反对称吸收峰；673cm^{-1}、725cm^{-1}处的峰由 C-H 脱离平面的上下振动产生；819cm^{-1}处的弱峰对应碳环上 C-C-C 键的面内弯曲；1452cm^{-1}处的弱峰对应碳环上 C-H 的面内摇摆，而 1522cm^{-1}处的强峰对应碳环上 C-C 键的反对称伸缩振动；3131cm^{-1}处的最强峰对应碳环上 C-H 键的反对称伸缩振动。$[(PCu_5)(C_{10}H_{10})_2]$与$[(CCu_5)(C_{10}H_{10})_2]^-$的主要吸收峰峰位类似，略有红移或蓝移，幅度小于 25cm^{-1}。$[(PCu_5)(C_{10}H_{10})_2]$的最强峰、强峰分别位于 1502cm^{-1} 及 3156cm^{-1}处，与$[(CCu_5)(C_{10}H_{10})_2]$的有所不同，其余峰相对强度仅略有差异。这些预测有望在进一步实验中被确证。

本节我们采用密度泛函理论方法 B3LYP 在 def2-TZVP 基组水平上设计了平

面五配位碳、磷过渡金属层夹心化合物[(CCu$_5$)(C$_{10}$H$_{10}$)$_2$]$^-$和[(PCu$_5$)(C$_{10}$H$_{10}$)$_2$]。采用大环配体稳定平面五配位碳、磷单元 CCu$_5$、PCu$_5$ 可形成稳定的过渡金属夹心化合物，这些新颖化合物更容易在实验室被宏观量制备，从而进一步丰富平面多配位碳过渡金属夹心化合物研究领域。

参 考 文 献

[1] Musanke, U. E.; Jeitschko, W. *Z. Naturforsch.,* **1991**, 46b: 1177-1182.

[2] Merschrod, E. F.; Tang, S. H.; Hoffmann, R. *Z.Naturforsch.,* **1998**, 53b: 322-332.

[3] Roy, D.; Corminboeuf, C.; Wannere, C. S.; et al. *Inorg. Chem.,* **2006**, 45: 8902-8906.

[4] Murahashi, T.; Otani, T.; Mochizuki, E.; et al. J. Am. Chem. Soc., 1998, *120*: 4536-4537.

[5] Murahashi, T.; Inoue, R.; Usui, K.; et al. *J. Am. Chem. Soc.,* **2009**, 131: 9888-9889.

[6] Guo, J. C.; Li, S. D. *Eur. J. Inorg. Chem.,* **2010**, 5156-5160.

[7] Zhang, X. M.; Lv, J.; Ji, F.; et al. *J. Am. Chem. Soc.,* **2011**,133: 4788-4790.

[8] Nandula, A.; Trinh, Q. T.; Saeys, M.; et al. *Angew. Chem. Int. Ed.,* **2015**, 54: 5312-5316.

[9] Guo, J. C.; Wu, H. X.; Ren, G.M.; et al. *Comput. Theor. Chem.,* **2015**, 1063: 19-23.

[10] Li, S. D.; Miao, C. Q.; Ren, G. M. *Eur. J. Inorg. Chem.,* **2004**, 2232-2234.

第7章 硼环稳定的平面多配位原子化合物

7.1 平面多配位硅统一结构模式

在研究平面多配位碳化合物的基础上，理论和实验研究者逐步将碳拓展至同族原子 Si 和 Ge。2000 年，Wang 等人采用光电子能谱实验和从头算方法相结合确定了 Al_4Si^- 和 Al_4Ge^- 团簇的基态结构，发现它们含有平面四配位 Si 和 Ge[1]。基于密度泛函理论方法，含平面八配位 Si 中心的硼分子轮 B_8Si 被理论预测[2]。人们不禁会问：是否存在稳定的平面五、六、七配位硅化合物？是否存在平面四、五、六、七、八配位硅的统一结构模式？受 Schleyer 及其合作者预测的平面五、六配位碳团簇启发[3,4]，本节我们将在密度泛函理论水平上提出平面多配位 Si 统一的结构模式 $B_nE_2Si\,(CH)_n$（E=CH, BH, Si; n=2～5）[5]。这些扇形结构的 C_{2v} B_nE_2Si 随着外围 B 原子个数的增加扇形不断扩张，最终成为完美的含平面八配位硅的 SiB_8 分子轮。配位数大于 4 的平面多配位硅原子与外围的 B、C 或 Si 原子部分成键，仍满足八隅律。这种结构模式可以进一步拓展至平面多配位 Ge、P、As、Al、Ga 等，这些新颖的平面多配位原子化合物期待实验合成和表征，进一步丰富平面多配位原子化合物研究领域。

7.1.1 $B_nE_2Si(CH)_n$（E=CH, BH, Si; n=2～5）的结构及成键

对于 B_nE_2Si（E=CH, BH, Si; n=2～5）中性、阴离子及 B_8Si，我们在 B3LYP/LanL2DZ 水平上进行了初次优化，然后在 B3LYP/def2-TZVP 水平上进行了精确优化，在优化基础上进行了振动频率计算。对本节所有化合物的波函数稳定性分析表明它们波函数稳定性良好。

图 7-1 列出了 C_{2v} $B_nSi_2Si^-$（n=2～5）阴离子及中性 B_8Si 的优化结构及其离域 π 及 σ 轨道。如图 7-1 所示，由扇形 C_{2v} $B_nSi_2Si^-$ 外围逐步增加 B 原子可得到稳定的平面四、五、六、七配位硅化合物，也即完成了由扇形向轮状结构的转变。含有平面八配位硅的 C_{2v} B_6Si_2Si 结构不稳定，因此图 7-1 未列出。用尺寸较小的 B 原

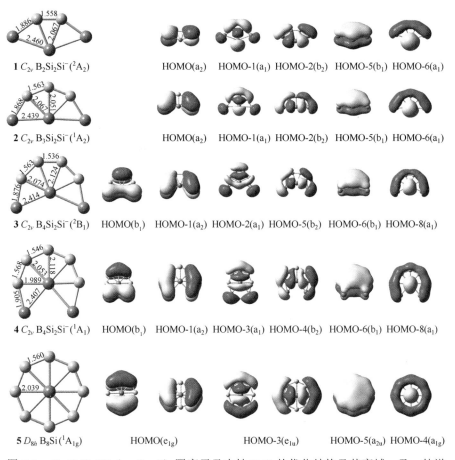

图 7-1　C_{2v} $B_nSi_2Si^-$（n=2～5）阴离子及中性 B_8Si 的优化结构及其离域 π 及 σ 轨道

子替代 B_6Si_2Si 外围的两个 Si 原子，则可得到完美的 B_8Si 分子轮。C_{2v} $B_nSi_2Si^-$（n=2～5）的最低振动频率均大于 100cm^{-1}。这些平面团簇中 Si′-B 键长介于 1.99～2.12Å，Si′-Si 键长介于 2.41～2.46Å，Si-B 键长介于 1.87～1.91Å，B-B 键长介于 1.54～1.57Å，相应的韦伯键级为 $WBI_{Si'-B}$=0.35～0.83、$WBI_{Si'-Si}$=0.58～0.68、WBI_{Si-B}=1.35～1.57、WBI_{B-B}=1.37～1.49，这里 Si′表示平面多配位硅中心原子。图 7-1 中所列键长等参数表明这些平面团簇中的扇形外围原子与平面多配位 Si 原子在几何尺寸上能良好匹配。Si′-B 及 Si′-Si 键接近于单键或分数键，而 Si-B、B-B 键则带有部分双键性质。平面多配位 Si 与周围 B、Si、C 原子等形成分数键，但韦伯总键级介于 3.00～3.87，表明其满足八隅律。自然电荷分析揭示 C_{2v} $B_nSi_2Si^-$（n=2～5）中心 Si 原子携带一定的正电荷，而 B 携带部分负电荷。如 $B_3Si_2Si^-$ 中各原子的电荷分布为：Si′ 0.51|e|，Si 0.13|e|，B −0.78|e|，B′ −0.20|e|。如图 7-1 和

图 7-2 所示，B_nSi_2Si 中性团簇结构与 $B_3Si_2Si^-$ 阴离子基本相同，键长略变长，最低振动频率略变小。系统的研究表明，这一平面多配位原子的统一结构模式也适用于 Al、Ga、Ge、P、As，仅 $B_2Si_2Ga^-$ 有一虚频为过渡态结构。

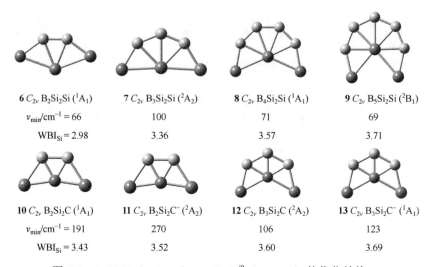

6 C_{2v} B_2Si_2Si ($^1A_1$)　　　**7** C_{2v} B_3Si_2Si ($^2A_2$)　　　**8** C_{2v} B_4Si_2Si ($^1A_1$)　　　**9** C_{2v} B_5Si_2Si ($^2B_1$)

$v_{min}/cm^{-1} = 66$　　　　　　100　　　　　　　　71　　　　　　　　69

$WBI_{Si} = 2.98$　　　　　　3.36　　　　　　　3.57　　　　　　　3.71

10 C_{2v} B_2Si_2C ($^1A_1$)　　　**11** C_{2v} $B_2Si_2C^-$ ($^2A_2$)　　　**12** C_{2v} B_3Si_2C ($^2A_2$)　　　**13** C_{2v} $B_3Si_2C^-$ ($^1A_1$)

$v_{min}/cm^{-1} = 191$　　　　　270　　　　　　　106　　　　　　　123

$WBI_{Si} = 3.43$　　　　　　3.52　　　　　　　3.60　　　　　　　3.69

图 7-2　B_nSi_2Si (n=2～5)、$B_nSi_2C^{-/0}$ (n=2～3) 的优化结构，

重要的键长、最小振动频率、平面多配位中心原子的韦伯键级也同时列出

7.1.2　B_nSi_2Si (n=2～5)、$B_nSi_2C^{-/0}$ (n=2～3) 的结构及成键

图 7-2 揭示平面四、五配位 C 原子可以稳定于 B_nSi_2C 中性团簇及其阴离子。B_2Si_2C 及 B_3Si_2C 中性及其阴离子中 B-B 键长与 "hyparene" $B_3(CH)_2C$ （1.578Å）基本相同，而 C-B 键比 $B_3(CH)_2C$ 中的略短一点。C_{2v} B_nSi_2C (n=2～3) 中 C-Si 键比实验已表征的平面四配位碳团簇 C_{2v} CAl_3Si^- 中的略长。

7.1.3　$B_nB_2H_2Si$、B_nCBH_2Si 及 $B_nC_2H_2Si$ (n=2～4) 的结构及成键

图 7-3 列出了 $B_nB_2H_2Si$、B_nCBH_2Si 及 $B_nC_2H_2Si$ 系列团簇的优化结构，重要的键长、最低振动频率、核独立化学位移 NICS(1) 值也同时列出。由图 7-3 可知，含平面四、五、六配位 Si 的 $B_nC_2H_2Si$、$B_nB_2H_2Si$、B_nCBH_2Si (n=2～4) 的最低振动均大于 143cm^{-1}，平面多配位 Si 的韦伯总键级介于 2.25～3.54。需要指出的是，如图 7-3 所示，$B_nC_2H_2Si$ 系列团簇中 Si-C 键具有明显的双键特征。自然电荷分布遵循电负性 C>B>Si 由大到小次序。$B_4C_2H_2Si$ 中，Si、B′、B、C、H 携带的自然电荷分别为 1.59|e|、−0.33|e|、0.34|e|、−1.09|e|、0.28|e|（B′代表结构中顶部的两个 B 原子）。含平面七配位 Si 的 $B_5C_2H_2Si^+$ 和 $B_5B_2H_2Si^-$ 不能稳定存在，主要因为几何尺寸上不能匹配，Si 和顶部 B 原子间距大于 2.24Å，远远超出了 B-Si 的成键范围。

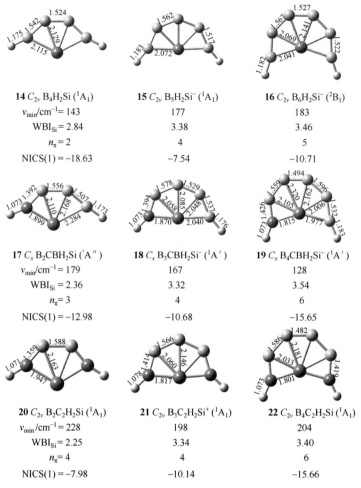

14 C_{2v} B_4H_2Si ($^1A_1$)
$v_{min}/cm^{-1}= 143$
$WBI_{Si} = 2.84$
$n_\pi = 2$
$NICS(1) = -18.63$

15 C_{2v} $B_5H_2Si^-$ ($^1A_1$)
177
3.38
4
-7.54

16 C_{2v} $B_6H_2Si^-$ ($^2B_1$)
183
3.46
5
-10.71

17 C_s B_2CBH_2Si ($^1A''$)
$v_{min}/cm^{-1}= 179$
$WBI_{Si} = 2.36$
$n_\pi = 3$
$NICS(1) = -12.98$

18 C_s $B_3CBH_2Si^-$ ($^1A'$)
167
3.32
4
-10.68

19 C_s $B_4CBH_2Si^-$ ($^1A'$)
128
3.54
6
-15.65

20 C_{2v} $B_2C_2H_2Si$ ($^1A_1$)
$v_{min}/cm^{-1}= 228$
$WBI_{Si} = 2.25$
$n_\pi = 4$
$NICS(1) = -7.98$

21 C_{2v} $B_3C_2H_2Si^+$ ($^1A_1$)
198
3.34
4
-10.14

22 C_{2v} $B_4C_2H_2Si$ ($^1A_1$)
204
3.40
6
-15.66

图 7-3 $B_nB_2H_2Si$，B_nCBH_2Si 及 $B_nC_2H_2Si$（$n=2\sim4$）的优化结构
重要的键长、最低振动频率、平面多配位中心原子的韦伯键级、π 电子数、NICS(1)值也同时列出

这些新颖团簇的形成主要源于其特殊的价电子数规则及与平面硼团簇一一对应的价轨道。比如：$B_2Si_2Si^-$、$B_3Si_2Si^-$、$B_4Si_2Si^-$ 及 $B_5Si_2Si^-$ 阴离子，分别与 B_6^-、B_7^-、B_8^- 及 B_9^- 为等电子体，同样 B_8Si 与 B_9^- 也为等电子体。此外，B_4H_2Si、$B_5H_2Si^-$、$B_6H_2Si^-$ 与 B_6、B_7^-、B_8^- 为等电子体。由于-CH 基团在成键能力上与 B 相当，可以认为 $B_2C_2H_2Si$、$B_3C_2H_2Si^+$、$B_4C_2H_2Si$ 为 B_5^-、B_6、B_7^- 的类似物。光电子能谱结合密度泛函理论计算已经确定 C_{2v} B_5^-、C_{2h} B_6^-、C_{2v} B_8^-、D_{8h} B_9^- 为其基态结构，而 B_7^- 则由 D_{6h} 结构畸变的两个低能量结构竞争基态。在化学上，价电子决定着分子的结构及成键特性，等电子体系往往在成键上具有相似性。作为实验上已表征的平面硼团簇的等电子体，扇形 B_nE_nSi 系列团簇在几何结构上与平面硼团簇类似。

在这些平面团簇中，多个硼原子决定了团簇的基本结构，类 B 基团(-CH、-BH、-Si)的引入帮助调整团簇的几何尺寸以便容纳中心平面多配位 Si 原子，并降低整个团簇的 C_{2v} 对称性及轨道的简并性。

我们回到图 7-1，$B_4Si_2Si^-$、$B_5Si_2Si^-$ 及 B_8Si 均有三个离域 π 轨道和三个离域 σ 轨道，而 $B_2Si_2Si^-$、$B_3Si_2Si^-$ 则有两个离域 π 轨道和三个离域 σ 轨道。所有的 $B_nSi_2Si^-$ 团簇均以离域 π 型 HOMO 轨道为起点，能级最低的"马蹄"型离域 σ 轨道（a_1）沿着分子外围不断拓展，最终形成 B_8Si 美丽的轮状 σ 轨道。"马蹄"型离域 σ 轨道的下一个分子轨道为完全离域的大 Π 轨道。显然，离域 σ 轨道对于维持这些团簇外围扇形结构十分重要，而离域 π 轨道则可以帮助中心多配位 Si 能与其它原子共平面。中性 B_nSi_2Si、$B_nC_2H_2Si$ 及 $B_nB_2H_2Si$（n=2～4）系列团簇也具有类似的离域 σ 及 π 轨道。分子轨道分析可以帮助我们理解这些平面多配位 Si 团簇的成键本质。如闭壳层的 $B_5Si_2Si^-$ 团簇，其价电子布居为二重占据的 $2b_1$、$6a_2$、$1b_1$ 对应三个离域 π 轨道，而 $6a_1$、$4b_2$、$4a_1$ 为三个高度离域的 σ 轨道。这 6 个离域的轨道与 D_{8h} B_8B^- 的离域轨道一一对应。D_{8h} B_8Si 的能级次序为 $1a_1^2 1b_2^2 2a_1^2 2b_2^2 3a_1^2 4a_1^2 3b_2^2 1b_1^2$ $-5a_1^2 4b_2^2 6a_1^2 5b_2^2 6a_2^2 2b_1^2$，与 D_{8h} B_8B^- 的能级次序有所不同，然而都有类似的离域 σ 及 π 轨道。

$B_6H_2Si^-$ 电子布居为 $1a_1^2 1b_2^2 2a_1^2 2b_2^2 3a_1^2 3b_2^2 4a_1^2 5a_1^2 1b_1^2 4b_2^2 6a_1^2 1a_2^2 2b_1^1$，其中 $2b_1^1$、$1a_2$、$1b_1$ 均为离域 π 轨道，而 $6a_1$、$4b_2$、$3a_1$ 均为离域 σ 轨道，同 C_{2v} B_8^- 的 6 个离域轨道类似。比 $B_6H_2Si^-$ 多一个电子的 $B_6H_2Si^{2-}$，最高占据轨道 HOMO($2b_1$) 完全充满，具有 6π 芳香性，但巨大的库仑斥力使它不如 $B_6H_2Si^-$ 稳定。C_{2v} $B_4C_2H_2Si$ 与前面提及的 B_7^- 为等电子体，电子布居为 $1a_1^2 1b_2^2 2a_1^2 2b_2^2 3a_1^2 4a_1^2 3b_2^2 4b_2^2 1b_1^2 5a_1^2$ $-1a_2^2 6a_1^2 2b_1^2$，这里 $2b_1$、$1a_2$、$1b_1$ 为离域 π 轨道，而 $6a_1$、$4b_2$、$4a_1$ 为局部离域的 σ 轨道。所有的 C_{2v} B_nE_nSi 的离域 σ 和 π 轨道与硼团簇的相应的离域 σ 和 π 轨道一一对应，且具有相同的不可约表示。B_nE_nSi 中所有原子在几何和电子上满足形成平面多配位 Si 的成键要求。

除反芳香性的 B_6^- 外，尺寸较小的硼团簇基本上为 σ 和 π 双重芳香性，或具有 σ 或 π 芳香性。B_nE_2Si 与硼团簇为等电子体，很有可能具有类似的芳香性特征。具有离域 σ 和 π 轨道的这些体系可能为双重芳香性，即使不能满足单重态 4n+2、三重态 4n 休克尔芳香性规则时，低能量的离域 σ 轨道仍可赋予其芳香性。图 7-3 及表 7-1 中的 NICS 值均为负值（苯的 NICS(1)值为−10.3），支持我们的判断。具有 2π 和 6π 电子体系 NICS 值的最负，3π 和 5π 电子体系的 NICS 值次之，4π 电子体系的 NICS 负值最小。这些负的 NICS 值表明 B_nE_2Si 团簇本质上具有芳香性。需要指出的是，B_nE_2Si 团簇的自旋多重度与纯硼团簇不同，它们更倾向于单重态。

如：单重态的 C_{2v} $B_3C_2H_2Si^+$（$^1A_1$）比三重态（$^3B_1$）能量低 145.51kJ/mol；单重态的 C_{2v} $B_4C_2H_2Si$（$^1A_1$）比相应的三重态（$^3A_2$）能量低 75.24kJ/mol。

表 7-1　$B_nSi_2Si^-$（n=2～5）、B_8Si 的 π 电子数、核独立化学位移 NICS(1)值、最小振动频率、韦伯总键级、垂直电子剥离能（VDE）

化合物	n_π	NICS(1)	ν_{min}/cm^{-1}	WBI$_{Si}$	VDE/(kJ/mol)
$B_2Si_2Si^-$	3	−13.78	110	3.00	α: 2.67(a_2), 3.30(a_1), 4.12(b_2), 4.25(a_1), 4.85 (b_1)
					β: 3.15(a_1), 3.93(b_2), 4.11(a_1), 4.54(b_1), 4.83 (b_2)
$B_3Si_2Si^-$	4	−8.74	127	3.41	2.89 (a_2), 3.67(a_1), 4.51(b_2), 4.40(b_2), 5.05(b_1), 5.24 (a_1)
$B_4Si_2Si^-$	5	−11.06	138	3.62	α: 2.68(b_1), 3.57(a_2), 4.38(a_1), 4.50(b_2), 4.99(a_1), 5.17(b_2), 5.83(b_1)
					β: 3.34(a_2), 4.22(a_1), 4.43(b_1), 4.82(a_1), 5.04(b_2), 5.40(b_1)
$B_5Si_2Si^-$	6	−20.57	101	3.81	3.07(b_1), 3.84(a_2), 3.84(b_2), 4.95(a_1), 5.12(b_2), 5.52(a_1)
B_8Si	6	−24.38	148	3.62	8.74(e_{1g}), 9.89(e_{1u}), 11.21 (b_{2g}), 11.32 (a_{2u}), 12.25(a_{1g}), 12.64(e_{3u})

表 7-1 列出了理论预测的 $B_nSi_2Si^-$（n=1～5）、B_8Si 及 $B_nB_2H_2Si^-$（n=3，4）的垂直电子剥离能（VDE），以备将来的光电子能谱实验表征。$B_nSi_2Si^-$ 及部分氢化的 $B_nB_2H_2Si^-$ 阴离子团簇可通过气相中激光气化硼、硅，然后得到。对于开壳层体系，α 和 β 电子共存，将增加光电子能谱的复杂程度。

综上所述，本节我们提出了含平面配位 Si、Ge、Al、Ga、P、As 中心，配位数从四到八的统一结构模式。与硼团簇等电子并具有一一对应的离域 σ 和 π 轨道，为我们采用密度泛函理论设计含平面多配位 Si 的 B_nE_2Si 中性及其阴离子团簇提供了强的支持。本节我们理论预测的平面多配位 Si 团簇可拓展至其它平面多配位非金属，并有望作为结构基元来进一步构筑二维材料，从而进一步丰富平面多配位 Si 研究领域。

7.2　含两个平面多配位硅的 S 形及环形化合物

前面，我们在密度泛函理论水平上提出平面多配位 Si 统一的结构模式 B_nE_2Si (CH)$_n$（E=CH, B-H, Si-）及 B_8Si。我们发现，B_nE_2Si 两端含有 H，可能彼此之间发生取代反应，得到含多个平面多配位 Si 的化合物，甚至形成平面多配位 Si 一维或二维材料。是否能将这些体系进一步拓展？我们需要先研究含两个平面多配位 Si 体系的结构和稳定性。本节我们将采用密度泛函理论方法，系统研究含两个平面四、五、六配位 Si 的 C_{2h} $(B_nE_mSi)_2H_2$（E=B, C, Si; n=3～6; m=1, 2）系列化合物的结构和性质[6]。

7.2.1　S 形及环形结构

图 7-4 列出了 B3LYP/def2-TZVP 理论水平上 C_{2h} $(B_nE_mSi)_2H_2$（E=B，C，Si；$n=3\sim6$；$m=1$, 2）的优化结构，它们具有的 π 电子数、最低振动频率、核独立化学位移(NICS)值、平面多配位 Si 原子的韦伯总键级也一同列出。将两个含平面多配位 Si 的 C_s B$_2$CBH$_2$Si、C_{2v} B$_3$C$_2$H$_2$Si 和 C_s B$_4$BCH$_2$Si 单体分子通过碳端脱氢缩

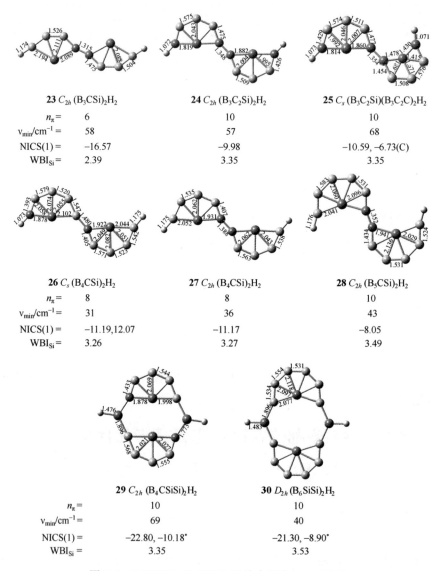

	23 C_{2h} $(B_3CSi)_2H_2$	**24** C_{2h} $(B_3C_2Si)_2H_2$	**25** C_s $(B_3C_2Si)(B_3C_2C)_2H_2$
n_π =	6	10	10
v_{min}/cm^{-1} =	58	57	68
NICS(1) =	−16.57	−9.98	−10.59, −6.73(C)
WBI$_{Si}$ =	2.39	3.35	3.35

	26 C_s $(B_4CSi)_2H_2$	**27** C_{2h} $(B_4CSi)_2H_2$	**28** C_{2h} $(B_5CSi)_2H_2$
n_π =	8	8	10
v_{min}/cm^{-1} =	31	36	43
NICS(1) =	−11.19,12.07	−11.17	−8.05
WBI$_{Si}$ =	3.26	3.27	3.49

	29 C_{2h} $(B_4CSiSi)_2H_2$	**30** D_{2h} $(B_6SiSi)_2H_2$
n_π =	10	10
v_{min}/cm^{-1} =	69	40
NICS(1) =	−22.80, −10.18*	−21.30, −8.90*
WBI$_{Si}$ =	3.35	3.53

图 7-4　B3LYP/def2-TZVP 理论水平上$(B_nE_mSi)_2H_2$
（E=B，C，Si；$n=3\sim6$；$m=1$, 2）的优化结构

注：π 电子数、最低振动频率、NICS 值、平面多配位 Si 原子的韦伯总键级也一同列出

合，即可得到 C_{2h} $(B_nE_mSi)_2H_2$（E=B, C, Si; n=3～6; m=1, 2）。在几何结构上，这些含两个平面多配位 Si 的 S 形分子中的键长、键角等参数与单体分子相比变化很小，依据 $4n$+2 休克尔芳香性规则，它们应具有芳香性。如图 7-4 所示，这些体系的核独立化学位移（NICS）值均为负数，进一步确证它们本质上具有芳香性。

作为比较，图 7-4 还列出了其它两个含平面五配位 Si 的 S 形分子 C_s $(B_4CSi)_2H_2$**(26)**和 C_{2h} $(B_4CSi)_2H_2$**(27)**。这两个化合物具有 8π 电子，按照 $4n$+2 规则应不具有芳香性。然而，图 7-4 中负的 NICS 值揭示它们具有全局芳香性。这意味着，与 Al_4^{2-}、B_n^- 团簇类似，本节中我们研究的$(B_nE_mSi)_2H_2$ 体系具有 σ 和 π 芳香性，而且 σ 键主导整个体系电子离域，不一定完全遵循 $4n$+2 电子数规则。正是良好的电子离域使得这些分子得以保持平面结构。图 7-5 仅列出了分子 **23**、**24**、**28**～**30** 结构的离域 π 轨道。与 Al_4^{2-}，B_n^- 及 B_nE_2Si 团簇类似，这些平面分子具有

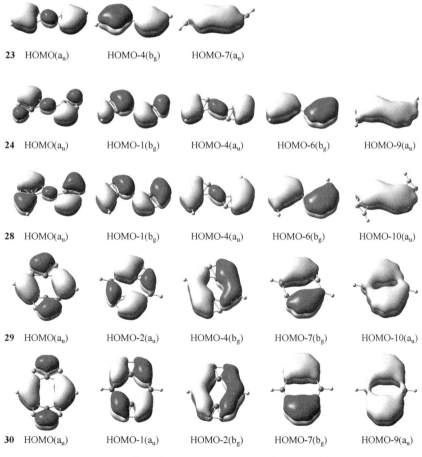

图 7-5　化合物 **23**、**24** 和 **28**～**30** 的离域 π 轨道

离域 σ 轨道，对体系芳香性有重要贡献。含平面五、六配位 Si 的可由两个=SiH 桥连接形成环状的结构 **29** $[C_{2h} (B_4CSiSi)_2H_2]$ 和 **30** $[C_{2h} (B_6SiSi)_2H_2]$，它们分别含有两个平面五、六配位 Si，与 Wang 等人提出的含两个平面五配位碳的"hyparenes"类似。这些环状结构具有包含两个平面高配位 Si 形成的八元环。用 1 个 C 取代结构 **24** 中的 1 个 Si 中心，可得到扭曲的平面结构 **25** $[C_s (B_3C_2Si)(B_3C_2C)H_2]$，其中包含一个平面五配位 C 和一个平面五配位 Si，负的 NICS 值揭示其本质上具有芳香性。

7.2.2 成键特征

自然键轨道分析帮助我们理解这些含两个平面多配位 Si 的成键特征。在这些中性平面团簇中，中心 Si 原子失去电子带有部分正电荷，而中心原子是 B、C 时，则得到部分电子，带有部分负电荷。$C_{2h} (B_5CSi)_2H_2$ (**28**) 中 Si、C 及与 H 原子键连的 B 原子携带的自然电荷为 $1.28|e|$、$-0.66|e|$、$-0.24|e|$，其中 Si、C、B 原子电子布居为：Si $[Ne]3s^{0.88}3p^{1.79}$ $(3p_x^{0.61}3p_y^{0.62}3p_z^{0.56})$，C $[He]2s^{1.02}2p^{3.60}$ $(2p_x^{1.21}2p_y^{1.24}2p_z^{1.15})$，B $[He]2s^{0.92}2p^{2.31}$ $(2p_x^{0.74}2p_y^{0.97}2p_z^{0.60})$。显然，这里 sp^2 杂化的 C 原子形成三个面内 σ 键，其 $2p_z$ 轨道对于垂直于分子平面的 π 轨道形成贡献最大，而 B、Si 仅提供部分 np_z 占据轨道参与整体 π 轨道的形成。环状结构的 **29**、**30** 中电子转移情况与 S 形分子类似。如：结构 **29** 中心 Si 和桥 Si 原子携带的电荷分别为 $1.29|e|$、$1.13|e|$，与它们键连的 C 和 B 原子电荷分别为 $-1.34|e|$、$-0.80|e|$。如图 7-4 所示，中心 Si 原子韦伯总键级介于 $2.39 \sim 3.53$，表明中心 Si 原子和周边 B、C 配体间形成了分数键。结构 **30** 中心 Si 与 B1、B2、B3 键级分别为 0.52、0.48、0.74(B 原子从顶部开始编号)，而结构 **29** 中心 Si 与 C 键级为 0.76。图 7-5 中最低占据的 π 轨道图及轨道组合系数反映了这种电荷布居，结构 **23** 的 HOMO-7(a_u)、**24** 的 HOMO-9(a_u)、**28** 的 HOMO-10(a_u)主要为结构中心的两个 C 原子的贡献，而 **29** 的 HOMO-10(a_u)、**30** 的 HOMO-9(a_u)主要为外围 B、C 的贡献。

综上，本节我们采用密度泛函理论及从头算 MP2 方法设计了含两个平面四、五、六配位 Si 的 S 形或环形($B_nE_mSi)_2H_2$ 系列化合物，进一步支持并拓展了我们前面提出的平面多配位硅统一结构模式。扇形、S 形或环形的 B_n 团簇及杂环 B_nE_m（E=B, C, Si）可作为配体有效稳定平面多配位非金属中心 C、B、Si、Ge 等原子。文献报道的 D_{6h} B_6C^{2-}、D_{8h} B_8Si 及我们预测的 C_{2v} $B_n(CH)_2Si$($n=2\sim4$)、$(B_nE_mSi)_2H_2$ 系列化合物具有 σ 和 π 芳香性，进一步拓展了化学键基础理论，丰富了平面多配位非金属化合物研究领域。

7.3　平面八、九配位 Al 和 Ga 化合物

近年来的系列理论和实验研究表明，当 n 值介于 $3\sim16$ 时，B_n 中性及其阴离子 B_n^- 团簇为平面或准平面结构[7]，主要源于其多重芳香性或反芳香性。B_n 中性及其阴离子 B_n^- 团簇有望成为新型无机配体。含准平面六配位硼的 B_7^-（C_{6v} B©B_6）、平面七配位硼的 B_8^-（C_{2v} B©B_7）、平面八配位硼的 B_9^-（D_{8h} B©B_8^-）已被光电子能谱实验结合从头算理论表征[8-10]。硼环稳定的平面多配位 14 族原子团簇 Si©B_8、Si©B_9^+、Ge©B_9^+ 及 Sn©B_{10}^{2+} 也被理论预测[11]。我们在密度泛函理论水平上报道了具有三明治结构的 $[\eta^6\text{-}B_6X]_2M$（X=C, N; M=Mn, Fe, Co, Ni）化合物，碗形及轮胎结构的 B_nM（$n=8\sim14$）团簇[12,13]。罗琼、李前树等在密度泛函理论水平上研究了含平面八、九配位过渡金属中心的 M©B_n（M=Fe, Co; $n=8, 9$）团簇[14,15]。随着硼环的增大，可以稳定更多的平面多配位原子[16]。能否稳定平面多配位 Al、Ga 呢？采用硼环来稳定平面多配位 Al、Ga，需要中心原子与硼环几何结构、电子结构的良好匹配。中心原子需要有较小的电负性，整体能级次序需要合理，离域 π 轨道应该比面内径向的 σ 轨道能量更高。在此前提下，我们基于从头算理论设计了含平面八、九配位 Al、Ga 的 X©B_8^-、X©B_9（X=Al, Ga）完美硼分子轮[17]。这些平面轮状分子均具有三个离域的 π 分子轨道和三个径向离域 σ 轨道，本质上具有 $\sigma+\pi$ 双重芳香性。与平面多配位 14 族原子平行，本工作我们进一步将硼环稳定的非金属 B 中心拓展至尺寸更大的主族金属 Al、Ga。

7.3.1　完美的轮状结构

由于同一主族，Al($3s^23p^1$)、Ga($4s^24p^1$)和 B($2s^22p^1$)价电子布居类似。在文献报道的 D_{8h} B©B_8^- 基础上，我们采用 Al、Ga 取代其中心 B 原子，可得到 D_{8h} Al©B_8^- 和 D_{8h} Ga©B_8^-。然而，Al、Ga 原子的几何尺寸明显比 B 原子大，从而导致这些完美的平面分子轮并不稳定，均有一个小的虚频（a_{2u} 模式），其中心平面八配位 Al、Ga 原子沿着 C_8 轴上下振动。消除虚频后，则得到更稳定的准平面 C_{8v} Al©B_8^- 和 Ga©B_8^-。稳定的 C_{8v} Al©B_8^- 和 C_{8v} Ga©B_8^- 中金属原子分别高出硼环平面 0.51Å、0.62Å。

将硼环略微扩至 B_9，大的空间使其可容纳配位数更高的平面九配位 Al、Ga。如图 7-6 和表 7-2 所示，Al©B_9、Ga©B_9 团簇具有完美的平面 D_{9h} 结构，振动频率揭示它们均为体系势能面上的真正极小，从直径为 $4.22\sim4.29$Å 的 B_8 环扩至直径为 $4.50\sim4.52$Å 的 B_9 环，金属原子 Al、Ga 可以很"舒适"地稳定于 B_9 环中心。大量的异构体搜索未发现比 D_{9h} Al©B_9、Ga©B_9 更稳定的结构，它们为首例平面

九配位 Al、Ga 化合物。如图 7-7 所示，多数 AlB_9 的低能量异构体可以用 Al 取代 C_{2h} B_{10} 的 1 个 B 或 D_{2h} B_9 上增加 1 个 Al 原子而得。AlB_9 的次稳定结构比其基态结构能量高出 26.47kJ/mol。

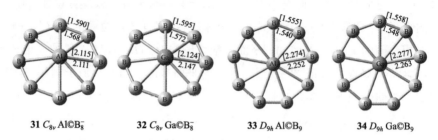

31 C_{8v} $AlⒸB_8^-$ **32** C_{8v} $GaⒸB_8^-$ **33** D_{9h} $AlⒸB_9$ **34** D_{9h} $GaⒸB_9$

图 7-6　轮状 C_{8v} $XⒸB_8^-$，D_{9h} $XⒸB_9$（X=Al, Ga）的优化结构，并标注了 B3LYP 和
　　　　MP2（方括号内）两种水平的键长数据（Å）

表 7-2　B3LYP/def2-TZVP 水平上 $XⒸB_n$ 化合物的 HOMO-LUMO 能隙、绝热电子剥离能 ADE 和垂直电子剥离能 VDE，X 原子的自然原子电荷，X、B 原子的总韦伯键级，最低振动频率，$XⒸB_n$ 体系硼环中心上方 1Å 处的核独立化学位移 NICS(1)值

$XⒸB_n$	ΔE_g /(kJ/mol)	ADE /(kJ/mol)	VDE /(kJ/mol)	q_X/|e|	WBI_X	WBI_B	ν_{min} /cm^{-1}	NICS(1)
31 C_{8v} $AlⒸB_8^-$	333.28	328.08	339.21	1.64	2.28	3.82	167	−19.28
32 C_{8v} $GaⒸB_8^-$	353.05	310.37	319.07	1.45	2.52	3.80	136	−18.01
33 D_{9h} $AlⒸB_9$	315.27	—	—	1.76	2.12	3.72	150	−23.26
34 D_{9h} $GaⒸB_9$	336.14	—	—	1.57	2.36	3.70	95	−25.38

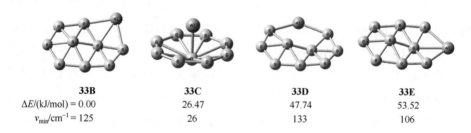

33B　　　　　　**33C**　　　　　　**33D**　　　　　　**33E**
ΔE/(kJ/mol) = 0.00　　26.47　　　　　47.74　　　　　53.52
ν_{min}/cm^{-1} = 125　　26　　　　　　133　　　　　　106

图 7-7　B3LYP 水平上 AlB_9 的代表性低能量异构体

7.3.2　自然键轨道（NBO）分析

由表 7-2 可知，由于 Al、Ga 电负性比 B 小，$XⒸB_8^-$ 和 $XⒸB_9$（X=Al, Ga）平面多配位 Al、Ga 中心原子携带的自然电荷（q_X）介于 1.45～1.76|e|，韦伯总键级介于 2.12～2.52。C_{8v} $AlⒸB_8^-$ 和 D_{9h} $AlⒸB_9$ 中 Al 原子的电子布居分别为 $Al(3s^{0.37}3p_x^{0.31}$

$3p_y^{0.31}3p_z^{0.34}$)、Al($3s^{0.38}3p_x^{0.25}3p_y^{0.25}3p_z^{0.31}$),揭示 Al 原子向配体 B_8 和 B_9 进行电荷转移主要源于其 3s 电子,而 Al 的 sp^2 杂化轨道及 $3p_z$ 原子轨道则部分参与了 σ 和 π 分子轨道离域。外围的每个硼原子携带 −0.17~−0.33|e|的负电荷,韦伯总键级介于 3.70~3.82。C_{8v} Al©B_8^- 和 D_{9h} Al©B_9 中 B 原子的电子布居分别为 B($2s^{0.90}2p_x^{1.03}2p_y^{0.38}2p_z^{0.67}$)和 B($2s^{0.91}2p_x^{0.99}2p_y^{0.64}2p_z^{0.62}$),揭示 B 原子的一个 2s 电子激发到 2p 轨道,而 $2p_z$ 轨道主要参与整体 π 分子轨道离域。外围硼环上的 B-B 韦伯键级接近于 1.5,具有部分双键的特征。需要指出的是 X©B_8^-、X©B_9(X=Al, Ga)中每个 X-B 韦伯键级介于 0.24~0.32,这样八、九个 X-B 键共同作用可以有效地稳定中心 Al、Ga。中心多配位金属原子 Al、Ga 和周边 B 之间主要为共价作用,然而电负性差异主导的离子键作用对于体系稳定也很重要。

7.3.3　分子轨道(MO)及芳香性分析

轨道分析揭示没有对称中心的 C_{8v} Al©B_8^- 电子布居为 $1a_{1g}^2 1e_{1u}^4 1e_{2g}^4 1e_{3u}^4 2a_{1g}^2 1b_{2g}^2 1a_{2u}^2 2e_{1u}^4 1e_{1g}^4$。如图 7-8(a)所示,在其价轨道中,$C_{8v}$ Al©B_8^- 具有三个离域 π 分子轨道:二重简并的 HOMO($1e_{1g}$)和 HOMO-2($1a_{2u}$)。同时,它还包含三个离域的 σ 轨道:二重简并的 HOMO-1($2e_{1u}$)和 HOMO-4($2a_{1g}$)。这样使得 C_{8v} Al©B_8^- 的离域 σ 和 π 电子均满足休克尔 $4n+2$ 芳香性规则,从而使其与文献报道的 B©B_8^- 类似,具有 σ+π 双重芳香性。有点遗憾的是 Al 原子尺寸有点大,使得具有完美平面的 D_{8h} Al©B_8^- 为过渡态而不稳定。然而,从过渡态 D_{8h} Al©B_8^- 到稳定的 C_{8v} Al©B_8^-,尽管结构有一定程度变化,但变化很小。C_{8v} Ga©B_8^- 情形与之类似。表 7-2 中的负的核独立化学位移(NICS)值表明三重态的 C_{8v} Al©B_8^+ 和 Ga©B_8^+ 仍具有芳香性。

(a) C_{8v} Al©B_8^-

(b) D_{9h} Al©B_9

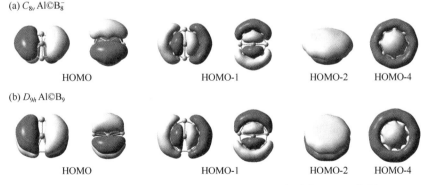

图 7-8　C_{8v} Al©B_8^-(a)及 D_{9h} Al©B_9(b)离域的 σ 和 π 轨道

如图 7-8(b)所示,与 C_{8v} Al©B_8^- 和 C_{8v} Ga©B_8^- 类似,中性的 D_{9h} Al©B_9 和 D_{9h} Ga©B_9 也具有三个离域的 π 轨道(简并的 HOMO、HOMO-2)及三个离域的 σ

轨道（简并的 HOMO-1、HOMO-4），本质上它们也具有 σ+π 双重芳香性。D_{9h} X©B_9（X=Al, Ga）相对于 X©B_8^- 外围增加了一个 B 原子，为其 HOMO 轨道提供了一个 π 电子，从而满足休克尔 4n+2 芳香性规则，芳香性为中性的 D_{9h} Al©B_9 和 Ga©B_9 提供了额外的稳定化能。由表 7-2 数据可知，这些完美的硼轮稳定的平面八、九配位 Al、Ga 体系的 NICS 值介于 −18.01～−25.38，揭示它们具有 σ+π 芳香性，与分子轨道分析所得结论一致。

在 B3LYP 水平上，阴离子 C_{8v} Al©B_8^-、C_{8v} Ga©B_8^- 的绝热电子剥离能（ADE）分别为 328.08kJ/mol、310.37kJ/mol，垂直电子剥离能（VDE）分别为 339.21kJ/mol、319.07kJ/mol。对于中性的 D_{9h} Al©B_9 和 D_{9h} Ga©B_9，其电离势（IP）分别为 820.47kJ/mol、804.46kJ/mol。由表 7-2 可知，这些平面八、九配位 Al、Ga 体系的 HOMO-LUMO 能隙大于 315.27kJ/mol，进一步支持其稳定性。这些平面体系的结构和性质参数将为进一步实验提供理论参考。

综上，我们采用从头算方法理论研究了含平面八、九配位 Al、Ga 的系列化合物 X©B_8^-、X©B_9（X=Al, Ga）的结构和性质。与之前文献报道的 B©B_8^- 类似，这些轮状结构的团簇本质上具有 σ+π 双重芳香性。这些热力学上稳定的平面团簇有望被实验合成或表征，从而进一步丰富平面多配位原子化合物研究领域。

7.4 平面九、十配位重金属原子化合物

前面我们理论探讨了硼环稳定的平面八、九配位主族金属 Al、Ga，能否将其进一步拓展，稳定平面九、十配位 11、12、13 族重金属原子呢？本节我们在从头算理论水平上，探讨系列平面九、十配位稳定的重过渡金属和 13 族重金属原子轮状团簇 M©B_n（M=Ag, Au, Cd, Hg, In, Tl; n = 9, 10）的结构和稳定性[18]。

通常，采用 B_n 环稳定平面多配位重金属原子，中心电负性较小的金属原子需要在电子和几何结构上与外围 B_n 环相匹配。M©B_n 的离域 π 轨道往往比面内有效重叠的离域 σ 轨道的能级更高。本节中研究的平面轮状化合物 M©B_9^{2-}、M©B_9、M©B_{10}^-（M=Ag, Au）、M©B_{10}（M=Cd, Hg）、M©B_{10}^-（M=In, Tl）均满足上述要求，为势能面上的真正极小结构，本质上具有 σ+π 双重芳香性，良好的热力学稳定使得它们有望被进一步实验合成或表征，从而丰富平面多配位原子化学研究领域。

7.4.1 几何结构

对于重过渡金属原子，如 Ag、Au, $(n-1)d^{10}ns^1$ 和 Cd、Hg, $(n-1)d^{10}ns^2$，它们的 $(n-1)d$ 轨道完全充满电子，使得 M©B_n 系列团簇的多重度相对简单，结果证明，

大多数情况下，除了中性 Ag©B$_9$ 和 Au©B$_9$ 是三重态外，其余的为单重态。

B$_9$ 环与 Au、Ag 原子几何尺寸匹配良好，单重态 D_{9h} Au©B$_9^{2-}$、Ag©B$_9^{2-}$ 和三重态 D_{9h} Au©B$_9$ 均为势能面上的真正极小，但三重态 D_{9h} Ag©B$_9$ 中 Ag 原子略微显大，频率分析揭示其为体系势能面上的过渡态结构，虚频对应的振动模式为中心 Ag 原子沿着 C_9 轴脱离平面的上下振动。消除虚频后，可得到略微畸变的 C_{9v} Ag©B$_9$。稳定的三重态 C_{9v} Ag©B$_9$ 仅比其 D_{9h} 结构能量低 4.81kJ/mol。考虑到方法误差几零点能校正后，我们基本可认为 Ag©B$_9^{2-}$ 和 Ag©B$_9$ 实际为平面结构。更大的 B$_{10}$ 环中心可以容纳 11、12、13 族重金属原子，形成轮状的 D_{10h} M©B$_{10}^{-/0/+}$。这些不同电荷态的分子轮与文献报道的 Sn©B$_{10}^{2+}$ 的价电子数目相同，均为势能面上的真正极小结构。在 B3LYP 水平上，分子轮的半径介于 2.30~2.49Å，外围 B-B 键长介于 1.54~1.58Å。如图 7-9 所示，B3LYP 及 MP2 两种方法优化得到的键长数据差别很小，我们主要围绕 B3LYP 水平上优化的结构进行讨论。

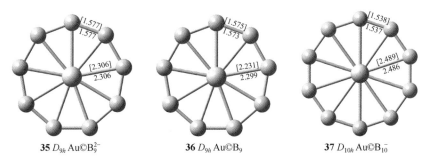

35 D_{9h} Au©B$_9^{2-}$ **36** D_{9h} Au©B$_9$ **37** D_{10h} Au©B$_{10}^-$

图 7-9　B3LYP 及 MP2 两种方法水平上 D_{9h} Au©B$_9^{2-}$、
三重态 D_{9h} Au©B$_9$、D_{10h} Au©B$_{10}^-$ 的优化结构

7.4.2　分子轨道（MO）分析

分子轨道分析可以帮助我们理解这些平面分子轮的成键本质。如图 7-10 所示，单重态 D_{9h} Au©B$_9^{2-}$ 具有三个离域 π 轨道（简并的 HOMO 和 HOMO-2）和三个离域 σ 轨道（简并的 HOMO-1 和 HOMO-3），满足休克尔 $4n+2$ 芳香性规则，具有 σ+π 双重芳香性。从 Au©B$_9^{2-}$ 的最高占据轨道 HOMO 上移去两个电子则得到三重态 D_{9h} Au©B$_9$，简并的 π 型 HOMO 轨道各有一个电子，这样 Au©B$_9$ 具有四个 π 电子和六个 σ 电子。对于三重态分子，满足 $4n\pi$ 芳香性规则，而其 σ 电子则满足 $4n+2$ 芳香性规则，因此，三重态 D_{9h} Au©B$_9$ 具有 σ+π 双重芳香性。

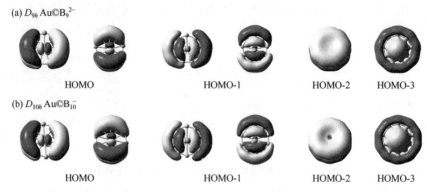

(a) D_{9h} Au©$B_9{}^{2-}$

HOMO HOMO-1 HOMO-2 HOMO-3

(b) D_{10h} Au©$B_{10}{}^-$

HOMO HOMO-1 HOMO-2 HOMO-3

图 7-10 D_{9h} Au©$B_9{}^{2-}$ 和 D_{10h} Au©$B_{10}{}^-$ 典型的离域 σ 和 π 分子轨道

如图 7-10（b）所示，单重态的 D_{10h} Au©$B_{10}{}^-$ 也具有三个离域 π 轨道（简并的 HOMO 和 HOMO-2）及三个离域 σ 轨道（简并的 HOMO-1 和 HOMO-3），表明其也具有 σ+π 双重芳香性。离域的 π 轨道和 σ 轨道有助于维持这些平面九、十配位 Au 的平面结构。轨道分析表明表 7-3 中所列的 M©B_n 负二价离子、负离子及中性、正离子本质均为 σ+π 双重芳香性。过渡金属原子的(n-1)d 原子轨道与外围 B 的 2p 原子轨道之间形成的共价作用对于体系的整体稳定性也十分重要。如 Au©$B_9{}^{2-}$ 和 D_{10h} Au©$B_{10}{}^-$ 的 HOMO-9 及 HOMO-10 主要为 Au 5d 与 B 2p 轨道相互作用的结果。

7.4.3 自然键轨道（NBO）分析

NBO 分析揭示，M©$B_9{}^{2-}$、M©B_9、M©$B_{10}{}^-$（M=Ag，Au）系列平面团簇中 M 的韦伯总键级介于 1.55～2.26，携带的正电荷介于 0.43～0.80|e|。中性的 D_{10h} Cd©B_{10}、Hg©B_{10} 相应 Cd、Hg 的总键级分别为 1.53 和 2.00，携带的正电荷分别为 1.31|e| 和 1.00|e|。金属原子的总键级近似等于所有 B-M 键级的总和。如 Au©$B_9{}^{2-}$、Au©$B_{10}{}^-$、Tl©$B_{10}{}^-$，单个 B-M 键级分别为 0.23、0.19、0.26。显然，11、12 族重金属原子 ns^1、ns^2 电子基本转移到了缺电子的 B_n（n=9, 10）环配体上。另一方面，In©$B_{10}{}^+$、Tl©$B_{10}{}^+$ 中心的 13 族重金属原子总键级分别为 2.44、2.57，携带的正电荷介于 1.50|e|、1.32|e|。In、Tl 的 ns^2np^1 轨道的部分价电子转移到硼环上，共价作用相对较强。

如图 7-10 所示，平面多配位中心金属原子将电子转移至离域的 π 轨道和 σ 轨道上，满足缺电子硼环的成键要求。结果这些轮状团簇中外围的硼原子携带的负电荷介于 -0.03～-0.31|e|，总键级介于 3.36～3.79。这些平面团簇中外围 B-B 键级介于 1.37～1.52，具有一定的双键特征。

Au©B$_{10}$$^-$、Ag©B$_{10}$$^-$阴离子分别具有较高的第一垂直电子剥离能（VDE）355.08kJ/mol 和 363.77kJ/mol。中性三重态 Au©B$_9$、Ag©B$_9$ 的第一电离势（IP）为 792.19kJ/mol 和 796.04 eV，而单重态 Cd©B$_{10}$、Hg©B$_{10}$ 相应的 IP 为 793.15kJ/mol 和 783.50kJ/mol。表 7.3 还列出了阴离子第二垂直电子剥离能及中性第二电离势（IP），振子强度大于 0.85，以备将来实验表征。如表 7-3 所示，除 Au©B$_9$$^{2-}$、Ag©B$_9$$^{2-}$ 外，这些平面团簇的 HOMO-LUMO 能隙均大于 208.60kJ/mol，进一步支持体系的稳定性。

表 7-3　B3LYP/def2-TZVP 水平上 M©B$_n$（ n=9, 10）化合物键长、HOMO-LUMO 能隙 ΔE_g、M 原子的自然原子电荷、M, B 原子的总韦伯键级、最低振动频率、X©B$_n$ 中心上方 1Å 处的核独立化学位移 NICS(1)值、垂直电子剥离能

编号	X©B$_n$	r_{M-B}/Å	r_{B-B}/Å	ΔE_g /(kJ/mol)	q_M/|e|	WBI$_M$	WBI$_B$	ν_{min} /cm^{-1}	NICS(1)	VDE /(kJ/mol)
35	D_{9h} Au©B$_9$$^{2-}$	2.306	1.577	239.24	0.77	2.09	3.79	56	−52.53	—
36	D_{9h} Au©B$_9$(t)[①]	2.299	1.573	252.73(α) 239.13(β)	0.71	2.26	3.39	40	−53.66	792.19, 905.07
37	D_{10h} Au©B$_{10}$$^-$	2.486	1.537	233.83	0.80	1.86	3.70	98	−48.96	355.08, 444.82
38	D_{9h} Ag©B$_9$$^{2-}$	2.301	1.574	266.62	0.59	1.93	3.78	17	−43.74	
39	C_{9v} Ag©B$_9$(t)[①]	2.349	1.562	288.79(α) 208.60(β)	0.43	2.17	3.36	72	−77.4	796.04, 882.89
40	D_{10h} Ag©B$_{10}$$^-$	2.489	1.539	252.84	0.72	1.55	3.68	87	−40.41	363.77, 436.14
41	D_{10h} Cd©B$_{10}$	2.505	1.548	274.23	1.31	1.53	3.66	55	−33.68	793.15, 858.76
42	D_{10h} Hg©B$_{10}$	2.507	1.549	260.34	1.00	2.20	3.62	65	−41.06	783.50, 869.38
43	D_{10h} In©B$_{10}$$^+$	2.514	1.554	284.55	1.50	2.44	3.58	57	−29.90	—
44	D_{10h} Tl©B$_{10}$$^+$	2.529	1.563	271.21	1.32	2.57	3.56	29	−35.99	—

① (t)表示三重态。

综上，本节我们采用从头算方法系统研究了含平面九、十配位 11、12、13 族重金属原子系列团簇 M©B$_n$（M=Ag, Au, Cd, Hg, In, Tl; n=9, 10）的结构和性质。 这些结构新颖的平面团簇为体系势能面上的真正极小结构，本质上具有 σ+π 双重芳香性。这些平面团簇与文献报道的高对称性轮状 D_{6h} CB$_6$$^{2-}$ 及 D_{7h} CB$_7$$^-$ 类似，可能为局域极小结构，需要通过配体修饰来进行稳定，它们新颖的结构和成键对于丰富基础化学键理论和拓展平面多配位原子化合物具有十分重要的意义。

参 考 文 献

[1]   Boldyrev, A. I.; Li, X.; Wang, L. S. *Angew. Chem. Int. Ed.* [J], **2000**, 39: 3307-3310.

[2]   Minyaev, R. M.; Gribanova, T. N.; Starikov A. G.; et al. *Mendeleev Commun.* [J], **2001**, 39: 213-214.

[3]   Exner, K.; Schleyer, P. v. R. *Science* [J], **2000**, 290: 1937-1940.

[4]   Wang, Z. X.; Schleyer, P. v. R. *Science* [J], **2001**, 292: 2465-2469.

[5]   Li, S.D.; Miao, C. Q.; Guo, J. C.; et al. *J. Am. Chem. Soc.* [J], **2004**, 126: 16227-16231.

[6]   Li, S. D.; Guo, J. C.; Miao, C. Q.; et al. *J. Phys. Chem. A* [J], **2005**, 109: 4133-4136.

[7]   Alexandrova A. N.; Boldyrev A. I.; Zhai H. J.; et al. *Coord. Chem. Rev.* [J], **2006**, 250: 2811-2866.

[8]   Zhai, H.J.; Wang, L. S.; Alexandrova, A. N. *Angew. Chem. Int. Ed.* [J], **2003**, 42: 6004-6008.

[9]   Sergeeva, A. P.; Zubarev, D. Y.; Zhai, H. J.; et al. *J. Am. Chem. Soc.* [J], **2008**, 130: 7244-7246.

[10] Alexandrova, A. N.; Boldyrev, A. I.; Zhai, H. J. *J. Phys. Chem. A* [J], **2008**, 108: 3509-3517.

[11] Islas, R.; Heine, T.; Ito, K.; et al. *J. Am. Chem. Soc.* [J], **2007**, 129: 14767-14774.

[12] Li, S. D.; Guo, J. C.; Miao, C. Q.; et al. *Angew. Chem. Int. Ed.* [J], **2003**, 44: 2158-2161.

[13] Li, S. D.; Miao, C. Q.; Guo, J. C.; et al. *J. Comput. Chem.* [J], **2006**, 27:1858-1865.

[14] Luo, Q. *Sci. China. Ser. B—Chem.* [J], **2008**, 51: 607-613.

[15] Ito, K.; Pu, Z. F.; Li, Q. S.; et al. Inorg. Chem. [J], **2008**, 47: 10906-10910.

[16] Erhardt, S.; Frenking, G.; Chen, Z. F.; et al. *Angew. Chem. Int. Ed.* [J], **2005**, 44: 1078-1082.

[17] Guo, J. C.; Yao, W. Z.; Li, Z.; et al. *Sci. China. Ser. B, Chem.* [J], **2009**, 52: 566-570.

[18] Miao, C. Q.; Guo, J. C.; Li, S. D. *Sci. China. Ser. B, Chem.* [J], **2009**, 52: 900-904.

附录

B3LYP/def2-TZVP 水平上预测的平面多配位碳化合物的坐标

第 3 章

1A D_{4h} CNi$_4$H$_4$

C	0.00000000	0.00000000	0.00000000
Ni	0.00000000	1.74638800	0.00000000
Ni	1.74638800	0.00000000	0.00000000
Ni	0.00000000	−1.74638800	0.00000000
Ni	−1.74638800	0.00000000	0.00000000
H	−1.64439000	1.64439000	0.00000000
H	1.64439000	1.64439000	0.00000000
H	1.64439000	−1.64439000	0.00000000
H	−1.64439000	−1.64439000	0.00000000

2A D_{4h} CPd$_4$H$_4$

C	0.00000000	0.00000000	0.00000000
H	1.77704900	1.77704900	0.00000000
H	1.77704900	−1.77704900	0.00000000
H	−1.77704900	−1.77704900	0.00000000
H	−1.77704900	1.77704900	0.00000000
Pd	0.00000000	1.91093800	0.00000000
Pd	1.91093800	0.00000000	0.00000000
Pd	−1.91093800	0.00000000	0.00000000
Pd	0.00000000	−1.91093800	0.00000000

3A D_{4h} CPt$_4$H$_4$

C	0.00000000	0.00000000	0.00000000
H	1.80191900	1.80191900	0.00000000
H	1.80191900	−1.80191900	0.00000000
H	−1.80191900	−1.80191900	0.00000000
H	−1.80191900	1.80191900	0.00000000
Pt	0.00000000	1.92500500	0.00000000
Pt	1.92500500	0.00000000	0.00000000
Pt	−1.92500500	0.00000000	0.00000000
Pt	0.00000000	−1.92500500	0.00000000

4 D_{2h} C$_2$Ni$_6$H$_6$

Ni	1.25348300	0.00000000	0.00000000
Ni	−1.25348300	0.00000000	0.00000000
C	0.00000000	1.32678000	0.00000000
C	0.00000000	−1.32678000	0.00000000
Ni	1.23922500	2.51859500	0.00000000
Ni	−1.23922500	2.51859500	0.00000000
Ni	−1.23922500	−2.51859500	0.00000000
Ni	1.23922500	−2.51859500	0.00000000
H	0.00000000	3.61897800	0.00000000
H	2.33201000	1.31569800	0.00000000
H	−2.33201000	1.31569800	0.00000000
H	−2.33201000	−1.31569800	0.00000000
H	2.33201000	−1.31569800	0.00000000
H	0.00000000	−3.61897800	0.00000000

5 D_{2h} C$_3$Ni$_8$H$_8$

Ni	1.24014100	1.29232100	0.00000000
Ni	−1.24014100	1.29232100	0.00000000
Ni	1.24014100	−1.29232100	0.00000000
Ni	−1.24014100	−1.29232100	0.00000000
Ni	1.24407000	3.82658100	0.00000000
Ni	−1.24407000	3.82658100	0.00000000
Ni	1.24407000	−3.82658100	0.00000000
Ni	−1.24407000	−3.82658100	0.00000000
C	0.00000000	−2.64674300	0.00000000
C	0.00000000	2.64674300	0.00000000
C	0.00000000	0.00000000	0.00000000
H	0.00000000	4.92312900	0.00000000

H	0.00000000	−4.92312900	0.00000000
H	2.31084200	0.00000000	0.00000000
H	−2.31084200	0.00000000	0.00000000
H	2.33610400	2.62559500	0.00000000
H	−2.33610400	2.62559500	0.00000000
H	2.33610400	−2.62559500	0.00000000
H	−2.33610400	−2.62559500	0.00000000

6 D_{2h} $C_4Pd_{10}H_{10}$

C	0.00000000	1.45237700	0.00000000
C	0.00000000	4.38875900	0.00000000
H	2.49127200	1.46717600	0.00000000
H	−2.49127200	1.46717600	0.00000000
H	−2.52943700	4.31054100	0.00000000
H	2.52943700	4.31054100	0.00000000
H	0.00000000	6.81641500	0.00000000
Pd	1.36735600	5.63737900	0.00000000
Pd	−1.36735600	5.63737900	0.00000000
Pd	1.34185100	2.85388600	0.00000000
Pd	−1.34185100	2.85388600	0.00000000
C	0.00000000	−1.45237700	0.00000000
Pd	1.32818500	0.00000000	0.00000000
Pd	−1.32818500	0.00000000	0.00000000
Pd	1.34185100	−2.85388600	0.00000000
Pd	−1.34185100	−2.85388600	0.00000000
H	2.49127200	−1.46717600	0.00000000
H	−2.49127200	−1.46717600	0.00000000
C	0.00000000	−4.38875900	0.00000000
H	2.52943700	−4.31054100	0.00000000
H	−2.52943700	−4.31054100	0.00000000
Pd	−1.36735600	−5.63737900	0.00000000
Pd	1.36735600	−5.63737900	0.00000000
H	0.00000000	−6.81641500	0.00000000

7 D_{2h} $C_2Pd_6H_6$

C	0.00000000	1.48823500	0.00000000
C	0.00000000	−1.48823500	0.00000000
H	0.00000000	3.94191200	0.00000000
H	2.51630300	1.40585100	0.00000000
H	−2.51630300	1.40585100	0.00000000
H	−2.51630300	−1.40585100	0.00000000
H	2.51630300	−1.40585100	0.00000000
H	0.00000000	−3.94191200	0.00000000

Pd	1.36198200	−2.75925200	0.00000000
Pd	−1.36198200	−2.75925200	0.00000000
Pd	−1.36198200	2.75925200	0.00000000
Pd	1.36198200	2.75925200	0.00000000
Pd	1.35016500	0.00000000	0.00000000
Pd	−1.35016500	0.00000000	0.00000000

8 D_{2h} $C_3Pd_8H_8$

C	0.00000000	0.00000000	0.00000000
C	0.00000000	2.93871300	0.00000000
H	2.48956200	0.00000000	0.00000000
H	−2.48956200	0.00000000	0.00000000
H	−2.52981800	2.86062500	0.00000000
H	2.52981800	2.86062500	0.00000000
H	0.00000000	5.37083900	0.00000000
C	0.00000000	−2.93871300	0.00000000
H	2.52981800	−2.86062500	0.00000000
H	−2.52981800	−2.86062500	0.00000000
H	0.00000000	−5.37083900	0.00000000
Pd	1.36637100	4.19192500	0.00000000
Pd	−1.36637100	4.19192500	0.00000000
Pd	−1.34210200	1.41339800	0.00000000
Pd	1.34210200	1.41339800	0.00000000
Pd	−1.34210200	−1.41339800	0.00000000
Pd	1.34210200	−1.41339800	0.00000000
Pd	1.36637100	−4.19192500	0.00000000
Pd	−1.36637100	−4.19192500	0.00000000

9 C_{2v} $C_4Ni_{10}H_{10}$

Ni	−1.22639900	0.00000000	−0.43261900
Ni	1.22639900	0.00000000	−0.43261900
Ni	−1.23853200	2.58323200	−0.14568200
Ni	1.23853200	2.58323200	−0.14568200
Ni	−1.23853200	−2.58323200	−0.14568200
Ni	1.23853200	−2.58323200	−0.14568200
Ni	−1.24422700	5.06367500	0.38659200
Ni	1.24422700	5.06367500	0.38659200
Ni	−1.24422700	−5.06367500	0.38659200
Ni	1.24422700	−5.06367500	0.38659200
C	0.00000000	3.92073700	0.10246500
C	0.00000000	−1.32092700	−0.40584500
C	0.00000000	−3.92073700	0.10246500
C	0.00000000	1.32092700	−0.40584500

H	0.00000000	−6.13429900	0.62372400
H	0.00000000	6.13429900	0.62372400
H	−2.30374000	1.30015000	−0.23596600
H	2.30374000	1.30015000	−0.23596600
H	−2.30374000	−1.30015000	−0.23596600
H	2.30374000	−1.30015000	−0.23596600
H	−2.33370600	3.88939600	0.14542200
H	2.33370600	3.88939600	0.14542200
H	−2.33370600	−3.88939600	0.14542200
H	2.33370600	−3.88939600	0.14542200

10 D_{2h} $C_2Pt_6H_6$

C	0.00000000	1.49062800	0.00000000
C	0.00000000	−1.49062800	0.00000000
H	0.00000000	3.96687900	0.00000000
H	2.56551500	1.45826500	0.00000000
H	−2.56551500	1.45826500	0.00000000
H	−2.56551500	−1.45826500	0.00000000
H	2.56551500	−1.45826500	0.00000000
H	0.00000000	−3.96687900	0.00000000
Pt	1.37839800	−2.76503000	0.00000000
Pt	−1.37839800	−2.76503000	0.00000000
Pt	−1.37839800	2.76503000	0.00000000
Pt	1.37839800	2.76503000	0.00000000
Pt	1.37966600	0.00000000	0.00000000
Pt	−1.37966600	0.00000000	0.00000000

11 D_{2h} $C_3Pt_8H_8$

C	0.00000000	0.00000000	0.00000000
C	0.00000000	2.94736500	0.00000000
H	2.54633000	0.00000000	0.00000000
H	−2.54633000	0.00000000	0.00000000
H	−2.59171300	2.94533400	0.00000000
H	2.59171300	2.94533400	0.00000000
H	0.00000000	5.39133500	0.00000000
C	0.00000000	−2.94736500	0.00000000
H	2.59171300	−2.94533400	0.00000000
H	−2.59171300	−2.94533400	0.00000000
H	0.00000000	−5.39133500	0.00000000
Pt	1.38592300	4.19429800	0.00000000
Pt	−1.38592300	4.19429800	0.00000000
Pt	−1.37225300	1.40292300	0.00000000
Pt	1.37225300	1.40292300	0.00000000

Pt	−1.37225300	−1.40292300	0.00000000
Pt	1.37225300	−1.40292300	0.00000000
Pt	1.38592300	−4.19429800	0.00000000
Pt	−1.38592300	−4.19429800	0.00000000

12 D_{2h} $C_4Pt_{10}H_{10}$

C	0.00000000	1.46159400	0.00000000
C	0.00000000	4.40556000	0.00000000
H	2.54581900	1.49233100	0.00000000
H	−2.54581900	1.49233100	0.00000000
H	−2.59986200	4.41713400	0.00000000
H	2.59986200	4.41713400	0.00000000
H	0.00000000	6.84000400	0.00000000
C	0.00000000	−1.46159400	0.00000000
H	2.54581900	−1.49233100	0.00000000
H	−2.54581900	−1.49233100	0.00000000
C	0.00000000	−4.40556000	0.00000000
H	2.59986200	−4.41713400	0.00000000
H	−2.59986200	−4.41713400	0.00000000
H	0.00000000	−6.84000400	0.00000000
Pt	1.38809700	5.64415100	0.00000000
Pt	−1.38809700	5.64415100	0.00000000
Pt	−1.37247500	2.84157600	0.00000000
Pt	1.37247500	2.84157600	0.00000000
Pt	−1.35049600	0.00000000	0.00000000
Pt	−1.37247500	−2.84157600	0.00000000
Pt	1.37247500	−2.84157600	0.00000000
Pt	1.38809700	−5.64415100	0.00000000
Pt	−1.38809700	−5.64415100	0.00000000
Pt	1.35049600	0.00000000	0.00000000

13 D_{5h} $C_5Ni_{10}H_{10}$

C	0.00000000	2.31429200	0.00000000
C	2.20157500	0.71522000	0.00000000
C	1.36054700	−1.87240800	0.00000000
C	−1.36054700	−1.87240800	0.00000000
C	−2.20157500	0.71522000	0.00000000
H	0.00000000	1.89797100	2.27602100
H	−1.80430000	0.58628800	2.27622100
H	−1.11560900	−1.53587500	2.27613100
H	1.11560900	−1.53587500	2.27613100
H	1.80430000	0.58628800	2.27622100
H	0.00000000	1.89797100	−2.27602100

H	−1.80430000	0.58628800	−2.27622100
H	−1.11560900	−1.53587500	−2.27613100
H	1.11560900	−1.53587500	−2.27613100
H	1.80430000	0.58628800	−2.27622100
Ni	1.24307200	1.71074300	1.21258400
Ni	2.01103300	−0.65338900	1.21259700
Ni	0.00000000	−2.11465600	1.21253700
Ni	−2.01103300	−0.65338900	1.21259700
Ni	−1.24307200	1.71074300	1.21258400
Ni	1.24307200	1.71074300	−1.21258400
Ni	2.01103300	−0.65338900	−1.21259700
Ni	0.00000000	−2.11465600	−1.21253700
Ni	−2.01103300	−0.65338900	−1.21259700
Ni	−1.24307200	1.71074300	−1.21258400

14 D_{6h} $C_6Ni_{12}H_{12}$

Ni	1.25730200	2.17771100	1.21084700
Ni	2.51460500	0.00000000	1.21084700
Ni	1.25730200	−2.17771100	1.21084700
Ni	−1.25730200	−2.17771100	1.21084700
Ni	−2.51460500	0.00000000	1.21084700
Ni	−1.25730200	2.17771100	1.21084700
C	0.00000000	2.72508600	0.00000000
C	2.35999400	1.36254300	0.00000000
C	2.35999400	−1.36254300	0.00000000
C	0.00000000	−2.72508600	0.00000000
C	−2.35999400	−1.36254300	0.00000000
C	−2.35999400	1.36254300	0.00000000
Ni	1.25730200	2.17771100	−1.21084700
Ni	2.51460500	0.00000000	−1.21084700
Ni	1.25730200	−2.17771100	−1.21084700
Ni	−1.25730200	−2.17771100	−1.21084700
Ni	−2.51460500	0.00000000	−1.21084700
Ni	−1.25730200	2.17771100	−1.21084700
H	−1.94868400	1.12507300	2.27331400
H	−1.94868400	1.12507300	−2.27331400
H	−1.94868400	−1.12507300	2.27331400
H	−1.94868400	−1.12507300	−2.27331400
H	0.00000000	−2.25014700	2.27331400
H	0.00000000	−2.25014700	−2.27331400
H	1.94868400	−1.12507300	2.27331400
H	1.94868400	−1.12507300	−2.27331400
H	1.94868400	1.12507300	2.27331400
H	1.94868400	1.12507300	−2.27331400
H	0.00000000	2.25014700	2.27331400
H	0.00000000	2.25014700	−2.27331400

15 D_{5h} $C_{10}Ni_{15}H_{10}$

C	−1.35565100	1.86589400	1.30493200
C	1.35565100	1.86589400	1.30493200
C	2.19349000	−0.71270800	1.30493200
C	0.00000000	−2.30637200	1.30493200
C	−2.19349000	−0.71270800	1.30493200
Ni	0.00000000	2.12862700	2.49606800
Ni	−2.02444400	0.65778200	2.49606800
Ni	0.00000000	2.16606200	0.00000000
Ni	−2.06004700	0.66935000	0.00000000
Ni	2.02444400	0.65778200	2.49606800
Ni	2.06004700	0.66935000	0.00000000
Ni	1.25117500	−1.72209500	2.49606800
Ni	1.27317900	−1.75238100	0.00000000
Ni	−1.25117500	−1.72209500	2.49606800
Ni	−1.27317900	−1.75238100	0.00000000
H	−1.09141600	1.50220500	3.55185700
H	1.09141600	1.50220500	3.55185700
H	−1.76594800	−0.57379100	3.55185700
H	1.76594800	−0.57379100	3.55185700
H	0.00000000	−1.85682800	3.55185700
C	−1.35565100	1.86589400	−1.30493200
C	−2.19349000	−0.71270800	−1.30493200
C	0.00000000	−2.30637200	−1.30493200
C	2.19349000	−0.71270800	−1.30493200
C	1.35565100	1.86589400	−1.30493200
Ni	−2.02444400	0.65778200	−2.49606800
Ni	0.00000000	2.12862700	−2.49606800
Ni	−1.25117500	−1.72209500	−2.49606800
Ni	1.25117500	−1.72209500	−2.49606800
Ni	2.02444400	0.65778200	−2.49606800
H	−1.09141600	1.50220500	−3.55185700
H	−1.76594800	−0.57379100	−3.55185700
H	1.09141600	1.50220500	−3.55185700
H	0.00000000	−1.85682800	−3.55185700
H	1.76594800	−0.57379100	−3.55185700

16 D_{6h} $C_{12}Ni_{18}H_{12}$

C	2.74378400	0.00000000	1.30111100

C	1.37189200	−2.37618700	1.30111100
C	−1.37189200	−2.37618700	1.30111100
C	−2.74378400	0.00000000	1.30111100
C	−1.37189200	2.37618700	1.30111100
C	1.37189200	2.37618700	1.30111100
Ni	2.19744700	−1.26869700	2.46187100
Ni	2.19744700	1.26869700	2.46187100
Ni	0.00000000	−2.53739300	2.46187100
Ni	−2.19744700	−1.26869700	2.46187100
Ni	−2.19744700	1.26869700	2.46187100
Ni	0.00000000	2.53739300	2.46187100
H	2.18074400	0.00000000	3.50893700
H	1.09037200	−1.88858000	3.50893700
H	1.09037200	1.88858000	3.50893700
H	−1.09037200	−1.88858000	3.50893700
H	−2.18074400	0.00000000	3.50893700
H	−1.09037200	1.88858000	3.50893700
C	1.37189200	2.37618700	−1.30111100
C	−1.37189200	2.37618700	−1.30111100
C	−2.74378400	0.00000000	−1.30111100
C	−1.37189200	−2.37618700	−1.30111100
C	1.37189200	−2.37618700	−1.30111100
C	2.74378400	0.00000000	−1.30111100
Ni	0.00000000	2.53739300	−2.46187100
Ni	2.19744700	1.26869700	−2.46187100
Ni	0.00000000	2.61550400	0.00000000
Ni	2.26509300	1.30775200	0.00000000
Ni	−2.19744700	1.26869700	−2.46187100
Ni	−2.26509300	1.30775200	0.00000000
Ni	−2.19744700	−1.26869700	−2.46187100
Ni	−2.26509300	−1.30775200	0.00000000
Ni	0.00000000	−2.53739300	−2.46187100
Ni	0.00000000	−2.61550400	0.00000000
Ni	2.19744700	−1.26869700	−2.46187100
Ni	2.26509300	−1.30775200	0.00000000
H	1.09037200	1.88858000	−3.50893700
H	−1.09037200	1.88858000	−3.50893700
H	2.18074400	0.00000000	−3.50893700
H	−2.18074400	0.00000000	−3.50893700
H	−1.09037200	−1.88858000	−3.50893700
H	1.09037200	−1.88858000	−3.50893700

17 D_{4h} CNi$_4$Cl$_4$

C	0.00000000	0.00000000	0.00000000
Ni	0.00000000	1.79620000	0.00000000
Ni	1.79620000	0.00000000	0.00000000
Ni	0.00000000	−1.79620000	0.00000000
Ni	−1.79620000	0.00000000	0.00000000
Cl	−2.16368800	−2.16368800	0.00000000
Cl	2.16368800	2.16368800	0.00000000
Cl	−2.16368800	2.16368800	0.00000000
Cl	2.16368800	−2.16368800	0.00000000

18 D_{4h} CPd$_4$Cl$_4$

C	0.00000000	0.00000000	0.00000000
Cl	2.34955500	2.34955500	0.00000000
Cl	−2.34955500	2.34955500	0.00000000
Cl	−2.34955500	−2.34955500	0.00000000
Cl	2.34955500	−2.34955500	0.00000000
Pd	0.00000000	1.94104600	0.00000000
Pd	1.94104600	0.00000000	0.00000000
Pd	0.00000000	−1.94104600	0.00000000
Pd	−1.94104600	0.00000000	0.00000000

19 D_{4h} CPt$_4$Cl$_4$

C	0.00000000	0.00000000	0.00000000
Cl	2.35539500	−2.35539500	0.00000000
Cl	2.35539500	2.35539500	0.00000000
Cl	−2.35539500	2.35539500	0.00000000
Cl	−2.35539500	−2.35539500	0.00000000
Pt	0.00000000	1.97502400	0.00000000
Pt	1.97502400	0.00000000	0.00000000
Pt	0.00000000	−1.97502400	0.00000000
Pt	−1.97502400	0.00000000	0.00000000

20 D_{4h} SiNi$_4$Cl$_4$

Cl	2.19724300	−2.19724300	0.00000000
Cl	−2.19724300	−2.19724300	0.00000000
Cl	−2.19724300	2.19724300	0.00000000
Cl	2.19724300	2.19724300	0.00000000
Si	0.00000000	0.00000000	0.00000000
Ni	0.00000000	2.13441200	0.00000000
Ni	−2.13441200	0.00000000	0.00000000
Ni	0.00000000	−2.13441200	0.00000000
Ni	2.13441200	0.00000000	0.00000000

21 D_{4h} SiPd$_4$Cl$_4$

Si	0.00000000	0.00000000	0.00000000

Cl	2.36855700	2.36855700	0.00000000
Cl	−2.36855700	2.36855700	0.00000000
Cl	−2.36855700	−2.36855700	0.00000000
Cl	2.36855700	−2.36855700	0.00000000
Pd	0.00000000	2.21952800	0.00000000
Pd	2.21952800	0.00000000	0.00000000
Pd	0.00000000	−2.21952800	0.00000000
Pd	−2.21952800	0.00000000	0.00000000

22 D_{4h} $SiPt_4Cl_4$

Si	0.00000000	0.00000000	0.00000000
Cl	2.35117400	2.35117400	0.00000000
Cl	−2.35117400	2.35117400	0.00000000
Cl	−2.35117400	−2.35117400	0.00000000
Cl	2.35117400	−2.35117400	0.00000000
Pt	0.00000000	2.26034500	0.00000000
Pt	2.26034500	0.00000000	0.00000000
Pt	0.00000000	−2.26034500	0.00000000
Pt	−2.26034500	0.00000000	0.00000000

23 D_{4h} $GeNi_4Cl_4$

Cl	2.20696400	−2.20696400	0.00000000
Cl	−2.20696400	−2.20696400	0.00000000
Cl	−2.20696400	2.20696400	0.00000000
Cl	2.20696400	2.20696400	0.00000000
Ni	0.00000000	2.21506600	0.00000000
Ni	−2.21506600	0.00000000	0.00000000
Ni	0.00000000	−2.21506600	0.00000000
Ni	2.21506600	0.00000000	0.00000000
Ge	0.00000000	0.00000000	0.00000000

24 D_{4h} $GePd_4Cl_4$

Cl	2.37282200	2.37282200	0.00000000
Cl	−2.37282200	2.37282200	0.00000000
Cl	−2.37282200	−2.37282200	0.00000000
Cl	2.37282200	−2.37282200	0.00000000
Pd	0.00000000	2.31596400	0.00000000
Pd	2.31596400	0.00000000	0.00000000
Pd	0.00000000	−2.31596400	0.00000000
Pd	−2.31596400	0.00000000	0.00000000
Ge	0.00000000	0.00000000	0.00000000

25 D_{4h} $GePt_4Cl_4$

Cl	2.35242500	2.35242500	0.00000000
Cl	−2.35242500	2.35242500	0.00000000
Cl	−2.35242500	−2.35242500	0.00000000
Cl	2.35242500	−2.35242500	0.00000000
Pt	0.00000000	2.35035600	0.00000000
Pt	2.35035600	0.00000000	0.00000000
Pt	0.00000000	−2.35035600	0.00000000
Pt	−2.35035600	0.00000000	0.00000000
Ge	0.00000000	0.00000000	0.00000000

26 D_{2h} $Si_2Ni_6Cl_6$

Ni	0.00000000	1.37019600	0.00000000
Ni	0.00000000	−1.37019600	0.00000000
Ni	0.00000000	−1.43928400	3.28057400
Ni	0.00000000	1.43928400	−3.28057400
Ni	0.00000000	−1.43928400	−3.28057400
Si	0.00000000	0.00000000	1.70377900
Si	0.00000000	0.00000000	−1.70377900
Cl	0.00000000	−2.95398000	1.74206300
Cl	0.00000000	2.95398000	1.74206300
Cl	0.00000000	2.95398000	−1.74206300
Cl	0.00000000	−2.95398000	−1.74206300
Ni	0.00000000	1.43928400	3.28057400
Cl	0.00000000	0.00000000	4.93397800
Cl	0.00000000	0.00000000	−4.93397800

27 C_{2v} $Si_3Ni_8Cl_8$

Cl	0.00000000	6.44596400	−1.01133500
Cl	2.93873900	3.38420500	−0.00570800
Cl	2.63461400	0.00000000	1.19401300
Cl	2.93873900	−3.38420500	−0.00570800
Cl	−2.93873900	3.38420500	−0.00570800
Cl	−2.63461400	0.00000000	1.19401300
Cl	−2.93873900	−3.38420500	−0.00570800
Cl	0.00000000	−6.44596400	−1.01133500
Si	0.00000000	3.37156000	−0.12778400
Si	0.00000000	0.00000000	0.51336000
Si	0.00000000	−3.37156000	−0.12778400
Ni	−1.32596400	−1.73408300	0.42349000
Ni	1.45343700	−4.88131900	−0.50770400
Ni	−1.45343700	−4.88131900	−0.50770400
Ni	1.32596400	−1.73408300	0.42349000
Ni	−1.32596400	1.73408300	0.42349000
Ni	1.32596400	1.73408300	0.42349000

Ni	1.45343700	4.88131900	−0.50770400
Ni	−1.45343700	4.88131900	−0.50770400

28 C_{2v} Si$_4$Ni$_{10}$Cl$_{10}$

Ni	−1.32673700	3.42613400	−0.34493900
Ni	1.32673700	3.42613400	−0.34493900
Ni	1.28472900	0.00000000	−1.08209500
Ni	−1.28472900	0.00000000	−1.08209500
Ni	1.45337000	6.40110800	1.03895100
Ni	−1.45337000	6.40110800	1.03895100
Si	0.00000000	1.73632100	−0.75152500
Si	0.00000000	4.96608300	0.43508300
Cl	−2.93902700	4.99076000	0.33202700
Cl	0.00000000	7.87917800	1.75743500
Cl	2.93902700	4.99076000	0.33202700
Cl	2.66050000	1.82096200	−1.33238600
Cl	−2.66050000	1.82096200	−1.33238600
Ni	1.32673700	−3.42613400	−0.34493900
Ni	−1.32673700	−3.42613400	−0.34493900
Si	0.00000000	−4.96608300	0.43508300
Cl	2.93902700	−4.99076000	0.33202700
Cl	−2.93902700	−4.99076000	0.33202700
Ni	−1.45337000	−6.40110800	1.03895100
Ni	1.45337000	−6.40110800	1.03895100
Cl	−2.66050000	−1.82096200	−1.33238600
Cl	2.66050000	−1.82096200	−1.33238600
Si	0.00000000	−1.73632100	−0.75152500
Cl	0.00000000	−7.87917800	1.75743500

29 C_{2v} Si$_5$Ni$_{12}$Cl$_{12}$

Ni	1.32720100	5.00467800	0.11672900
Ni	−1.32720100	5.00467800	0.11672900
Ni	−1.28669200	1.76674300	1.44344100
Ni	1.28669200	1.76674300	1.44344100
Ni	−1.45245000	7.67897100	−1.78744500
Ni	1.45245000	7.67897100	−1.78744500
Si	0.00000000	3.41712300	0.82145000
Si	0.00000000	6.38019600	−0.92717700
Cl	2.93867000	6.41955800	−0.83916700
Cl	0.00000000	9.00208500	−2.76331900
Cl	−2.93867000	6.41955800	−0.83916700
Cl	−2.66770800	3.59711200	1.36109600
Cl	2.66770800	3.59711200	1.36109600

Ni	−1.28669200	−1.76674300	1.44344100
Ni	1.28669200	−1.76674300	1.44344100
Si	0.00000000	−3.41712300	0.82145000
Cl	−2.66770800	−3.59711200	1.36109600
Cl	2.66770800	−3.59711200	1.36109600
Ni	1.32720100	−5.00467800	0.11672900
Ni	−1.32720100	−5.00467800	0.11672900
Cl	2.66994500	0.00000000	1.95920000
Cl	−2.66994500	0.00000000	1.95920000
Si	0.00000000	0.00000000	1.44742800
Si	0.00000000	−6.38019600	−0.92717700
Ni	1.45245000	−7.67897100	−1.78744500
Ni	−1.45245000	−7.67897100	−1.78744500
Cl	2.93867000	−6.41955800	−0.83916700
Cl	−2.93867000	−6.41955800	−0.83916700
Cl	0.00000000	−9.00208500	−2.76331900

30 C_{2v} Si$_6$Ni$_{14}$Cl$_{14}$

Ni	−1.28693100	3.48580600	−1.50687300
Ni	1.28693100	3.48580600	−1.50687300
Ni	1.28841400	0.00000000	−2.06816800
Ni	−1.28841400	0.00000000	−2.06816800
Ni	1.32684900	6.49273500	0.28478200
Ni	−1.32684900	6.49273500	0.28478200
Si	0.00000000	1.74149300	−1.78694600
Si	0.00000000	5.02639900	−0.64732800
Cl	−2.66186500	5.29187100	−1.16565800
Cl	2.66186500	5.29187100	−1.16565800
Cl	2.67795600	1.82157500	−2.27439100
Cl	−2.67795600	1.82157500	−2.27439100
Ni	1.28693100	−3.48580600	−1.50687300
Ni	−1.28693100	−3.48580600	−1.50687300
Si	0.00000000	−5.02639900	−0.64732800
Cl	2.66186500	−5.29187100	−1.16565800
Cl	−2.66186500	−5.29187100	−1.16565800
Ni	−1.32684900	−6.49273500	0.28478200
Ni	1.32684900	−6.49273500	0.28478200
Cl	−2.67795600	−1.82157500	−2.27439100
Cl	2.67795600	−1.82157500	−2.27439100
Si	0.00000000	−1.74149300	−1.78694600
Si	0.00000000	−7.69495900	1.52409400
Ni	−1.45266800	−8.85166700	2.56718400
Ni	1.45266800	−8.85166700	2.56718400

Cl	−2.93856500	−7.75300000	1.43540000
Cl	2.93856500	−7.75300000	1.43540000
Cl	0.00000000	−10.00948600	3.73435700
Si	0.00000000	7.69495900	1.52409400
Ni	−1.45266800	8.85166700	2.56718400
Ni	1.45266800	8.85166700	2.56718400
Cl	−2.93856500	7.75300000	1.43540000
Cl	2.93856500	7.75300000	1.43540000
Cl	0.00000000	10.00948600	3.73435700

31 C_{2v} Si$_7$Ni$_{16}$Cl$_{16}$

Ni	1.28698800	5.09646500	1.44047300
Ni	−1.28698800	5.09646500	1.44047300
Ni	−1.28874500	1.76320700	2.60299800
Ni	1.28874500	1.76320700	2.60299800
Ni	−1.32681000	7.71985600	−0.87570000
Ni	1.32681000	7.71985600	−0.87570000
Si	0.00000000	3.43061600	2.02806500
Si	0.00000000	6.45237800	0.31224300
Cl	2.66441700	6.80455300	0.76856100
Cl	−2.66441700	6.80455300	0.76856100
Cl	−2.67539000	3.59626200	2.49852700
Cl	2.67539000	3.59626200	2.49852700
Ni	−1.28874500	−1.76320700	2.60299800
Ni	1.28874500	−1.76320700	2.60299800
Si	0.00000000	−3.43061600	2.02806500
Cl	−2.67539000	−3.59626200	2.49852700
Cl	2.67539000	−3.59626200	2.49852700
Ni	1.28698800	−5.09646500	1.44047300
Ni	−1.28698800	−5.09646500	1.44047300
Cl	2.68216700	0.00000000	3.09462500
Cl	−2.68216700	0.00000000	3.09462500
Si	0.00000000	0.00000000	2.61053300
Si	0.00000000	−6.45237800	0.31224300
Ni	1.32681000	−7.71985600	−0.87570000
Ni	−1.32681000	−7.71985600	−0.87570000
Cl	2.66441700	−6.80455300	0.76856100
Cl	−2.66441700	−6.80455300	0.76856100
Si	0.00000000	8.66706200	−2.31981200
Ni	1.45266200	9.60392500	−3.56403400
Ni	−1.45266200	9.60392500	−3.56403400
Cl	2.93809200	8.74648400	−2.24003200
Cl	−2.93809200	8.74648400	−2.24003200

Si	0.00000000	−8.66706200	−2.31981200
Ni	−1.45266200	−9.60392500	−3.56403400
Ni	1.45266200	−9.60392500	−3.56403400
Cl	−2.93809200	−8.74648400	−2.24003200
Cl	2.93809200	−8.74648400	−2.24003200
Cl	0.00000000	−10.51057100	−4.93520500
Cl	0.00000000	10.51057100	−4.93520500

32 C_{2v} Si$_8$Ni$_{18}$Cl$_{18}$

Ni	−1.28841200	3.48904900	−2.64365000
Ni	1.28841200	3.48904900	−2.64365000
Ni	1.28866200	0.00000000	−3.17822400
Ni	−1.28866200	0.00000000	−3.17822400
Ni	1.28678900	6.66089700	−1.08771000
Ni	−1.28678900	6.66089700	−1.08771000
Si	0.00000000	1.74511700	−2.91410000
Si	0.00000000	5.07322300	−1.86448300
Cl	−2.68248500	5.28282800	−2.28722100
Cl	2.68248500	5.28282800	−2.28722100
Cl	2.68513900	1.81608100	−3.37444900
Cl	−2.68513900	1.81608100	−3.37444900
Ni	1.28841200	−3.48904900	−2.64365000
Ni	−1.28841200	−3.48904900	−2.64365000
Si	0.00000000	−5.07322300	−1.86448300
Cl	2.68248500	−5.28282800	−2.28722100
Cl	−2.68248500	−5.28282800	−2.28722100
Ni	−1.28678900	−6.66089700	−1.08771000
Ni	1.28678900	−6.66089700	−1.08771000
Cl	−2.68513900	−1.81608100	−3.37444900
Cl	2.68513900	−1.81608100	−3.37444900
Si	0.00000000	−1.74511700	−2.91410000
Si	0.00000000	−7.90187000	0.16781800
Ni	−1.32615200	−9.05377000	1.47013800
Ni	1.32615200	−9.05377000	1.47013800
Cl	−2.66597900	−8.29015500	−0.24606600
Cl	2.66597900	−8.29015500	−0.24606600
Si	0.00000000	7.90187000	0.16781800
Ni	−1.32615200	9.05377000	1.47013800
Ni	1.32615200	9.05377000	1.47013800
Cl	−2.66597900	8.29015500	−0.24606600
Cl	2.66597900	8.29015500	−0.24606600
Cl	−2.93720100	9.95965000	2.91808500
Cl	2.93720100	9.95965000	2.91808500

Ni	−1.45249300	10.68738600	4.31842400
Ni	1.45249300	10.68738600	4.31842400
Si	0.00000000	9.86783700	2.99383900
Si	0.00000000	−9.86783700	2.99383900
Ni	1.45249300	−10.68738600	4.31842400
Ni	−1.45249300	−10.68738600	4.31842400
Cl	2.93720100	−9.95965000	2.91808500
Cl	−2.93720100	−9.95965000	2.91808500
Cl	0.00000000	−11.46096900	5.76894700
Cl	0.00000000	11.46096900	5.76894700

33 D_{2h} Ge$_2$Ni$_6$Cl$_6$

Ni	1.51377900	3.30546000	0.00000000
Ni	−1.51377900	3.30546000	0.00000000
Ni	1.52639500	0.00000000	0.00000000
Ni	−1.52639500	0.00000000	0.00000000
Cl	0.00000000	−4.89910600	0.00000000
Cl	3.05221600	−1.78572200	0.00000000
Cl	3.05221600	1.78572200	0.00000000
Cl	−3.05221600	−1.78572200	0.00000000
Cl	−3.05221600	1.78572200	0.00000000
Ge	0.00000000	−1.68244100	0.00000000
Ge	0.00000000	1.68244100	0.00000000
Ni	−1.51377900	−3.30546000	0.00000000
Ni	1.51377900	−3.30546000	0.00000000
Cl	0.00000000	4.89910600	0.00000000

34 D_{2h} Ge$_3$Ni$_8$Cl$_8$

Ni	1.41550900	1.77705300	0.00000000
Ni	−1.41550900	1.77705300	0.00000000
Ni	1.41550900	−1.77705300	0.00000000
Ni	−1.41550900	−1.77705300	0.00000000
Cl	0.00000000	−6.77829700	0.00000000
Cl	2.96783300	−3.57595200	0.00000000
Cl	2.85574600	0.00000000	0.00000000
Cl	2.96783300	3.57595200	0.00000000
Cl	−2.96783300	−3.57595200	0.00000000
Cl	−2.85574600	0.00000000	0.00000000
Cl	−2.96783300	3.57595200	0.00000000
Cl	0.00000000	6.77829700	0.00000000
Ge	0.00000000	−3.54554500	0.00000000
Ge	0.00000000	0.00000000	0.00000000
Ge	0.00000000	3.54554500	0.00000000

Ni	−1.49961600	−5.17085500	0.00000000
Ni	1.49961600	−5.17085500	0.00000000
Ni	1.49961600	5.17085500	0.00000000
Ni	−1.49961600	5.17085500	0.00000000

35 D_{2h} Ge$_4$Ni$_{10}$Cl$_{10}$

Ni	1.35888900	0.00000000	0.00000000
Ni	−1.35888900	0.00000000	0.00000000
Ni	1.41187500	3.60058800	0.00000000
Ni	−1.41187500	3.60058800	0.00000000
Cl	0.00000000	8.59131300	0.00000000
Cl	2.97013800	5.38693100	0.00000000
Cl	2.81185900	1.78700900	0.00000000
Cl	2.81185900	−1.78700900	0.00000000
Cl	−2.97013800	5.38693100	0.00000000
Cl	−2.81185900	1.78700900	0.00000000
Cl	−2.81185900	−1.78700900	0.00000000
Ge	0.00000000	5.36708800	0.00000000
Ge	0.00000000	1.82060900	0.00000000
Ge	0.00000000	−1.82060900	0.00000000
Ni	−1.50417500	6.98716500	0.00000000
Ni	1.50417500	6.98716500	0.00000000
Ni	1.41187500	−3.60058800	0.00000000
Ni	−1.41187500	−3.60058800	0.00000000
Ge	0.00000000	−5.36708800	0.00000000
Ni	1.50417500	−6.98716500	0.00000000
Ni	−1.50417500	−6.98716500	0.00000000
Cl	−2.97013800	−5.38693100	0.00000000
Cl	2.97013800	−5.38693100	0.00000000
Cl	0.00000000	−8.59131300	0.00000000

36 D_{2h} Ge$_5$Ni$_{12}$Cl$_{12}$

Ni	1.35629500	1.82297700	0.00000000
Ni	−1.35629500	1.82297700	0.00000000
Cl	0.00000000	10.40460300	0.00000000
Cl	2.97226300	7.20366400	0.00000000
Cl	2.81484000	−3.60028100	0.00000000
Cl	−2.97226300	7.20366400	0.00000000
Cl	−2.81484000	−3.60028100	0.00000000
Ge	0.00000000	7.18244400	0.00000000
Ge	0.00000000	−3.64056000	0.00000000
Ni	−1.50496100	8.80186000	0.00000000
Ni	1.50496100	8.80186000	0.00000000

Ni	1.41437800	−5.41780600	0.00000000
Ni	−1.41437800	−5.41780600	0.00000000
Ge	0.00000000	−7.18244400	0.00000000
Ni	1.50496100	−8.80186000	0.00000000
Ni	−1.50496100	−8.80186000	0.00000000
Cl	−2.97226300	−7.20366400	0.00000000
Cl	2.97226300	−7.20366400	0.00000000
Cl	0.00000000	−10.40460300	0.00000000
Ni	1.35629500	−1.82297700	0.00000000
Ni	−1.35629500	−1.82297700	0.00000000
Ni	1.41437800	5.41780600	0.00000000
Ni	−1.41437800	5.41780600	0.00000000
Cl	−2.77040900	0.00000000	0.00000000
Cl	−2.81484000	3.60028100	0.00000000
Cl	2.81484000	3.60028100	0.00000000
Cl	2.77040900	0.00000000	0.00000000
Ge	0.00000000	0.00000000	0.00000000
Ge	0.00000000	3.64056000	0.00000000

37 D_{2h} Ge$_6$Ni$_{14}$Cl$_{14}$

Ni	1.35394500	0.00000000	0.00000000
Ni	−1.35394500	0.00000000	0.00000000
Ni	1.41482500	7.23284300	0.00000000
Ni	−1.41482500	7.23284300	0.00000000
Cl	0.00000000	12.21953500	0.00000000
Cl	2.97248000	9.01894300	0.00000000
Cl	2.81699900	5.41633700	0.00000000
Cl	2.81699900	−5.41633700	0.00000000
Cl	−2.97248000	9.01894300	0.00000000
Cl	−2.81699900	5.41633700	0.00000000
Cl	−2.81699900	−5.41633700	0.00000000
Ge	0.00000000	8.99732600	0.00000000
Ge	0.00000000	5.45605300	0.00000000
Ge	0.00000000	−5.45605300	0.00000000
Ni	−1.50493800	10.61679500	0.00000000
Ni	1.50493800	10.61679500	0.00000000
Ni	1.41482500	−7.23284300	0.00000000
Ni	−1.41482500	−7.23284300	0.00000000
Ge	0.00000000	−8.99732600	0.00000000
Ni	1.50493800	−10.61679500	0.00000000
Ni	−1.50493800	−10.61679500	0.00000000
Cl	−2.97248000	−9.01894300	0.00000000
Cl	2.97248000	−9.01894300	0.00000000

Cl	0.00000000	−12.21953500	0.00000000
Ni	1.35839800	−3.64049700	0.00000000
Ni	−1.35839800	−3.64049700	0.00000000
Ni	1.35839800	3.64049700	0.00000000
Ni	−1.35839800	3.64049700	0.00000000
Cl	−2.77363500	−1.81325200	0.00000000
Cl	−2.77363500	1.81325200	0.00000000
Cl	2.77363500	1.81325200	0.00000000
Cl	2.77363500	−1.81325200	0.00000000
Ge	0.00000000	−1.81962800	0.00000000
Ge	0.00000000	1.81962800	0.00000000

38 D_{2h} Ge$_7$Ni$_{16}$Cl$_{16}$

Ni	1.35601200	1.81752200	0.00000000
Ni	−1.35601200	1.81752200	0.00000000
Ni	1.35864100	−5.45569900	0.00000000
Ni	−1.35864100	−5.45569900	0.00000000
Cl	2.81696200	−7.23185000	0.00000000
Cl	2.77559400	−3.62949200	0.00000000
Cl	2.81696200	7.23185000	0.00000000
Cl	−2.81696200	−7.23185000	0.00000000
Cl	−2.77559400	−3.62949200	0.00000000
Cl	−2.81696200	7.23185000	0.00000000
Ge	0.00000000	−7.27131600	0.00000000
Ge	0.00000000	−3.63516200	0.00000000
Ge	0.00000000	7.27131600	0.00000000
Ni	−1.41475600	−9.04814300	0.00000000
Ni	1.41475600	−9.04814300	0.00000000
Ni	1.41475600	9.04814300	0.00000000
Ni	−1.41475600	9.04814300	0.00000000
Ge	0.00000000	10.81275200	0.00000000
Ni	1.50488400	12.43225100	0.00000000
Ni	−1.50488400	12.43225100	0.00000000
Cl	−2.97233200	10.83432400	0.00000000
Cl	2.97233200	10.83432400	0.00000000
Cl	0.00000000	14.03503600	0.00000000
Ni	1.35864100	5.45569900	0.00000000
Ni	−1.35864100	5.45569900	0.00000000
Ni	1.35601200	−1.81752200	0.00000000
Ni	−1.35601200	−1.81752200	0.00000000
Cl	−2.77559400	3.62949200	0.00000000
Cl	−2.77675800	0.00000000	0.00000000
Cl	2.77675800	0.00000000	0.00000000

Cl	2.77559400	3.62949200	0.00000000
Ge	0.00000000	3.63516200	0.00000000
Ge	0.00000000	0.00000000	0.00000000
Ge	0.00000000	−10.81275200	0.00000000
Ni	−1.50488400	−12.43225100	0.00000000
Ni	1.50488400	−12.43225100	0.00000000
Cl	0.00000000	−14.03503600	0.00000000
Cl	2.97233200	−10.83432400	0.00000000
Cl	−2.97233200	−10.83432400	0.00000000

39 D_{2h} Ge8Ni18Cl18

Ni	1.35626800	3.63277300	0.00000000
Ni	−1.35626800	3.63277300	0.00000000
Ni	1.35626800	−3.63277300	0.00000000
Ni	−1.35626800	−3.63277300	0.00000000
Cl	2.77560700	−5.44496400	0.00000000
Cl	2.77866800	−1.81625000	0.00000000
Cl	2.81688700	9.04717700	0.00000000
Cl	−2.77560700	−5.44496400	0.00000000
Cl	−2.77866800	−1.81625000	0.00000000
Cl	−2.81688700	9.04717700	0.00000000
Ge	0.00000000	−5.45043400	0.00000000
Ge	0.00000000	−1.81554500	0.00000000
Ge	0.00000000	9.08667700	0.00000000
Ni	−1.35860600	−7.27097900	0.00000000
Ni	1.35860600	−7.27097900	0.00000000
Ni	1.41469900	10.86351000	0.00000000
Ni	−1.41469900	10.86351000	0.00000000
Ge	0.00000000	12.62817600	0.00000000
Ni	1.50492500	14.24762500	0.00000000
Ni	−1.50492500	14.24762500	0.00000000
Cl	−2.97232600	12.64964600	0.00000000
Cl	2.97232600	12.64964600	0.00000000
Cl	0.00000000	15.85036400	0.00000000
Ni	1.35860600	7.27097900	0.00000000
Ni	−1.35860600	7.27097900	0.00000000
Ni	1.35808500	0.00000000	0.00000000
Ni	−1.35808500	0.00000000	0.00000000
Cl	−2.77560700	5.44496400	0.00000000
Cl	−2.77866800	1.81625000	0.00000000
Cl	2.77866800	1.81625000	0.00000000
Cl	2.77560700	5.44496400	0.00000000
Ge	0.00000000	5.45043400	0.00000000

Ge	0.00000000	1.81554500	0.00000000
Ge	0.00000000	−9.08667700	0.00000000
Ni	−1.41469900	−10.86351000	0.00000000
Ni	1.41469900	−10.86351000	0.00000000
Cl	2.81688700	−9.04717700	0.00000000
Cl	−2.81688700	−9.04717700	0.00000000
Ge	0.00000000	−12.62817600	0.00000000
Ni	1.50492500	−14.24762500	0.00000000
Ni	−1.50492500	−14.24762500	0.00000000
Cl	2.97232600	−12.64964600	0.00000000
Cl	−2.97232600	−12.64964600	0.00000000
Cl	0.00000000	−15.85036400	0.00000000

40A D_{4h} Si4Ni8Cl8

Si	0.00000000	2.13367400	0.00000000
Si	2.13367400	0.00000000	0.00000000
Si	0.00000000	−2.13367400	0.00000000
Si	−2.13367400	0.00000000	0.00000000
Ni	−1.59287200	−1.59287200	1.37165100
Ni	1.59287200	−1.59287200	1.37165100
Ni	−1.59287200	1.59287200	1.37165100
Ni	1.59287200	1.59287200	1.37165100
Ni	−1.59287200	−1.59287200	−1.37165100
Ni	1.59287200	−1.59287200	−1.37165100
Ni	−1.59287200	1.59287200	−1.37165100
Ni	1.59287200	1.59287200	−1.37165100
Cl	0.00000000	−2.68269700	2.68319300
Cl	−2.68269700	0.00000000	2.68319300
Cl	2.68269700	0.00000000	2.68319300
Cl	0.00000000	2.68269700	2.68319300
Cl	−2.68269700	0.00000000	−2.68319300
Cl	0.00000000	−2.68269700	−2.68319300
Cl	0.00000000	2.68269700	−2.68319300
Cl	2.68269700	0.00000000	−2.68319300

40B D_{2d} Si4Ni8Cl8

Si	0.00000000	2.09660000	0.65116700
Si	2.09660000	0.00000000	−0.65116700
Si	0.00000000	−2.09660000	0.65116700
Si	−2.09660000	0.00000000	−0.65116700
Ni	−1.98311200	−1.28540000	1.16610200
Ni	1.98311200	−1.28540000	1.16610200
Ni	−1.98311200	1.28540000	1.16610200

Ni	1.98311200	1.28540000	1.16610200
Ni	−1.28540000	−1.98311200	−1.16610200
Ni	1.28540000	−1.98311200	−1.16610200
Ni	−1.28540000	1.98311200	−1.16610200
Ni	1.28540000	1.98311200	−1.16610200
Cl	0.00000000	−3.98779600	1.56678200
Cl	−2.68470200	0.00000000	2.84337600
Cl	2.68470200	0.00000000	2.84337600
Cl	0.00000000	3.98779600	1.56678200
Cl	−3.98779600	0.00000000	−1.56678200
Cl	0.00000000	−2.68470200	−2.84337600
Cl	0.00000000	2.68470200	−2.84337600
Cl	3.98779600	0.00000000	−1.56678200

41A　D_{4h} Ge$_4$Ni$_8$Cl$_8$

Ni	1.58139100	1.58139100	1.49739300
Ni	−1.58139100	1.58139100	1.49739300
Ni	1.58139100	−1.58139100	1.49739300
Ni	−1.58139100	−1.58139100	1.49739300
Ni	1.58139100	1.58139100	−1.49739300
Ni	−1.58139100	1.58139100	−1.49739300
Ni	1.58139100	−1.58139100	−1.49739300
Ni	−1.58139100	−1.58139100	−1.49739300
Cl	0.00000000	2.62092100	2.82388300
Cl	2.62092100	0.00000000	2.82388300
Cl	−2.62092100	0.00000000	2.82388300
Cl	0.00000000	−2.62092100	2.82388300
Cl	2.62092100	0.00000000	−2.82388300
Cl	0.00000000	2.62092100	−2.82388300
Cl	0.00000000	−2.62092100	−2.82388300
Cl	−2.62092100	0.00000000	−2.82388300
Ge	0.00000000	2.24118700	0.00000000
Ge	0.00000000	−2.24118700	0.00000000
Ge	−2.24118700	0.00000000	0.00000000
Ge	2.24118700	0.00000000	0.00000000

41B　D_{2d} Ge$_4$Ni$_8$Cl$_8$

Ni	−2.10191000	−1.30268900	1.14754600
Ni	2.10191000	−1.30268900	1.14754600
Ni	−2.10191000	1.30268900	1.14754600
Ni	2.10191000	1.30268900	1.14754600
Ni	−1.30268900	−2.10191000	−1.14754600
Ni	1.30268900	−2.10191000	−1.14754600
Ni	−1.30268900	2.10191000	−1.14754600
Ni	1.30268900	2.10191000	−1.14754600
Cl	0.00000000	−4.13334000	1.70573000
Cl	−2.89436900	0.00000000	2.76008500
Cl	2.89436900	0.00000000	2.76008500
Cl	0.00000000	4.13334000	1.70573000
Cl	−4.13334000	0.00000000	−1.70573000
Cl	0.00000000	−2.89436900	−2.76008500
Cl	0.00000000	2.89436900	−2.76008500
Cl	4.13334000	0.00000000	−1.70573000
Ge	0.00000000	2.11889100	0.79231400
Ge	0.00000000	−2.11889100	0.79231400
Ge	−2.11889100	0.00000000	−0.79231400
Ge	2.11889100	0.00000000	−0.79231400

42　C_{2v} Si$_4$Ni$_8$Cl$_4$

Ni	−1.25424700	2.01399300	1.13547700
Ni	−1.25424700	−2.01399300	1.13547700
Ni	1.25424700	2.01399300	1.13547700
Ni	1.25424700	−2.01399300	1.13547700
Ni	−2.00844600	1.33166100	−1.14202000
Ni	−2.00844600	−1.33166100	−1.14202000
Ni	2.00844600	1.33166100	−1.14202000
Ni	2.00844600	−1.33166100	−1.14202000
Cl	0.00000000	2.66532300	2.87523500
Cl	0.00000000	−2.66532300	2.87523500
Cl	−2.80719900	0.00000000	−2.74501900
Cl	2.80719900	0.00000000	−2.74501900
Si	1.86258200	0.00000000	0.59251400
Si	−1.86258200	0.00000000	0.59251400
Si	0.00000000	2.08888600	−0.72446400
Si	0.00000000	−2.08888600	−0.72446400

43　C_{2v} Ge$_4$Ni$_8$Cl$_4$

Ni	1.34721800	−2.09181100	1.11511500
Ni	1.34721800	2.09181100	1.11511500
Ni	−1.34721800	−2.09181100	1.11511500
Ni	−1.34721800	2.09181100	1.11511500
Ni	2.11924800	−1.25872900	−1.13676300
Ni	2.11924800	1.25872900	−1.13676300
Ni	−2.11924800	−1.25872900	−1.13676300
Ni	−2.11924800	1.25872900	−1.13676300
Cl	0.00000000	−2.89349100	2.69045900
Cl	0.00000000	2.89349100	2.69045900

Cl	2.85862100	0.00000000	−2.83351600
Cl	−2.85862100	0.00000000	−2.83351600
Ge	2.19641000	0.00000000	0.83328300
Ge	−2.19641000	0.00000000	0.83328300
Ge	0.00000000	1.92889000	−0.71940100
Ge	0.00000000	−1.92889000	−0.71940100

第 4 章

1A C_{2v} CBe$_5$H$_2$$^{2-}$

C	0.00000000	0.00000000	0.05351800
H	0.00000000	2.35274500	−0.75401600
H	0.00000000	−2.35274500	−0.75401600
Be	0.00000000	1.61708600	0.58568300
Be	0.00000000	0.00000000	1.78301400
Be	0.00000000	0.97701600	−1.32882500
Be	0.00000000	−0.97701600	−1.32882500
Be	0.00000000	−1.61708600	0.58568300

2A C_{2v} CBe$_5$H$_3$$^-$

C	0.00000000	0.04384600	0.00000000
H	1.38871000	−2.02188900	0.00000000
H	−1.38871000	−2.02188900	0.00000000
H	0.00000000	2.52254300	0.00000000
Be	1.62886800	−0.45409600	0.00000000
Be	1.01304800	1.40326000	0.00000000
Be	0.00000000	−1.58378700	0.00000000
Be	−1.62886800	−0.45409600	0.00000000
Be	−1.01304800	1.40326000	0.00000000

3A C_{2v} CBe$_5$H$_4$

C	0.00000000	0.06097200	0.00000000
H	1.44049300	−1.95524600	0.00000000
H	−1.44049300	−1.95524600	0.00000000
H	−2.39279700	0.73797200	0.00000000
H	2.39279700	0.73797200	0.00000000
Be	0.00000000	−1.58097800	0.00000000
Be	1.56023800	−0.43486800	0.00000000
Be	−1.56023800	−0.43486800	0.00000000
Be	−0.97480100	1.48394600	0.00000000
Be	0.97480100	1.48394600	0.00000000

4A C_{5v} CBe$_5$H$_5$$^+$

C	0.00000000	0.00000000	0.11177500

H	1.45195600	1.99844600	−0.10719100
H	−1.45195600	1.99844600	−0.10719100
H	−2.34931400	−0.76333800	−0.10719100
H	0.00000000	−2.47021500	−0.10719100
H	2.34931400	−0.76333800	−0.10719100
Be	0.00000000	1.66125800	−0.00673500
Be	1.57995100	0.51335700	−0.00673500
Be	−1.57995100	0.51335700	−0.00673500
Be	−0.97646300	−1.34398600	−0.00673500
Be	0.97646300	−1.34398600	−0.00673500

5A D_{5h} CBe$_5$F$_5$$^+$

C	0.00000000	0.00000000	0.00000000
Be	0.00000000	1.69883000	0.00000000
Be	1.61568400	0.52496700	0.00000000
Be	0.99854700	−1.37438300	0.00000000
Be	−0.99854700	−1.37438300	0.00000000
Be	−1.61568400	0.52496700	0.00000000
F	−2.44954200	−0.79590400	0.00000000
F	−1.51390000	2.08370500	0.00000000
F	1.51390000	2.08370500	0.00000000
F	2.44954200	−0.79590400	0.00000000
F	0.00000000	−2.57560100	0.00000000

6A C_2 CBe$_5$Cl$_5$$^+$

C	0.00115900	0.00758600	0.00031500
Be	0.35147500	−1.66058300	−0.29187400
Be	−1.46670800	−0.86688000	0.26783000
Be	−1.29651400	1.14267700	−0.13927700
Be	0.70614300	1.58679300	−0.03866200
Be	1.70723000	−0.19137800	0.20292000
Cl	2.66079000	1.53958900	0.21841200
Cl	2.28254700	−2.05134200	−0.11834600
Cl	−1.23866700	−2.80588600	−0.03249900
Cl	−3.05568700	0.30652000	0.17009700
Cl	−0.64977500	3.00594200	−0.23799500

7A C_2 CBe$_5$Br$_5$$^+$

C	0.00000000	0.00000000	−0.01229600
Be	−0.54409400	−0.89538100	1.36594500
Be	0.54409400	0.89538100	1.36594500
Be	0.00000000	1.66262000	−0.49835500
Be	0.00000000	0.00000000	−1.74583800

Be	0.00000000	−1.66262000	−0.49835500
Br	0.13621400	−1.94042800	−2.61113800
Br	−0.72146900	−2.99675300	0.99805900
Br	0.00000000	0.00000000	3.22948400
Br	0.72146900	2.99675300	0.99805900
Br	−0.13621400	1.94042800	−2.61113800

8A D_{5h} CBe₅Li₅⁺

Li	0.00000000	−3.69911800	0.00000000
Li	−3.51807100	−1.14309000	0.00000000
Li	3.51807100	−1.14309000	0.00000000
Li	2.17428700	2.99265000	0.00000000
Li	−2.17428700	2.99265000	0.00000000
C	0.00000000	0.00000000	0.00000000
Be	0.00000000	1.69551600	0.00000000
Be	−1.61253200	0.52394300	0.00000000
Be	−0.99660000	−1.37170200	0.00000000
Be	0.99660000	−1.37170200	0.00000000
Be	1.61253200	0.52394300	0.00000000

9A D_{5h} CBe₅Na₅⁺

Be	0.00000000	1.70302600	0.00000000
Be	1.61979700	0.52631200	0.00000000
Be	1.00121000	−1.37781200	0.00000000
Be	−1.00088200	−1.37791700	0.00000000
Na	3.79860700	−1.23388700	0.00000000
Na	2.34717100	3.23146000	0.00000000
Na	−2.34777400	3.23100300	0.00000000
Na	−3.79834400	−1.23450000	0.00000000
Na	0.00014700	−3.99396100	0.00000000
C	0.00006700	−0.00006100	0.00000000
Be	−1.61969700	0.52616200	0.00000000

10A D_{5h} CBe₅K₅⁺

C	0.00000000	−0.00009500	0.00000000
Be	0.00000000	−1.71267300	0.00000000
Be	1.62872600	−0.52931400	0.00000000
Be	1.00661600	1.38539700	0.00000000
Be	−1.00661600	1.38539700	0.00000000
Be	−1.62872600	−0.52931400	0.00000000
K	−4.25924800	1.38408900	0.00000000
K	4.25924800	1.38408900	0.00000000
K	2.63249100	−3.62327800	0.00000000

K	−2.63249100	−3.62327800	0.00000000
K	0.00000000	4.47851500	0.00000000

11 C_{2v} CBe₅Au₂²⁻

Be	1.60417800	1.47451800	0.00000000
Be	0.97105700	−0.63379900	0.00000000
Be	0.00000000	2.60698300	0.00000000
Be	−1.60417800	1.47451800	0.00000000
Be	−0.97105700	−0.63379900	0.00000000
C	0.00000000	0.81982900	0.00000000
Au	3.18958100	−0.13970000	0.00000000
Au	−3.18958100	−0.13970000	0.00000000

12A C_{2v} CBe₅Au₃⁻

Be	1.08603800	1.97886500	0.00000000
Be	−1.08603800	1.97886500	0.00000000
Be	1.70402300	0.16417500	0.00000000
Be	0.00000000	−1.07564200	0.00000000
Be	−1.70402300	0.16417500	0.00000000
C	0.00000000	0.59072300	0.00000000
Au	2.01736100	−2.07166100	0.00000000
Au	0.00000000	3.93590300	0.00000000
Au	−2.01736100	−2.07166100	0.00000000

13A C_{2v} CBe₅Au₄

Be	1.63360500	0.21834900	0.00000000
Be	0.94894200	2.20155800	0.00000000
Be	0.00000000	−1.03496500	0.00000000
Be	−1.63360500	0.21834900	0.00000000
Be	−0.94894200	2.20155800	0.00000000
C	0.00000000	0.68150900	0.00000000
Au	−2.03467600	−1.97849000	0.00000000
Au	2.03467600	−1.97849000	0.00000000
Au	3.14294900	1.85628400	0.00000000
Au	−3.14294900	1.85628400	0.00000000

14A D_{5h} CBe₅Au₅⁺

Be	0.00000000	1.73480700	0.00000000
Be	−1.64990000	0.53608500	0.00000000
Be	1.64990000	0.53608500	0.00000000
Be	1.01969400	−1.40348800	0.00000000
Be	−1.01969400	−1.40348800	0.00000000
C	0.00000000	0.00000000	0.00000000

Au	3.20734300	−1.04212900	0.00000000
Au	1.98224700	2.72832900	0.00000000
Au	−1.98224700	2.72832900	0.00000000
Au	−3.20734300	−1.04212900	0.00000000
Au	0.00000000	−3.37240000	0.00000000

15 D_{5h} CBe$_5$Cu$_5$$^+$

C	0.00000000	0.00000000	0.00000000
Be	0.00000000	1.70776900	0.00000000
Be	1.62418500	0.52773000	0.00000000
Be	−1.62418500	0.52773000	0.00000000
Be	−1.00380200	−1.38161400	0.00000000
Be	1.00380200	−1.38161400	0.00000000
Cu	−3.18492700	−1.03484600	0.00000000
Cu	0.00000000	−3.34883100	0.00000000
Cu	3.18492700	−1.03484600	0.00000000
Cu	1.96839300	2.70926100	0.00000000
Cu	−1.96839300	2.70926100	0.00000000

16 D_{5h} CBe$_5$Ag$_5$$^+$

C	0.00000000	0.00000000	0.00000000
Be	0.00000000	1.70878300	0.00000000
Be	1.62514900	0.52804300	0.00000000
Be	−1.62514900	0.52804300	0.00000000
Be	−1.00439700	−1.38243400	0.00000000
Be	1.00439700	−1.38243400	0.00000000
Ag	−3.29816000	−1.07163700	0.00000000
Ag	−2.03837500	2.80558300	0.00000000
Ag	2.03837500	2.80558300	0.00000000
Ag	3.29816000	−1.07163700	0.00000000
Ag	0.00000000	−3.46789100	0.00000000

17A D_{3h} C$_3$Li$_3$$^+$

C	0.00000000	0.81651800	0.00000000
C	0.70712600	−0.40825900	0.00000000
C	−0.70712600	−0.40825900	0.00000000
Li	−1.97631200	1.14102400	0.00000000
Li	1.97631200	1.14102400	0.00000000
Li	0.00000000	−2.28204900	0.00000000

18A D_{3h} Si$_3$Li$_3$$^+$

Si	0.00000000	1.33179000	0.00000000
Si	−1.15346500	−0.66596900	0.00000000
Si	1.15356300	−0.66602600	0.00000000
Li	2.55694700	1.47764400	0.00000000
Li	0.00004000	−2.95314800	0.00000000
Li	−2.55744600	1.47646200	0.00000000

19A D_{3h} Ge$_3$Li$_3$$^+$

Ge	0.00000000	1.42020600	0.00000000
Ge	1.22998700	−0.71002100	0.00000000
Ge	−1.23009300	−0.71023200	0.00000000
Li	2.60528200	1.50402900	0.00000000
Li	−2.60479400	1.50467200	0.00000000
Li	0.00064900	−3.00819800	0.00000000

第 5 章

1 D_{6h} B$_6$C^{2-}

B	0.00000000	1.58678000	0.00000000
B	1.37419200	−0.79339000	0.00000000
B	1.37419200	0.79339000	0.00000000
B	0.00000000	−1.58678000	0.00000000
B	−1.37419200	−0.79339000	0.00000000
B	−1.37419200	0.79339000	0.00000000
C	0.00000000	0.00000000	0.00000000

2 C_{6v} [(B$_6$C)Fe]

Fe	0.00000000	0.00000000	0.86966400
C	0.00000000	0.00000000	−1.07914600
B	0.00000000	1.57111200	−0.53788000
B	1.36062300	−0.78555600	−0.53788000
B	1.36062300	0.78555600	−0.53788000
B	0.00000000	−1.57111200	−0.53788000
B	−1.36062300	−0.78555600	−0.53788000
B	−1.36062300	0.78555600	−0.53788000

3 C_{6v} [(B$_6$C)Mn]$^-$

C	0.00000000	0.00000000	−1.07719000
B	0.00000000	1.57989000	−0.51019500
B	1.36822500	−0.78994500	−0.51019500
B	1.36822500	0.78994500	−0.51019500
B	0.00000000	−1.57989000	−0.51019500
B	−1.36822500	−0.78994500	−0.51019500
B	−1.36822500	0.78994500	−0.51019500
Mn	0.00000000	0.00000000	0.87076000

4 C_{6v} [(B$_6$C)Co]$^+$

C	0.00000000	0.00000000	−1.10682800
B	0.00000000	1.57609800	−0.56880000
B	1.36494100	−0.78804900	−0.56880000
B	1.36494100	0.78804900	−0.56880000
B	0.00000000	−1.57609800	−0.56880000
B	−1.36494100	−0.78804900	−0.56880000
B	−1.36494100	0.78804900	−0.56880000
Co	0.00000000	0.00000000	0.87796200

5 D_{6d} [(B$_6$C)$_2$Fe]$^{2-}$

Fe	0.00000000	0.00000000	0.00000000
C	0.00000000	0.00000000	2.00298500
B	0.00000000	1.57966600	1.61662400
B	−1.36803100	−0.78983300	1.61662400
B	−1.36803100	0.78983300	1.61662400
B	0.00000000	−1.57966600	1.61662400
B	1.36803100	−0.78983300	1.61662400
B	1.36803100	0.78983300	1.61662400
C	0.00000000	0.00000000	−2.00298500
B	−0.78983300	1.36803100	−1.61662400
B	1.57966600	0.00000000	−1.61662400
B	0.78983300	1.36803100	−1.61662400
B	0.78983300	−1.36803100	−1.61662400
B	−0.78983300	−1.36803100	−1.61662400
B	−1.57966600	0.00000000	−1.61662400

6 D_{6h} [(B$_6$C)$_2$Fe]$^{2-}$

Fe	0.00000000	0.00000000	0.00000000
C	0.00000000	0.00000000	2.00551600
B	0.00000000	1.57998800	1.62658900
B	−1.36764200	−0.78973700	1.62417500
B	−1.36764300	0.78974100	1.62417400
B	0.00000000	−1.57998800	1.62658900
B	1.36764300	−0.78974100	1.62417400
B	1.36764200	0.78973700	1.62417500
C	0.00000000	0.00000000	−2.00551600
B	−1.36764300	0.78974100	−1.62417400
B	1.36764200	0.78973700	−1.62417500
B	0.00000000	1.57998800	−1.62658900
B	1.36764300	−0.78974100	−1.62417400
B	0.00000000	−1.57998800	−1.62658900
B	−1.36764200	−0.78973700	−1.62417500

7 D_{6d} [(B$_6$C)$_2$Co]$^-$

Co	0.00000000	0.00000000	0.00000000
C	0.00000000	0.00000000	1.97444800
B	0.00000000	1.58098100	1.62482400
B	−1.36916900	−0.79049000	1.62482400
B	−1.36916900	0.79049000	1.62482400
B	0.00000000	−1.58098100	1.62482400
B	1.36916900	−0.79049000	1.62482400
B	1.36916900	0.79049000	1.62482400
C	0.00000000	0.00000000	−1.97444800
B	−0.79049000	1.36916900	−1.62482400
B	1.58098100	0.00000000	−1.62482400
B	0.79049000	1.36916900	−1.62482400
B	0.79049000	−1.36916900	−1.62482400
B	−0.79049000	−1.36916900	−1.62482400
B	−1.58098100	0.00000000	−1.62482400

8 D_{6d} [(B$_6$C)$_2$Ni]

Ni	0.00000000	0.00000000	0.00000000
C	0.00000000	0.00000000	1.96557100
B	0.00000000	1.58938500	1.66854000
B	−1.37644700	−0.79469200	1.66854000
B	−1.37644700	0.79469200	1.66854000
B	0.00000000	−1.58938500	1.66854000
B	1.37644700	−0.79469200	1.66854000
B	1.37644700	0.79469200	1.66854000
C	0.00000000	0.00000000	−1.96557100
B	−0.79469200	1.37644700	−1.66854000
B	1.58938500	0.00000000	−1.66854000
B	0.79469200	1.37644700	−1.66854000.
B	0.79469200	−1.37644700	−1.66854000
B	−0.79469200	−1.37644700	−1.66854000
B	−1.58938500	0.00000000	−1.66854000

9 D_{6h} B$_6$N$^-$

B	0.00000000	1.58069200	0.00000000
B	1.36891900	−0.79034600	0.00000000
B	1.36891900	0.79034600	0.00000000
B	0.00000000	−1.58069200	0.00000000
B	−1.36891900	−0.79034600	0.00000000
B	−1.36891900	0.79034600	0.00000000
N	0.00000000	0.00000000	0.00000000

10 C_{6v} [(B₆C)(B₆N)Fe]⁻

Fe	0.00000000	0.00000000	−0.06020700
B	0.78975300	1.36789200	1.61160600
B	−1.57950500	0.00000000	1.61160600
B	−0.78975300	1.36789200	1.61160600
B	−0.78975300	−1.36789200	1.61160600
B	0.78975300	−1.36789200	1.61160600
B	1.57950500	0.00000000	1.61160600
B	0.00000000	1.59519800	−1.48695400
B	1.38148200	−0.79759900	−1.48695400
B	1.38148200	0.79759900	−1.48695400
B	0.00000000	−1.59519800	−1.48695400
B	−1.38148200	−0.79759900	−1.48695400
B	−1.38148200	0.79759900	−1.48695400
N	0.00000000	0.00000000	−1.99491300
C	0.00000000	0.00000000	1.96503600

11 D_{6d} [(B₆N)₂Fe]

Fe	0.00000000	0.00000000	0.00000000
B	0.00000000	1.59562100	1.52234400
B	−1.38184800	−0.79781000	1.52234400
B	−1.38184800	0.79781000	1.52234400
B	0.00000000	−1.59562100	1.52234400
B	1.38184800	−0.79781000	1.52234400
B	1.38184800	0.79781000	1.52234400
B	−0.79781000	1.38184800	−1.52234400
B	1.59562100	0.00000000	−1.52234400
B	0.79781000	1.38184800	−1.52234400
B	0.79781000	−1.38184800	−1.52234400
B	−0.79781000	−1.38184800	−1.52234400
B	−1.59562100	0.00000000	−1.52234400
N	0.00000000	0.00000000	1.94342000
N	0.00000000	0.00000000	−1.94342000

12 D_{6d} [(B₆N)₂Mn]⁻

B	0.00000000	1.59327800	1.49946700
B	−1.37981900	−0.79663900	1.49946700
B	−1.37981900	0.79663900	1.49946700
B	0.00000000	−1.59327800	1.49946700
B	1.37981900	−0.79663900	1.49946700
B	1.37981900	0.79663900	1.49946700
B	−0.79663900	1.37981900	−1.49946700
B	1.59327800	0.00000000	−1.49946700
B	0.79663900	1.37981900	−1.49946700
B	0.79663900	−1.37981900	−1.49946700
B	−0.79663900	−1.37981900	−1.49946700
B	−1.59327800	0.00000000	−1.49946700
Mn	0.00000000	0.00000000	0.00000000
N	0.00000000	0.00000000	2.01571700
N	0.00000000	0.00000000	−2.01571700

13 D_{7h} B₇B²⁻

B	0.00000000	1.78172500	0.00000000
B	1.39300800	1.11088700	0.00000000
B	1.73705300	−0.39647100	0.00000000
B	−1.73705300	−0.39647100	0.00000000
B	−1.39300800	1.11088700	0.00000000
B	−0.77306100	−1.60527800	0.00000000
B	0.77306100	−1.60527800	0.00000000
B	0.00000000	0.00000000	0.00000000

14 D_{7d} [(B₇B)₂Fe]²⁻

Fe	0.00000000	0.00000000	0.00000000
B	0.00000000	0.00000000	2.06512400
B	0.00000000	1.76772800	1.65343600
B	−1.38206600	1.10216100	1.65343600
B	−1.72340800	−0.39335700	1.65343600
B	1.72340800	−0.39335700	1.65343600
B	1.38206600	1.10216100	1.65343600
B	0.76698900	−1.59266800	1.65343600
B	−0.76698900	−1.59266800	1.65343600
B	0.00000000	0.00000000	−2.06512400
B	0.00000000	−1.76772800	−1.65343600
B	−1.38206600	−1.10216100	−1.65343600
B	−1.72340800	0.39335700	−1.65343600
B	1.72340800	0.39335700	−1.65343600
B	1.38206600	−1.10216100	−1.65343600
B	0.76698900	1.59266800	−1.65343600
B	−0.76698900	1.59266800	−1.65343600

15 D_{7d} [(B₇B)₂Co]⁻

Co	0.00000000	0.00000000	0.00000000
B	0.00000000	0.00000000	2.03876000
B	0.00000000	1.76897400	1.63633300
B	−1.38304000	1.10293700	1.63633300
B	−1.72462200	−0.39363400	1.63633300
B	1.72462200	−0.39363400	1.63633300

B	1.38304000	1.10293700	1.63633300
B	0.76752900	−1.59379100	1.63633300
B	−0.76752900	−1.59379100	1.63633300
B	0.00000000	0.00000000	−2.03876000
B	0.00000000	−1.76897400	−1.63633300
B	−1.38304000	−1.10293700	−1.63633300
B	−1.72462200	0.39363400	−1.63633300
B	1.72462200	0.39363400	−1.63633300
B	1.38304000	−1.10293700	−1.63633300
B	0.76752900	1.59379100	−1.63633300
B	−0.76752900	1.59379100	−1.63633300

16 D_{7d} [(B$_7$B)$_2$Ni]

Ni	0.00000000	0.00000000	0.00002700
B	0.00000000	−2.02547600	−0.00001100
B	−1.77817000	−1.65489600	−0.00001200
B	−1.10878000	−1.65621400	−1.39035600
B	0.39565500	−1.65562500	−1.73362600
B	0.39565600	−1.65574400	1.73361400
B	−1.10877800	−1.65631500	1.39033200
B	1.60212900	−1.65657400	0.77156000
B	1.60212700	−1.65652300	−0.77157500
B	0.00000000	2.02547600	−0.00001100
B	1.77817000	1.65489600	−0.00001200
B	1.10878000	1.65621400	−1.39035600
B	−0.39565500	1.65562500	−1.73362600
B	−0.39565600	1.65574400	1.73361400
B	1.10877800	1.65631500	1.39033200
B	−1.60212900	1.65657400	0.77156000
B	−1.60212700	1.65652300	−0.77157500

17 C_{6v} [LiB$_6$C]$^-$

C	−0.00032800	0.00028300	0.31537200
B	1.40443100	0.72535200	0.10328600
B	−1.33065400	0.85335600	0.10283600
B	0.07392900	1.57833000	0.10151900
B	−1.40436700	−0.72537300	0.10279700
B	−0.07394100	−1.57853000	0.10158600
B	1.33027700	−0.85341400	0.10333700
Li	0.00119900	−0.00010100	−1.65634700

18 C_{2v} [Li(B$_6$C)$_2$Fe]$^-$

Fe	0.00000000	0.00000000	0.00007000

C	0.00000000	1.99955600	0.09465200
B	1.58971200	1.64242600	0.10785700
B	−0.79986800	1.72226200	−1.25199000
B	0.79986800	1.72226200	−1.25199000
B	−1.58971200	1.64242600	0.10785700
B	−0.78867400	1.58074800	1.45994300
B	0.78867400	1.58074800	1.45994300
C	0.00000000	−1.99955600	0.09465200
B	0.79986800	−1.72226200	−1.25199000
B	0.78867400	−1.58074800	1.45994300
B	1.58971200	−1.64242600	0.10785700
B	−0.78867400	−1.58074800	1.45994300
B	−1.58971200	−1.64242600	0.10785700
B	−0.79986800	−1.72226200	−1.25199000
Li	0.00000000	0.00000000	−2.48461800

19 D_{2h} [Li$_2$(B$_6$C)$_2$Fe]

Fe	0.00000000	0.00000000	0.00000000
C	−1.99916100	0.00000000	0.00000000
B	−1.64329500	0.00000000	1.60370600
B	−1.69294500	1.34466000	−0.79748200
B	−1.69294500	1.34466000	0.79748200
B	−1.64329500	0.00000000	−1.60370600
B	−1.69294500	−1.34466000	−0.79748200
B	−1.69294500	−1.34466000	0.79748200
C	1.99916100	0.00000000	0.00000000
B	1.69294500	1.34466000	0.79748200
B	1.69294500	−1.34466000	0.79748200
B	1.64329500	0.00000000	1.60370600
B	1.69294500	−1.34466000	−0.79748200
B	1.64329500	0.00000000	−1.60370600
B	1.69294500	1.34466000	−0.79748200
Li	0.00000000	2.67627300	0.00000000
Li	0.00000000	−2.67627300	0.00000000

20 C_2 (C$_5$H$_5$)Fe(B$_6$C)Fe(C$_5$H$_5$)

B	0.00000000	0.00000000	−1.58638200
B	−1.34182900	0.34362400	0.81301000
B	−1.34180500	0.34389200	−0.78652200
B	0.00000000	0.00000000	1.61276800
B	1.34182900	−0.34362400	0.81301000
B	1.34180500	−0.34389200	−0.78652200
C	0.00000000	0.00000000	0.01417700

Fe	0.45742900	1.83474600	0.00094200
C	1.07725400	3.39037400	−1.19637900
C	2.02299400	3.16313600	−0.15754900
C	−0.17298100	3.70226600	−0.59243500
H	1.26300200	3.29333300	−2.25327700
C	1.35711700	3.33421400	1.08847300
H	3.04918700	2.86282900	−0.29044200
C	0.00000000	3.66770800	0.81972100
H	−1.09941800	3.88276400	−1.11217500
H	1.79142300	3.18650700	2.06342400
H	−0.77249400	3.81635600	1.55604500
Fe	−0.45742900	−1.83474600	0.00094200
C	−1.07725400	−3.39037400	−1.19637900
C	−2.02299400	−3.16313600	−0.15754900
C	0.17298100	−3.70226600	−0.59243500
H	−1.26300200	−3.29333300	−2.25327700
C	−1.35711700	−3.33421400	1.08847300
H	−3.04918700	−2.86282900	−0.29044200
C	0.00000000	−3.66770800	0.81972100
H	1.09941800	−3.88276400	−1.11217500
H	−1.79142300	−3.18650700	2.06342400
H	0.77249400	−3.81635600	1.55604500

21 C_2 $(C_5H_5)Ru(B_6C)Ru(C_5H_5)$

B	0.00000000	0.00000000	−1.59662000
B	−1.39127500	−0.00654800	0.81366600
B	−1.39176900	−0.00571100	−0.79295400
B	0.00000000	0.00000000	1.61647100
B	1.39127500	0.00654800	0.81366600
B	1.39176900	0.00571100	−0.79295400
C	0.00000000	0.00000000	0.01028600
C	0.16567200	−3.80080700	−1.20968000
C	1.19244500	−3.80859500	−0.21543600
C	−1.09734400	−3.79827500	−0.54021900
H	0.31714000	−3.78382200	−2.27629600
C	0.56409900	−3.81068900	1.06825500
H	2.25377800	−3.79829800	−0.40090000
C	−0.85100200	−3.80468300	0.86766700
H	−2.06513500	−3.77851800	−1.01332600
H	1.06867300	−3.80164500	2.02022900
H	−1.60017200	−3.79079700	1.64185800
C	−0.16567200	3.80080700	−1.20968000
C	−1.19244500	3.80859500	−0.21543600

C	1.09734400	3.79827500	−0.54021900
H	−0.31714000	3.78382200	−2.27629600
C	−0.56409900	3.81068900	1.06825500
H	−2.25377800	3.79829800	−0.40090000
C	0.85100200	3.80468300	0.86766700
H	2.06513500	3.77851800	−1.01332600
H	−1.06867300	3.80164500	2.02022900
H	1.60017200	3.79079700	1.64185800
Ru	0.00000000	2.01136200	0.00047400
Ru	0.00000000	−2.01136200	0.00047400

22 C_2 $(C_5H_5)Os(B_6C)Os(C_5H_5)$

B	0.00000000	0.00000000	−1.59503000
B	−1.39899700	−0.00853000	0.82926200
B	−1.39984700	−0.00674700	−0.78647900
B	0.00000000	0.00000000	1.63630100
B	1.39899700	0.00853000	0.82926200
B	1.39984700	0.00674700	−0.78647900
C	0.00000000	0.00000000	0.02220600
C	0.16515800	−3.80186500	−1.22109600
C	1.19630800	−3.81482100	−0.22487700
C	−1.10114400	−3.80299600	−0.54788900
H	0.31530100	−3.78888500	−2.28770800
C	0.56746900	−3.82376300	1.06339200
H	2.25722800	−3.81257600	−0.41155600
C	−0.85218600	−3.81692800	0.86403400
H	−2.06944000	−3.79057800	−1.01967500
H	1.07311500	−3.82854500	2.01455400
H	−1.60027900	−3.81626300	1.63905100
C	−0.16515800	3.80186500	−1.22109600
C	−1.19630800	3.81482100	−0.22487700
C	1.10114400	3.80299600	−0.54788900
H	−0.31530100	3.78888500	−2.28770800
C	−0.56746900	3.82376300	1.06339200
H	−2.25722800	3.81257600	−0.41155600
C	0.85218600	3.81692800	0.86403400
H	2.06944000	3.79057800	−1.01967500
H	−1.07311500	3.82854500	2.01455400
H	1.60027900	3.81626300	1.63905100
Os	0.00000000	2.00606800	0.00105600
Os	0.00000000	−2.00606800	0.00105600

23 C_2 $(C_6H_6)Mn(B_6C) Mn(C_6H_6)$

B	0.00000000	0.00000000	−1.59853900

B	−1.38460100	−0.00016400	0.79944700	C	3.55557600	0.22291300	−1.77858200
B	−1.38459400	0.00015000	−0.79918800	C	3.61740800	1.36958900	−0.94441000
B	0.00000000	0.00000000	1.59881000	C	3.76156100	1.21914100	0.45969100
B	1.38460100	0.00016400	0.79944700	H	3.88236200	−0.19379200	2.10319100
B	1.38459400	−0.00015000	−0.79918800	H	3.77309100	−2.21156200	0.63534200
Mn	0.00000000	1.92611000	0.00002700	H	3.51860600	−1.94677700	−1.83466300
C	0.10765900	3.48754300	1.40777000	H	3.37359800	0.33580800	−2.83758400
C	1.27314000	3.48748000	0.61061400	H	3.48184200	2.35353700	−1.36964700
C	1.16565900	3.48790000	−0.79723900	H	3.73601700	2.08876400	1.10038700
C	−0.10755500	3.48734800	−1.40792100	C	−3.55584700	−0.11207200	1.78647600
C	−1.27303700	3.48747900	−0.61076500	C	−3.64837200	1.13627300	1.11738100
C	−1.16555600	3.48809300	0.79708900	C	−3.79258200	1.17570700	−0.29397800
H	0.18961700	3.39186200	2.48064900	C	−3.84422400	−0.03317000	−1.03609600
H	2.24330600	3.39138500	1.07583400	C	−3.75156000	−1.28151000	−0.36702600
H	2.05374000	3.39240400	−1.40472700	C	−3.60738000	−1.32095200	1.04434100
H	−0.18952200	3.39152100	−2.48078500	H	−3.37387200	−0.14085400	2.85109800
H	−2.24321000	3.39138600	−1.07597000	H	−3.53612900	2.05567200	1.67367300
H	−2.05364400	3.39275400	1.40459200	H	−3.79018200	2.12504600	−0.80981300
Mn	0.00000000	−1.92611000	0.00002700	H	−3.88130900	−0.00152900	−2.11544300
C	−0.10765900	−3.48754300	1.40777000	H	−3.71768400	−2.19802600	−0.93816900
C	−1.27314000	−3.48748000	0.61061400	H	−3.46430700	−2.26742800	1.54539000
C	−1.16565900	−3.48790000	−0.79723900	Tc	2.02129500	0.03965000	−0.20497500
C	0.10755500	−3.48734800	−1.40792100	Tc	−2.02139800	−0.03956400	0.20467300
C	1.27303700	−3.48747900	−0.61076500	C	−0.00007700	0.00014800	−0.00046500
C	1.16555600	−3.48809300	0.79708900				
H	−0.18961700	−3.39186200	2.48064900				
H	−2.24330600	−3.39138500	1.07583400				
H	−2.05374000	−3.39240400	−1.40472700				
H	0.18952200	−3.39152100	−2.48078500				
H	2.24321000	−3.39138600	−1.07597000				
H	2.05364400	−3.39275400	1.40459200				
C	0.00000000	0.00000000	0.00015900				

25 C_2 (C₆H₆)Re(B₆C)Re(C₆H₆)

B	0.58219200	1.50824000	−0.00583100
B	−1.03154100	−0.47266900	−1.15149300
B	−0.44934700	1.03560000	−1.15752600
B	−0.58237900	−1.50806800	0.00610700
B	0.44933400	−1.03549500	1.15767200
B	1.03162900	0.47273300	1.15156400
C	−3.32303700	−0.23067000	2.18830200
C	−2.41289700	0.26950900	3.16081900
C	−1.95114100	1.61287200	3.07855700
C	−2.39960900	2.45608400	2.02380300
C	−3.30975700	1.95591000	1.05129200
C	−3.77144400	0.61251900	1.13350200
H	−3.61544000	−1.27035900	2.20835800
H	−2.01597500	−0.39126700	3.91757500
H	−1.20450700	1.96941000	3.77302000
H	−1.99260200	3.45122300	1.91940800
H	−3.59220400	2.57218500	0.21029200

24 C_2 (C₆H₆)Tc(B₆C)Tc(C₆H₆)

B	−0.16401300	0.12562900	−1.59509000
B	0.06628800	1.32554600	0.90768200
B	−0.09814600	1.45108200	−0.68695900
B	0.16416600	−0.12534100	1.59417700
B	0.09786400	−1.45081100	0.68608300
B	−0.06591300	−1.32524800	−0.90862700
C	3.84475400	−0.07809300	1.02962500
C	3.78297800	−1.22477900	0.19543800
C	3.63795900	−1.07433300	−1.20857700

H	−4.40349000	0.21143800	0.35471500
C	2.29473300	−2.41555900	−2.18733500
C	1.96092600	−1.43262700	−3.16038000
C	2.52733600	−0.12992600	−3.07915300
C	3.42761600	0.19007900	−2.02477700
C	3.76163700	−0.79293400	−1.05189000
C	3.19529000	−2.09565900	−1.13316100
H	1.80856300	−3.37997600	−2.20666900
H	1.22189400	−1.65250300	−3.91691900
H	2.21713400	0.63677100	−3.77400400
H	3.79925900	1.19902800	−1.92114800
H	4.38642900	−0.52863500	−0.21126800
H	3.39103200	−2.81784700	−0.35406100
C	0.00004900	0.00003600	0.00003800
Re	−1.55414500	0.60450200	1.14403600
Re	1.55417500	−0.60448800	−1.14402900

28 D_{6d} [Nb(C$_6$Li$_6$)$_2$]$^-$

Nb	0.00000000	0.00000000	0.00000000
C	−1.25675100	0.72582900	1.79685400
C	1.25675100	−0.72582900	1.79685400
C	0.00000000	−1.45156900	1.79706700
C	1.25675100	0.72582900	1.79685400
C	0.00000000	1.45156900	1.79706700
C	−1.25675100	−0.72582900	1.79685400
Li	−3.01090500	0.00000000	1.41735700
Li	−1.50408400	2.60689500	1.40924500
Li	1.50408400	−2.60689500	1.40924500
Li	3.01090500	0.00000000	1.41735700
Li	−1.50408400	−2.60689500	1.40924500
Li	1.50408400	2.60689500	1.40924500
C	1.45156900	0.00000000	−1.79706700
C	−1.45156900	0.00000000	−1.79706700
C	−0.72582900	−1.25675100	−1.79685400
C	−0.72582900	1.25675100	−1.79685400
C	0.72582900	1.25675100	−1.79685400
C	0.72582900	−1.25675100	−1.79685400
Li	2.60689500	−1.50408400	−1.40924500
Li	2.60689500	1.50408400	−1.40924500
Li	−2.60689500	−1.50408400	−1.40924500
Li	−2.60689500	1.50408400	−1.40924500
Li	0.00000000	−3.01090500	−1.41735700
Li	0.00000000	3.01090500	−1.41735700

29 D_{6d} [Ta(C$_6$Li$_6$)$_2$]$^-$

C	1.45517200	0.00013500	1.78957400
C	−1.45517200	−0.00013500	1.78957400
C	−0.72752400	1.26020600	1.78935500
C	−0.72740800	−1.26031900	1.78927200
C	0.72752400	−1.26020600	1.78935500
C	0.72740800	1.26031900	1.78927200
Li	2.60965200	1.50703700	1.41482200
Li	2.60958800	−1.50674900	1.41414800
Li	−2.60958800	1.50674900	1.41414800
Li	−2.60965200	−1.50703700	1.41482200
Li	0.00000000	3.01338700	1.41253900
Li	0.00000000	−3.01338700	1.41253900
C	−1.26020600	−0.72752400	−1.78935500
C	1.26020600	0.72752400	−1.78935500
C	−0.00013500	1.45517200	−1.78957400
C	1.26031900	−0.72740800	−1.78927200
C	0.00013500	−1.45517200	−1.78957400
C	−1.26031900	0.72740800	−1.78927200
Li	−3.01338700	0.00000000	−1.41253900
Li	−1.50674900	−2.60958800	−1.41414800
Li	1.50674900	2.60958800	−1.41414800
Li	3.01338700	0.00000000	−1.41253900
Li	−1.50703700	2.60965200	−1.41482200
Li	1.50703700	−2.60965200	−1.41482200
Ta	0.00000000	0.00000000	0.00000000

30 D_{6d} [Mo(C$_6$Li$_6$)$_2$]

Mo	0.00000000	0.00000000	0.00000000
C	−1.25791400	0.72653600	1.70865700
C	1.25791400	−0.72653600	1.70865700
C	0.00000000	−1.45320200	1.70911200
C	1.25791400	0.72653600	1.70865700
C	0.00000000	1.45320200	1.70911200
C	−1.25791400	−0.72653600	1.70865700
Li	−3.04220800	0.00000000	1.44692700
Li	−1.52013300	2.63428500	1.43796700
Li	1.52013300	−2.63428500	1.43796700
Li	3.04220800	0.00000000	1.44692700
Li	−1.52013300	−2.63428500	1.43796700
Li	1.52013300	2.63428500	1.43796700
C	1.45320200	0.00000000	−1.70911200
C	−1.45320200	0.00000000	−1.70911200

C	-0.72653600	-1.25791400	-1.70865700
C	-0.72653600	1.25791400	-1.70865700
C	0.72653600	1.25791400	-1.70865700
C	0.72653600	-1.25791400	-1.70865700
Li	2.63428500	-1.52013300	-1.43796700
Li	2.63428500	1.52013300	-1.43796700
Li	-2.63428500	-1.52013300	-1.43796700
Li	-2.63428500	1.52013300	-1.43796700
Li	0.00000000	-3.04220800	-1.44692700
Li	0.00000000	3.04220800	-1.44692700

31 D_{6d} [W(C$_6$Li$_6$)$_2$]

W	0.00000000	0.00000000	0.00000000
C	1.26161300	-0.72867500	1.70914600
C	-1.26161300	0.72867500	1.70914600
C	0.00000000	1.45748100	1.70947500
C	-1.26161300	-0.72867500	1.70914600
C	0.00000000	-1.45748100	1.70947500
C	1.26161300	0.72867500	1.70914600
Li	3.04623800	0.00000000	1.44674300
Li	1.52215000	-2.63773900	1.43827400
Li	-1.52215000	2.63773900	1.43827400
Li	-3.04623800	0.00000000	1.44674300
Li	1.52215000	2.63773900	1.43827400
Li	-1.52215000	-2.63773900	1.43827400
C	-1.45748100	0.00000000	-1.70947500
C	1.45748100	0.00000000	-1.70947500
C	0.72867500	1.26161300	-1.70914600
C	0.72867500	-1.26161300	-1.70914600
C	-0.72867500	-1.26161300	-1.70914600
C	-0.72867500	1.26161300	-1.70914600
Li	-2.63773900	1.52215000	-1.43827400
Li	-2.63773900	-1.52215000	-1.43827400
Li	2.63773900	1.52215000	-1.43827400
Li	2.63773900	-1.52215000	-1.43827400
Li	0.00000000	3.04623800	-1.44674300
Li	0.00000000	-3.04623800	-1.44674300

32 D_5 Zn$_2$(C$_5$Li$_5$)$_2$

C	-0.89119100	0.86457000	3.13770700
C	-1.09764800	-0.58040600	3.13770700
C	0.21280700	-1.22328000	3.13770700
C	1.22917000	-0.17562200	3.13770700

C	0.54686100	1.11474000	3.13770700
Li	-0.47168600	2.71208900	3.03483600
Li	-2.72510900	0.38948200	3.03483600
Li	-1.21252400	-2.47137600	3.03483600
Li	1.97572800	-1.91687600	3.03483600
Li	2.43359100	1.28668100	3.03483600
C	1.09764800	-0.58040600	-3.13770700
C	-0.21280700	-1.22328000	-3.13770700
C	-1.22917000	-0.17562200	-3.13770700
C	-0.54686100	1.11474000	-3.13770700
C	0.89119100	0.86457000	-3.13770700
Li	2.72510900	0.38948200	-3.03483600
Li	1.21252400	-2.47137600	-3.03483600
Li	-1.97572800	-1.91687600	-3.03483600
Li	-2.43359100	1.28668100	-3.03483600
Li	0.47168600	2.71208900	-3.03483600
Zn	0.00000000	0.00000000	-1.18611200
Zn	0.00000000	0.00000000	1.18611200

33 D_5 Zn$_3$(C$_5$Li$_5$)$_2$

C	-0.87857000	0.87760800	4.37792800
C	-1.10614800	-0.56437400	4.37792800
C	0.19493300	-1.22641000	4.37792800
C	1.22662300	-0.19358900	4.37792800
C	0.56316200	1.10676500	4.37792800
Li	-0.43244500	2.72078000	4.27308200
Li	-2.72124800	0.42948700	4.27308200
Li	-1.24937900	-2.45534200	4.27308200
Li	1.94909000	-1.94697200	4.27308200
Li	2.45398300	1.25204700	4.27308200
C	1.10614800	-0.56437400	-4.37792800
C	-0.19493300	-1.22641000	-4.37792800
C	-1.22662300	-0.19358900	-4.37792800
C	-0.56316200	1.10676500	-4.37792800
C	0.87857000	0.87760800	-4.37792800
Li	2.72124800	0.42948700	-4.27308200
Li	1.24937900	-2.45534200	-4.27308200
Li	-1.94909000	-1.94697200	-4.27308200
Li	-2.45398300	1.25204700	-4.27308200
Li	0.43244500	2.72078000	-4.27308200
Zn	0.00000000	0.00000000	-2.42703300
Zn	0.00000000	0.00000000	2.42703300
Zn	0.00000000	0.00000000	0.00000000

34 D_5 $Zn_4(C_5Li_5)_2$

C	−0.87823300	0.87845100	6.95092200
C	−1.10684500	−0.56379300	6.95092200
C	0.19416500	−1.22689400	6.95092200
C	1.22684600	−0.19446900	6.95092200
C	0.56406700	1.10670600	6.95092200
Li	−0.43095300	2.72298100	6.85577000
Li	−2.72288000	0.43158700	6.85577000
Li	−1.25188000	−2.45624500	6.85577000
Li	1.94917600	−1.94963000	6.85577000
Li	2.45653700	1.25130800	6.85577000
C	1.10684500	−0.56379300	−6.95092200
C	−0.19416500	−1.22689400	−6.95092200
C	−1.22684600	−0.19446900	−6.95092200
C	−0.56406700	1.10670600	−6.95092200
C	0.87823300	0.87845100	−6.95092200
Li	2.72288000	0.43158700	−6.85577000
Li	1.25188000	−2.45624500	−6.85577000
Li	−1.94917600	−1.94963000	−6.85577000
Li	−2.45653700	1.25130800	−6.85577000
Li	0.43095300	2.72298100	−6.85577000
Zn	0.00000000	0.00000000	−5.00498700
Zn	0.00000000	0.00000000	5.00498700
Zn	0.00000000	0.00000000	−2.56789300
Zn	0.00000000	0.00000000	2.56789300
Zn	0.00000000	0.00000000	0.00000000

35 D_5 $Zn_5(C_5Li_5)_2$

C	−0.87823300	0.87845100	6.95092200
C	−1.10684500	−0.56379300	6.95092200
C	0.19416500	−1.22689400	6.95092200
C	1.22684600	−0.19446900	6.95092200
C	0.56406700	1.10670600	6.95092200
Li	−0.43095300	2.72298100	6.85577000
Li	−2.72288000	0.43158700	6.85577000
Li	−1.25188000	−2.45624500	6.85577000
Li	1.94917600	−1.94963000	6.85577000
Li	2.45653700	1.25130800	6.85577000
C	1.10684500	−0.56379300	−6.95092200
C	−0.19416500	−1.22689400	−6.95092200
C	−1.22684600	−0.19446900	−6.95092200
C	−0.56406700	1.10670600	−6.95092200
C	0.87823300	0.87845100	−6.95092200

Li	2.72288000	0.43158700	−6.85577000
Li	1.25188000	−2.45624500	−6.85577000
Li	−1.94917600	−1.94963000	−6.85577000
Li	−2.45653700	1.25130800	−6.85577000
Li	0.43095300	2.72298100	−6.85577000
Zn	0.00000000	0.00000000	−5.00498700
Zn	0.00000000	0.00000000	5.00498700
Zn	0.00000000	0.00000000	−2.56789300
Zn	0.00000000	0.00000000	2.56789300
Zn	0.00000000	0.00000000	0.00000000

36 D_5 $Zn_6(C_5Li_5)_2$

C	−0.87817500	0.87863600	8.25178700
C	−1.10700300	−0.56368000	8.25178700
C	0.19400900	−1.22701000	8.25178700
C	1.22690800	−0.19465300	8.25178700
C	0.56426100	1.10670700	8.25178700
Li	−0.43063300	2.72343000	8.15762100
Li	−2.72320900	0.43203000	8.15762100
Li	−1.25240300	−2.45642100	8.15762100
Li	1.94918100	−1.95018100	8.15762100
Li	2.45706300	1.25114200	8.15762100
C	1.10700300	−0.56368000	−8.25178700
C	−0.19400900	−1.22701000	−8.25178700
C	−1.22690800	−0.19465300	−8.25178700
C	−0.56426100	1.10670700	−8.25178700
C	0.87817500	0.87863600	−8.25178700
Li	2.72320900	0.43203000	−8.15762100
Li	1.25240300	−2.45642100	−8.15762100
Li	−1.94918100	−1.95018100	−8.15762100
Li	−2.45706300	1.25114200	−8.15762100
Li	0.43063300	2.72343000	−8.15762100
Zn	0.00000000	0.00000000	−6.30841200
Zn	0.00000000	0.00000000	6.30841200
Zn	0.00000000	0.00000000	−3.87180500
Zn	0.00000000	0.00000000	3.87180500
Zn	0.00000000	0.00000000	−1.29788500
Zn	0.00000000	0.00000000	1.29788500

37 D_5 $Zn_7(C_5Li_5)_2$

C	−0.87824200	0.87869700	9.55601200
C	−1.10708200	−0.56372600	9.55601200
C	0.19402800	−1.22709900	9.55601200

C	1.22699800	−0.19466300	9.55601200
C	0.56429900	1.10679000	9.55601200
Li	−0.43069700	2.72382700	9.46393400
Li	−2.72360600	0.43209100	9.46393400
Li	−1.25258400	−2.45678000	9.46393400
Li	1.94946700	−1.95046400	9.46393400
Li	2.45742000	1.25132600	9.46393400
C	1.10708200	−0.56372600	−9.55601200
C	−0.19402800	−1.22709900	−9.55601200
C	−1.22699800	−0.19466300	−9.55601200
C	−0.56429900	1.10679000	−9.55601200
C	0.87824200	0.87869700	−9.55601200
Li	2.72360600	0.43209100	−9.46393400
Li	1.25258400	−2.45678000	−9.46393400
Li	−1.94946700	−1.95046400	−9.46393400
Li	−2.45742000	1.25132600	−9.46393400
Li	0.43069700	2.72382700	−9.46393400
Zn	0.00000000	0.00000000	−7.61449800
Zn	0.00000000	0.00000000	7.61449800
Zn	0.00000000	0.00000000	−5.17886500
Zn	0.00000000	0.00000000	5.17886500
Zn	0.00000000	0.00000000	−2.60337500
Zn	0.00000000	0.00000000	2.60337500
Zn	0.00000000	0.00000000	0.00000000

38 D_5 $Zn_8(C_5Li_5)_2$

C	−0.87836800	0.87869600	10.86217700
C	−1.10712000	−0.56384500	10.86217700
C	0.19413000	−1.22717200	10.86217700
C	1.22709900	−0.19458900	10.86217700
C	0.56425900	1.10690900	10.86217700
Li	−0.43095300	2.72411900	10.77156900
Li	−2.72396300	0.43193900	10.77156900
Li	−1.25254900	−2.45716600	10.77156900
Li	1.94984500	−1.95055100	10.77156900
Li	2.45762000	1.25166000	10.77156900
C	1.10712000	−0.56384500	−10.86217700
C	−0.19413000	−1.22717200	−10.86217700
C	−1.22709900	−0.19458900	−10.86217700
C	−0.56425900	1.10690900	−10.86217700
C	0.87836800	0.87869600	−10.86217700
Li	2.72396300	0.43193900	−10.77156900
Li	1.25254900	−2.45716600	−10.77156900

Li	−1.94984500	−1.95055100	−10.77156900
Li	−2.45762000	1.25166000	−10.77156900
Li	0.43095300	2.72411900	−10.77156900
Zn	0.00000000	0.00000000	−8.92219400
Zn	0.00000000	0.00000000	8.92219400
Zn	0.00000000	0.00000000	−6.48754000
Zn	0.00000000	0.00000000	6.48754000
Zn	0.00000000	0.00000000	−3.91178000
Zn	0.00000000	0.00000000	3.91178000
Zn	0.00000000	0.00000000	1.30594900
Zn	0.00000000	0.00000000	−1.30594900

第 6 章

1 C_1 $[C_8H_8]Pd_4[C_9H_9]^+$

C	−2.49690800	−0.59185200	1.61610500
C	−1.67493200	−1.73687800	1.72173200
C	−0.33170500	−2.09881800	2.03491000
C	0.91294000	−1.48942000	2.30606900
C	1.48561400	−0.18676800	2.46127200
C	1.11076000	1.17271500	2.39643800
C	−0.04224100	1.97814700	2.13508700
C	−1.42049100	1.83943400	1.85887700
H	−3.54084300	−0.88136700	1.53879900
H	−2.28245700	−2.63226000	1.65325200
H	−0.27083900	−3.17219900	2.19107100
H	1.64136100	−2.23938000	2.59585700
H	2.49618000	−0.28126600	2.84650600
H	1.92027100	1.80531800	2.74827900
H	0.19679200	3.01955900	2.32141900
H	−1.91843200	2.80317100	1.91735200
H	−3.35509500	1.26593000	1.46661500
Pd	−1.81286400	−0.58158200	−0.46431800
Pd	0.59867600	−1.87925000	0.04479600
Pd	−0.54493700	1.88743000	−0.15774500
Pd	1.84754000	0.57881300	0.36248000
C	1.93166900	1.21537600	−1.76107500
C	0.68479100	1.88718900	−2.02932500
C	−0.62921800	1.47146800	−2.31816000
C	−1.28712700	0.19311200	−2.46810600
C	−0.87419500	−1.15270500	−2.39757200
C	0.38020200	−1.82292600	−2.14441200
C	1.69249100	−1.40352100	−1.85489400

C	2.34296300	−0.12896400	−1.68993400	Pd	0.00000000	1.93667700	0.00000000
H	2.76409500	1.91169300	−1.76117000	Pd	−1.93667700	0.00000000	0.00000000
H	0.83569900	2.95003700	−2.18781400	Pd	0.00000000	−1.93667700	0.00000000
H	−1.26013200	2.28182800	−2.67009100	Pd	1.93667700	0.00000000	0.00000000
H	3.42159000	−0.23814600	−1.64262000				
H	2.41443100	−2.21202400	−1.90487200	**3**	C_s [C$_8$H$_8$]Pd$_4$C[C$_9$H$_9$]$^+$		
H	0.31924500	−2.87872500	−2.38950400	C	−1.19144200	2.54466700	1.33484300
H	−1.61550900	−1.84283900	−2.78758500	C	−0.95026200	2.96116800	0.00000000
H	−2.27350600	0.30943100	−2.90616900	C	−1.19144200	2.54466700	−1.33484300
				C	−1.77699900	1.47328400	−2.03965100
2	D_{4h} [C$_8$H$_8$]Pd$_4$[C$_8$H$_8$]			C	−2.47348800	0.24666800	−1.79538500
C	0.70596600	−1.72497300	2.11701400	C	−2.91109700	−0.54633800	−0.71863600
C	1.72497300	−0.70596600	2.11701400	C	−2.91109700	−0.54633800	0.71863600
C	1.72497300	0.70596600	2.11701400	C	−2.47348800	0.24666800	1.79538500
C	0.70596600	1.72497300	2.11701400	C	−1.77699900	1.47328400	2.03965100
C	−0.70596600	1.72497300	2.11701400	H	−0.90510600	3.33371100	2.02367100
C	−1.72497300	0.70596600	2.11701400	H	−0.49519100	3.94548700	0.00000000
C	−1.72497300	−0.70596600	2.11701400	H	−0.90510600	3.33371100	−2.02367100
C	−0.70596600	−1.72497300	2.11701400	H	−1.77638700	1.68203600	−3.10382700
C	1.72497300	−0.70596600	−2.11701400	H	−2.86425200	−0.13952400	−2.73156500
C	1.72497300	0.70596600	−2.11701400	H	−3.52979600	−1.36191000	−1.07772700
C	0.70596600	1.72497300	−2.11701400	H	−3.52979600	−1.36191000	1.07772700
C	−0.70596600	1.72497300	−2.11701400	H	−2.86425200	−0.13952400	2.73156500
C	−1.72497300	0.70596600	−2.11701400	H	−1.77638700	1.68203600	3.10382700
C	−1.72497300	−0.70596600	−2.11701400	Pd	0.77539900	1.16565600	1.40116600
C	−0.70596600	−1.72497300	−2.11701400	Pd	0.77539900	1.16565600	−1.40116600
C	0.70596600	−1.72497300	−2.11701400	Pd	−0.62951500	−1.25805300	1.40234500
H	−1.12749600	2.70567100	2.31331600	Pd	−0.62951500	−1.25805300	−1.40234500
H	1.12749600	2.70567100	2.31331600	C	1.11299200	−2.64009400	−0.73624700
H	2.70567100	1.12749600	2.31331600	C	1.11299200	−2.64009400	0.73624700
H	2.70567100	−1.12749600	2.31331600	C	1.60696600	−1.78958500	1.71898700
H	1.12749600	−2.70567100	2.31331600	C	2.34425300	−0.51520800	1.71925800
H	−1.12749600	−2.70567100	2.31331600	C	2.83626500	0.33665000	0.73597400
H	−2.70567100	−1.12749600	2.31331600	C	2.83626500	0.33665000	−0.73597400
H	−2.70567100	1.12749600	2.31331600	C	2.34425300	−0.51520800	−1.71925800
H	−2.70567100	1.12749600	−2.31331600	C	1.60696600	−1.78958500	−1.71898700
H	−2.70567100	−1.12749600	−2.31331600	H	0.79263000	−3.60064800	−1.12440100
H	−1.12749600	−2.70567100	−2.31331600	H	0.79263000	−3.60064800	1.12440100
H	1.12749600	−2.70567100	−2.31331600	H	1.58993100	−2.22797400	2.71069700
H	2.70567100	−1.12749600	−2.31331600	H	1.58993100	−2.22797400	−2.71069700
H	2.70567100	1.12749600	−2.31331600	H	2.71769100	−0.28364400	−2.71055500
H	1.12749600	2.70567100	−2.31331600	H	3.51156100	1.09114800	−1.12417100
H	−1.12749600	2.70567100	−2.31331600	H	3.51156100	1.09114800	1.12417100

H	2.71769100	−0.28364400	2.71055500
C	−0.14442000	0.08018300	0.00000000

4 C_s [C$_8$H$_8$]Ni$_4$C[C$_9$H$_9$]$^+$

C	2.36532200	−1.33870800	−1.11132900
C	2.44979400	−0.00019100	−1.58313200
C	2.36537700	1.33841200	−1.11156200
C	2.01594000	2.04397400	0.06039100
C	1.69719100	1.80115300	1.44253700
C	1.47330100	0.72264100	2.32060100
C	1.47327200	−0.72231900	2.32072600
C	1.69712500	−1.80099100	1.44284900
C	2.01587500	−2.04405600	0.06075100
H	2.68068900	−2.02798800	−1.88904700
H	2.77000600	−0.00028800	−2.61938600
H	2.68077300	2.02754700	−1.88939800
H	2.13778800	3.11024000	−0.09697800
H	1.70225100	2.74074100	1.98684200
H	1.35951300	1.08154200	3.33845000
H	1.35945800	−1.08104100	3.33863500
H	1.70214000	−2.74048600	1.98731500
H	2.13766900	−3.11035500	−0.09644500
C	−2.45446400	0.73358600	1.18512900
C	−2.45449900	−0.73338500	1.18520600
C	−2.21742400	−1.72136900	0.22739500
C	−1.85760200	−1.72301700	−1.19382100
C	−1.61275100	−0.73370400	−2.14983900
C	−1.61274000	0.73347100	−2.14992200
C	−1.85756700	1.72290200	−1.19402100
C	−2.21736400	1.72144700	0.22720200
H	−2.86363900	1.12671500	2.11004700
H	−2.86371100	−1.12639700	2.11015700
H	−2.48164800	−2.71705000	0.56852600
H	−2.48154900	2.71718100	0.56820800
H	−1.93582400	2.71771500	−1.61983100
H	−1.54208600	1.12598500	−3.15917800
H	−1.54208700	−1.12633800	−3.15904800
H	−1.93587400	−2.71788400	−1.61950400
C	0.05713200	0.00000100	0.03426100
Ni	−0.39166700	1.27979400	1.24165500
Ni	0.23387300	1.28300400	−1.24073900
Ni	−0.39173700	−1.27961300	1.24182200
Ni	0.23383900	−1.28314600	−1.24059100

5 C_s [C$_8$H$_8$]Pt$_4$C[C$_9$H$_9$]$^+$

C	−1.64677100	−2.21795000	1.34489800
C	−2.12966500	−2.21487600	0.00000000
C	−1.64677100	−2.21795000	−1.34489800
C	−0.42010200	−2.20786100	−2.05511100
C	1.00456400	−2.21717000	−1.80956400
C	1.91733100	−2.21482600	−0.72595400
C	1.91733100	−2.21482600	0.72595400
C	1.00456400	−2.21717000	1.80956400
C	−0.42010200	−2.20786100	2.05511100
H	−2.47116600	−2.40514300	2.02631800
H	−3.20868900	−2.32017100	0.00000000
H	−2.47116600	−2.40514300	−2.02631800
H	−0.60061900	−2.33873200	−3.11595100
H	1.52304700	−2.43200000	−2.73854300
H	2.92319800	−2.41127300	−1.08024300
H	2.92319800	−2.41127300	1.08024300
H	1.52304700	−2.43200000	2.73854300
H	−0.60061900	−2.33873200	3.11595100
C	1.79619400	2.12633800	−0.73959600
C	1.79619400	2.12633800	0.73959600
C	0.79631900	2.14310300	1.73823800
C	−0.68427500	2.16527100	1.74131100
C	−1.68471700	2.17990900	0.74065600
C	−1.68471700	2.17990900	−0.74065600
C	−0.68427500	2.16527100	−1.74131100
C	0.79631900	2.14310300	−1.73823800
H	2.77551400	2.39204700	−1.12064900
H	2.77551400	2.39204700	1.12064900
H	1.18234800	2.42599200	2.71134600
H	1.18234800	2.42599200	−2.71134600
H	−1.05747400	2.46150100	−2.71486800
H	−2.65190900	2.49084600	−1.11966600
H	−2.65190900	2.49084600	1.11966600
H	−1.05747400	2.46150100	2.71486800
C	0.01794100	−0.30720800	0.00000000
Pt	1.43055200	0.03900200	1.45269100
Pt	1.43055200	0.03900200	−1.45269100
Pt	−1.43253500	0.08923100	−1.42212100
Pt	−1.43253500	0.08923100	1.42212100

6 D_{4h} [C$_8$H$_8$]Pd$_4$C[C$_8$H$_8$]

C	0.70068300	−1.73095900	2.27996000

C	1.73095900	−0.70068300	2.27996000
C	1.73095900	0.70068300	2.27996000
C	0.70068300	1.73095900	2.27996000
C	−0.70068300	1.73095900	2.27996000
C	−1.73095900	0.70068300	2.27996000
C	−1.73095900	−0.70068300	2.27996000
C	−0.70068300	−1.73095900	2.27996000
C	1.73095900	−0.70068300	−2.27996000
C	1.73095900	0.70068300	−2.27996000
C	0.70068300	1.73095900	−2.27996000
C	−0.70068300	1.73095900	−2.27996000
C	−1.73095900	0.70068300	−2.27996000
C	−1.73095900	−0.70068300	−2.27996000
C	−0.70068300	−1.73095900	−2.27996000
C	0.70068300	−1.73095900	−2.27996000
H	−1.12423000	2.71104100	2.47003500
H	1.12423000	2.71104100	2.47003500
H	2.71104100	1.12423000	2.47003500
H	2.71104100	−1.12423000	2.47003500
H	1.12423000	−2.71104100	2.47003500
H	−1.12423000	−2.71104100	2.47003500
H	−2.71104100	−1.12423000	2.47003500
H	−2.71104100	1.12423000	2.47003500
H	−2.71104100	1.12423000	−2.47003500
H	−2.71104100	−1.12423000	−2.47003500
H	−1.12423000	−2.71104100	−2.47003500
H	1.12423000	−2.71104100	−2.47003500
H	2.71104100	−1.12423000	−2.47003500
H	2.71104100	1.12423000	−2.47003500
H	1.12423000	2.71104100	−2.47003500
H	−1.12423000	2.71104100	−2.47003500
Pd	0.00000000	1.97925100	0.00000000
Pd	−1.97925100	0.00000000	0.00000000
Pd	0.00000000	−1.97925100	0.00000000
Pd	1.97925100	0.00000000	0.00000000
C	0.00000000	0.00000000	0.00000000

7 D_{4h} [C$_8$H$_8$]Ni$_4$C[C$_8$H$_8$]

C	−1.73458500	−0.70355500	2.04758800
C	−0.70355500	−1.73458500	2.04758800
C	0.70355500	−1.73458500	2.04758800
C	1.73458500	−0.70355500	2.04758800
C	1.73458500	0.70355500	2.04758800

C	0.70355500	1.73458500	2.04758800
C	−0.70355500	1.73458500	2.04758800
C	−1.73458500	0.70355500	2.04758800
C	−0.70355500	−1.73458500	−2.04758800
C	0.70355500	−1.73458500	−2.04758800
C	1.73458500	−0.70355500	−2.04758800
C	1.73458500	0.70355500	−2.04758800
C	0.70355500	1.73458500	−2.04758800
C	−0.70355500	1.73458500	−2.04758800
C	−1.73458500	0.70355500	−2.04758800
C	−1.73458500	−0.70355500	−2.04758800
H	2.71858700	1.12650800	2.22293100
H	2.71858700	−1.12650800	2.22293100
H	1.12650800	−2.71858700	2.22293100
H	−1.12650800	−2.71858700	2.22293100
H	−2.71858700	−1.12650800	2.22293100
H	−2.71858700	1.12650800	2.22293100
H	−1.12650800	2.71858700	2.22293100
H	1.12650800	2.71858700	2.22293100
H	1.12650800	2.71858700	−2.22293100
H	−1.12650800	2.71858700	−2.22293100
H	−2.71858700	1.12650800	−2.22293100
H	−2.71858700	−1.12650800	−2.22293100
H	−1.12650800	−2.71858700	−2.22293100
H	1.12650800	−2.71858700	−2.22293100
H	2.71858700	−1.12650800	−2.22293100
H	2.71858700	1.12650800	−2.22293100
C	0.00000000	0.00000000	0.00000000
Ni	0.00000000	1.80335800	0.00000000
Ni	−1.80335800	0.00000000	0.00000000
Ni	1.80335800	0.00000000	0.00000000
Ni	0.00000000	−1.80335800	0.00000000

8 C_{4v} [C$_8$H$_8$]Pt$_4$C[C$_8$H$_8$]

C	−1.74300700	−0.70676900	2.24169800
C	−0.70676900	−1.74300700	2.24169800
C	0.70676900	−1.74300700	2.24169800
C	1.74300700	−0.70676900	2.24169800
C	1.74300700	0.70676900	2.24169800
C	0.70676900	1.74300700	2.24169800
C	−0.70676900	1.74300700	2.24169800
C	−1.74300700	0.70676900	2.24169800
C	−0.71122500	−1.75265300	−2.13184300

C	0.71122500	−1.75265300	−2.13184300
C	1.75265300	−0.71122500	−2.13184300
C	1.75265300	0.71122500	−2.13184300
C	0.71122500	1.75265300	−2.13184300
C	−0.71122500	1.75265300	−2.13184300
C	−1.75265300	0.71122500	−2.13184300
C	−1.75265300	−0.71122500	−2.13184300
H	2.71247600	1.12769400	2.48383100
H	2.71247600	−1.12769400	2.48383100
H	1.12769400	−2.71247600	2.48383100
H	−1.12769400	−2.71247600	2.48383100
H	−2.71247600	−1.12769400	2.48383100
H	−2.71247600	1.12769400	2.48383100
H	−1.12769400	2.71247600	2.48383100
H	1.12769400	2.71247600	2.48383100
H	1.12872300	2.71200300	−2.41560500
H	−1.12872300	2.71200300	−2.41560500
H	−2.71200300	1.12872300	−2.41560500
H	−2.71200300	−1.12872300	−2.41560500
H	−1.12872300	−2.71200300	−2.41560500
H	1.12872300	−2.71200300	−2.41560500
H	2.71200300	−1.12872300	−2.41560500
H	2.71200300	1.12872300	−2.41560500
C	0.00000000	0.00000000	0.24983200
Pt	0.00000000	2.02312100	−0.02345500
Pt	2.02312100	0.00000000	−0.02345500
Pt	−2.02312100	0.00000000	−0.02345500
Pt	0.00000000	−2.02312100	−0.02345500

9 D_{4h} Ni$_4$(B$_4$N$_4$H$_8$)$_2$

H	2.21726900	2.21726900	2.11590800
H	2.84750700	0.00000000	2.14692200
H	2.21726900	−2.21726900	2.11590800
H	0.00000000	−2.84750700	2.14692200
H	−2.21726900	−2.21726900	2.11590800
H	−2.84750700	0.00000000	2.14692200
H	−2.21726900	2.21726900	2.11590800
H	0.00000000	2.84750700	2.14692200
H	2.21726900	2.21726900	−2.11590800
H	0.00000000	2.84750700	−2.14692200
H	−2.21726900	2.21726900	−2.11590800
H	−2.84750700	0.00000000	−2.14692200
H	−2.21726900	−2.21726900	−2.11590800

H	0.00000000	−2.84750700	−2.14692200
H	2.21726900	−2.21726900	−2.11590800
H	2.84750700	0.00000000	−2.14692200
Ni	0.00000000	1.78798800	0.00000000
Ni	−1.78798800	0.00000000	0.00000000
Ni	1.78798800	0.00000000	0.00000000
Ni	0.00000000	−1.78798800	0.00000000
B	−1.39077900	−1.39077900	1.88244400
B	−1.39077900	1.39077900	1.88244400
B	1.39077900	1.39077900	1.88244400
B	1.39077900	−1.39077900	1.88244400
N	−1.85377300	0.00000000	1.93937400
N	0.00000000	1.85377300	1.93937400
N	1.85377300	0.00000000	1.93937400
N	0.00000000	−1.85377300	1.93937400
N	−1.85377300	0.00000000	−1.93937400
N	0.00000000	−1.85377300	−1.93937400
N	1.85377300	0.00000000	−1.93937400
N	0.00000000	1.85377300	−1.93937400
B	−1.39077900	1.39077900	−1.88244400
B	−1.39077900	−1.39077900	−1.88244400
B	1.39077900	−1.39077900	−1.88244400
B	1.39077900	1.39077900	−1.88244400

10 D_{4h} Ni$_4$C(B$_4$N$_4$H$_8$)$_2$

H	2.22092800	2.22092800	2.21509500
H	2.85401600	0.00000000	2.29632100
H	2.22092800	−2.22092800	2.21509500
H	0.00000000	−2.85401600	2.29632100
H	−2.22092800	−2.22092800	2.21509500
H	−2.85401600	0.00000000	2.29632100
H	−2.22092800	2.22092800	2.21509500
H	0.00000000	2.85401600	2.29632100
H	2.22092800	2.22092800	−2.21509500
H	0.00000000	2.85401600	−2.29632100
H	−2.22092800	2.22092800	−2.21509500
H	−2.85401600	0.00000000	−2.29632100
H	−2.22092800	−2.22092800	−2.21509500
H	0.00000000	−2.85401600	−2.29632100
H	2.22092800	−2.22092800	−2.21509500
H	2.85401600	0.00000000	−2.29632100
Ni	0.00000000	1.79556500	0.00000000
Ni	−1.79556500	0.00000000	0.00000000

Ni	1.79556500	0.00000000	0.00000000
Ni	0.00000000	−1.79556500	0.00000000
B	−1.39029100	−1.39029100	2.01042800
B	−1.39029100	1.39029100	2.01042800
B	1.39029100	1.39029100	2.01042800
B	1.39029100	−1.39029100	2.01042800
N	−1.86875000	0.00000000	2.06180400
N	0.00000000	1.86875000	2.06180400
N	1.86875000	0.00000000	2.06180400
N	0.00000000	−1.86875000	2.06180400
N	−1.86875000	0.00000000	−2.06180400
N	0.00000000	−1.86875000	−2.06180400
N	1.86875000	0.00000000	−2.06180400
N	0.00000000	1.86875000	−2.06180400
B	−1.39029100	1.39029100	−2.01042800
B	−1.39029100	−1.39029100	−2.01042800
B	1.39029100	−1.39029100	−2.01042800
B	1.39029100	1.39029100	−2.01042800
C	0.00000000	0.00000000	0.00000000

11 D_{5h} [(CCu$_5$)(C$_{10}$H$_{10}$)$_2$]$^-$

C	−1.37297600	−1.87468200	2.14776900
C	0.00742100	−2.32321300	2.14768800
C	1.35863200	−1.88454200	2.14754000
C	2.21232200	−0.71032900	2.14706900
C	2.21232200	0.71032900	2.14706900
C	1.35863200	1.88454200	2.14754100
C	0.00742100	2.32321300	2.14768800
C	−1.37297600	1.87468200	2.14776900
C	−2.20825200	0.72570900	2.14808400
C	−2.20825200	−0.72570900	2.14808400
H	−2.00050900	−2.75050700	2.28858300
H	0.00032200	−3.40083100	2.28724100
H	1.99754200	−2.75222000	2.28786500
H	3.23472500	−1.05025000	2.28817600
H	3.23472500	1.05025000	2.28817600
H	1.99754200	2.75222000	2.28786500
H	0.00032200	3.40083100	2.28724100
H	−2.00050900	2.75050700	2.28858300
H	−3.23501300	1.05237300	2.28872400
H	−3.23501300	−1.05237300	2.28872400
C	−2.20825200	0.72570900	−2.14808400
C	−1.37297600	1.87468200	−2.14776900
C	0.00742100	2.32321300	−2.14768800
C	1.35863200	1.88454200	−2.14754100
C	2.21232200	0.71032900	−2.14706900
C	2.21232200	−0.71032900	−2.14706900
C	1.35863200	−1.88454200	−2.14754000
C	0.00742100	−2.32321300	−2.14768800
C	−1.37297600	−1.87468200	−2.14776900
C	−2.20825200	−0.72570900	−2.14808400
H	−3.23501300	1.05237300	−2.28872400
H	−2.00050900	2.75050700	−2.28858300
H	0.00032200	3.40083100	−2.28724100
H	1.99754200	2.75222000	−2.28786500
H	3.23472500	1.05025000	−2.28817600
H	3.23472500	−1.05025000	−2.28817600
H	1.99754200	−2.75222000	−2.28786500
H	0.00032200	−3.40083100	−2.28724100
H	−2.00050900	−2.75050700	−2.28858300
H	−3.23501300	−1.05237300	−2.28872400
C	−0.00006900	0.00000000	0.00000000
Cu	2.09956600	0.00000000	0.00000000
Cu	0.64909200	−1.99324700	0.00000000
Cu	−1.69748500	−1.23170200	0.00000000
Cu	0.64909200	1.99324800	0.00000000
Cu	−1.69748500	1.23170200	0.00000000

12 D_{5h} [(PCu$_5$)(C$_{10}$H$_{10}$)$_2$]

C	1.42982300	1.83955900	2.16556100
C	0.05905100	2.32870800	2.16558400
C	−1.30728900	1.92774600	2.16499600
C	−2.19643800	0.77534200	2.16470400
C	−2.23695100	−0.64806000	2.16469600
C	−1.41498400	−1.84933700	2.16481200
C	−0.07386200	−2.32793400	2.16485100
C	1.32280900	−1.91804700	2.16498900
C	2.19225100	−0.79047800	2.16570600
C	2.23364300	0.66428100	2.16594000
H	2.07764500	2.69283200	2.33961500
H	0.09781300	3.39941800	2.33913100
H	−1.91846800	2.80763200	2.33913100
H	−3.20278400	1.14324500	2.33774000
H	−3.26259900	−0.95800600	2.33796100
H	−2.07547400	−2.69284200	2.33903300
H	−0.09642400	−3.39912100	2.33835800

H	1.92067200	−2.80703600	2.33904700
H	3.20402500	−1.14304500	2.33915800
H	3.26379600	0.95868400	2.33969600
C	2.19225100	−0.79047800	−2.16570600
C	1.32280900	−1.91804700	−2.16498900
C	−0.07386200	−2.32793400	−2.16485100
C	−1.41498400	−1.84933700	−2.16481200
C	−2.23695100	−0.64806000	−2.16469600
C	−2.19643800	0.77534200	−2.16470400
C	−1.30728900	1.92774600	−2.16499600
C	0.05905100	2.32870800	−2.16558400
C	1.42982300	1.83955900	−2.16556100
C	2.23364300	0.66428100	−2.16594000
H	3.20402500	−1.14304500	−2.33915800
H	1.92067200	−2.80703600	−2.33904700
H	−0.09642400	−3.39912100	−2.33835800
H	−2.07547400	−2.69284200	−2.33903300
H	−3.26259900	−0.95800600	−2.33796100
H	−3.20278400	1.14324500	−2.33774000
H	−1.91846800	2.80763200	−2.33913100
H	0.09781300	3.39941800	−2.33913100
H	2.07764500	2.69283200	−2.33961500
H	3.26379600	0.95868400	−2.33969600
P	0.00139700	0.00046000	0.00000000
Cu	−2.29172600	0.06548400	0.00000000
Cu	−0.64681700	2.20062900	0.00000000
Cu	1.89222800	1.29387400	0.00000000
Cu	−0.77225800	−2.16007000	0.00000000
Cu	1.81395200	−1.40101300	0.00000000

第 7 章

1 C_{2v} $B_2Si_2Si^-$

Si	0.00000000	0.81188200	0.00000000
Si	2.31789000	−0.01206700	0.00000000
B	0.77877400	−1.10284800	0.00000000
B	−0.77877400	−1.10284800	0.00000000
Si	−2.31789000	−0.01206700	0.00000000

2 C_{2v} $B_3Si_2Si^-$

Si	0.00000000	0.38140400	0.00000000
B	1.45155000	−1.09040700	0.00000000
B	0.00000000	−1.66928700	0.00000000
B	−1.45155000	−1.09040700	0.00000000

Si	−2.43627100	0.49681600	0.00000000
Si	2.43627100	0.49681600	0.00000000

3 C_{2v} $B_4Si_2Si^-$

B	0.76810000	1.95515100	0.00000000
B	1.87865900	0.85518900	0.00000000
B	−0.76810000	1.95515100	0.00000000
B	−1.87865900	0.85518900	0.00000000
Si	0.00000000	−0.02458600	0.00000000
Si	−2.21196100	−0.99140000	0.00000000
Si	2.21196100	−0.99140000	0.00000000

4 C_{2v} $B_5Si_2Si^-$

B	0.00000000	2.49641000	0.00000000
B	1.98833100	0.40962800	0.00000000
B	1.41236200	1.86787500	0.00000000
B	−1.41236200	1.86787500	0.00000000
B	−1.98833100	0.40962800	0.00000000
Si	0.00000000	0.37831100	0.00000000
Si	1.56691300	−1.44833700	0.00000000
Si	−1.56691300	−1.44833700	0.00000000

5 D_{8h} B_8Si

B	0.00000000	2.03854700	0.00000000
B	1.44147100	−1.44147100	0.00000000
B	2.03854700	0.00000000	0.00000000
B	1.44147100	1.44147100	0.00000000
B	−1.44147100	1.44147100	0.00000000
B	−2.03854700	0.00000000	0.00000000
B	−1.44147100	−1.44147100	0.00000000
B	0.00000000	−2.03854700	0.00000000
Si	0.00000000	0.00000000	0.00000000

6 C_{2v} B_2Si_2Si

Si	0.00000000	0.00000000	0.83486200
Si	0.00000000	2.32164700	−0.01703400
B	0.00000000	0.76376100	−1.12111000
B	0.00000000	−0.76376100	−1.12111000
Si	0.00000000	−2.32164700	−0.01703400

7 C_{2v} B_3Si_2Si

Si	0.00000000	0.40034900	0.00000000
B	1.44209600	−1.11493600	0.00000000
B	0.00000000	−1.68373800	0.00000000

B	−1.44209600	−1.11493600	0.00000000
Si	−2.46189000	0.49868500	0.00000000
Si	2.46189000	0.49868500	0.00000000

8 C_{2v} B$_4$Si$_2$Si

B	0.78258000	−1.91726800	0.00000000
B	1.90161800	−0.85367800	0.00000000
B	−0.78258000	−1.91726800	0.00000000
B	−1.90161800	−0.85367800	0.00000000
Si	0.00000000	0.02887800	0.00000000
Si	−2.30609800	0.97518400	0.00000000
Si	2.30609800	0.97518400	0.00000000

9 C_{2v} B$_5$Si$_2$Si

B	0.00000000	2.48248400	0.00000000
B	2.04070500	0.44654900	0.00000000
B	1.42318700	1.86543100	0.00000000
B	−1.42318700	1.86543100	0.00000000
B	−2.04070500	0.44654900	0.00000000
Si	0.00000000	0.31378100	0.00000000
Si	1.80098400	−1.42589800	0.00000000
Si	−1.80098400	−1.42589800	0.00000000

10 C_{2v} B$_2$Si$_2$C

C	0.00000000	0.00000000	0.14561600
Si	0.00000000	1.86109600	0.40611800
B	0.00000000	0.77711900	−1.22450000
B	0.00000000	−0.77711900	−1.22450000
Si	0.00000000	−1.86109600	0.40611800

11 C_{2v} B$_2$Si$_2$C$^-$

C	0.00000000	0.15853600	0.00000000
Si	1.87830700	0.39229500	0.00000000
B	0.79108900	−1.19354700	0.00000000
B	−0.79108900	−1.19354700	0.00000000
Si	−1.87830700	0.39229500	0.00000000

12 C_{2v} B$_3$Si$_2$C

C	0.00000000	0.23092700	0.00000000
B	1.38081000	1.08479700	0.00000000
B	0.00000000	1.81254400	0.00000000
B	−1.38081000	1.08479700	0.00000000
Si	−1.77149500	−0.76058000	0.00000000

Si	1.77149500	−0.76058000	0.00000000

13 C_{2v} B$_3$Si$_2$C$^-$

C	0.00000000	0.21468800	0.00000000
B	1.39011400	1.05626800	0.00000000
B	0.00000000	1.78120400	0.00000000
B	−1.39011400	1.05626800	0.00000000
Si	−1.80094800	−0.74131500	0.00000000
Si	1.80094800	−0.74131500	0.00000000

14 C_{2v} B$_4$H$_2$Si

Si	0.00000000	0.83644000	0.00000000
B	0.76200800	−1.15158700	0.00000000
B	−0.76200800	−1.15158700	0.00000000
B	1.89443500	−0.10488300	0.00000000
H	2.94228500	0.42727400	0.00000000
B	−1.89443500	−0.10488300	0.00000000
H	−2.94228500	0.42727400	0.00000000

15 C_{2v} B$_5$H$_2$Si$^-$

Si	0.00000000	0.58000800	0.00000000
H	2.83402600	1.41365500	0.00000000
B	2.07072500	0.50932600	0.00000000
B	1.44788600	−0.87402800	0.00000000
B	0.00000000	−1.46008000	0.00000000
B	−1.44788600	−0.87402800	0.00000000
B	−2.07072500	0.50932600	0.00000000
H	−2.83402600	1.41365500	0.00000000

16 C_{2v} B$_6$H$_2$Si$^-$

B	−0.76370700	−1.58573400	0.00000000
B	1.86870100	−0.47420900	0.00000000
B	0.76370700	−1.58573400	0.00000000
B	−1.86870100	−0.47420900	0.00000000
Si	0.00000000	0.41389700	0.00000000
B	−1.94034400	1.04624800	0.00000000
H	−2.30218600	2.17119600	0.00000000
B	1.94034400	1.04624800	0.00000000
H	2.30218600	2.17119600	0.00000000

17 C_s B$_2$CBH$_2$Si

B	0.76365100	−1.16734000	0.00000000
B	−0.79026300	−1.09411100	0.00000000
Si	0.00000000	0.86192900	0.00000000

B	1.97926800	−0.27733500	0.00000000
H	2.97460600	0.34394100	0.00000000
H	−2.65596500	0.42413000	0.00000000
C	−1.68032000	−0.02352500	0.00000000

18 C_s B$_3$CBH$_2$Si$^-$

Si	0.00000000	0.59422000	0.00000000
H	−2.77375000	1.51019300	0.00000000
B	−2.04026600	0.59149900	0.00000000
B	−1.46714900	−0.83475700	0.00000000
B	−0.08532500	−1.48873200	0.00000000
B	1.38858500	−0.92405800	0.00000000
H	2.64139800	1.12220900	0.00000000
C	1.85885500	0.38812700	0.00000000

19 C_s B$_4$CBH$_2$Si$^-$

Si	0.00000000	0.47040700	0.00000000
B	1.86886400	−0.25907100	0.00000000
B	0.87396900	−1.50738600	0.00000000
B	−0.59687200	−1.77189500	0.00000000
B	−1.74058800	−0.71300600	0.00000000
B	1.80746400	1.27133600	0.00000000
H	−2.36356900	1.62458100	0.00000000
H	2.09519000	2.41848100	0.00000000
C	−1.79930100	0.71189100	0.00000000

20 C_{2v} B$_2$C$_2$H$_2$Si

Si	0.00000000	0.86266200	0.00000000
B	0.79392700	−1.14933500	0.00000000
B	−0.79392700	−1.14933500	0.00000000
C	1.68102200	−0.12018900	0.00000000
C	−1.68102200	−0.12018900	0.00000000
H	2.60004600	0.42917500	0.00000000
H	−2.60004600	0.42917500	0.00000000

21 C_{2v} B$_3$C$_2$H$_2$Si$^+$

Si	0.00000000	0.60474400	0.00000000
H	2.59588100	1.21262300	0.00000000
B	1.42207700	−0.88591500	0.00000000
B	0.00000000	−1.54161100	0.00000000
B	−1.42207700	−0.88591500	0.00000000
H	−2.59588100	1.21262300	0.00000000
C	−1.81212300	0.47296200	0.00000000

C	1.81212300	0.47296200	0.00000000

22 C_{2v} B$_4$C$_2$H$_2$Si

Si	0.00000000	0.42055800	0.00000000
B	1.82599400	−0.47262600	0.00000000
B	0.74120700	−1.63027700	0.00000000
B	−0.74120700	−1.63027700	0.00000000
B	−1.82599400	−0.47262600	0.00000000
H	−2.17687100	1.91551700	0.00000000
H	2.17687100	1.91551700	0.00000000
C	−1.72408700	0.94251500	0.00000000
C	1.72408700	0.94251500	0.00000000

23 C_{2h} (B$_3$CSi)$_2$H$_2$

Si	−0.74686700	2.42453200	0.00000000
B	1.22017400	1.65938400	0.00000000
B	1.19731200	3.18562900	0.00000000
C	0.26964500	0.59957600	0.00000000
H	−0.37449400	5.35081400	0.00000000
C	−0.26964500	−0.59957600	0.00000000
Si	0.74686700	−2.42453200	0.00000000
B	−1.22017400	−1.65938400	0.00000000
B	−1.19731200	−3.18562900	0.00000000
H	0.37449400	−5.35081400	0.00000000
B	0.26964500	4.36930500	0.00000000
B	−0.26964500	−4.36930500	0.00000000

24 C_{2h} (B$_3$C$_2$Si)$_2$H$_2$

Si	−0.31915700	2.36415300	0.00000000
B	1.48667300	1.49515200	0.00000000
B	1.62289400	2.99787000	0.00000000
B	0.55643800	4.15724600	0.00000000
C	−0.86845700	4.09867200	0.00000000
C	0.31915700	0.59358600	0.00000000
H	−1.83604400	4.56121800	0.00000000
C	−0.31915700	−0.59358600	0.00000000
Si	0.31915700	−2.36415300	0.00000000
B	−1.48667300	−1.49515200	0.00000000
B	−0.55643800	−4.15724600	0.00000000
B	−1.62289400	−2.99787000	0.00000000
C	0.86845700	−4.09867200	0.00000000
H	1.83604400	−4.56121800	0.00000000

25 $C_s(B_3C_2Si)(B_3C_2C)H_2$

Si	−1.64275300	1.07436000	0.00000000
B	0.27865100	1.65252100	0.00000000
B	−0.63577500	2.85576800	0.00000000
B	−2.20396400	2.98554700	0.00000000
C	−3.21579600	1.97678800	0.00000000
C	0.00000000	0.20251500	0.00000000
H	−4.24371200	1.67063800	0.00000000
C	0.36685900	−1.10056000	0.00000000
B	0.30281700	−2.55341400	0.00000000
B	3.02385400	−2.67246300	0.00000000
B	1.59317900	−3.33408200	0.00000000
C	3.10169400	−1.25988800	0.00000000
H	3.54208700	−0.28415100	0.00000000
C	1.73163600	−1.66833300	0.00000000

26 $C_s(B_4CSi)_2H_2$

Si	1.70889200	1.85281500	0.00000000
B	−0.32607200	2.14166600	0.00000000
B	0.41165000	3.47077500	0.00000000
B	1.93183400	3.89820600	0.00000000
C	3.09019800	3.12456700	0.00000000
H	4.15359200	2.98304600	0.00000000
B	0.00000000	0.62947400	0.00000000
C	−0.10482500	−0.84673800	0.00000000
Si	−1.72724100	−1.87770900	0.00000000
B	0.29736800	−2.19311000	0.00000000
B	−0.49025900	−3.55202300	0.00000000
B	−1.97407500	−3.91416700	0.00000000
B	−3.31902400	−3.16003400	0.00000000
H	−4.46606900	−2.90542500	0.00000000

27 $C_{2h}(B_4CSi)_2H_2$

Si	1.49019200	−1.92248500	0.00000000
B	−0.57088900	−1.97892100	0.00000000
B	0.06005000	−3.40844000	0.00000000
B	1.49019200	−3.96513700	0.00000000
H	4.08722300	−3.27101700	0.00000000
C	−0.00085900	0.69383500	0.00000000
Si	−1.49019200	1.92248500	0.00000000
B	0.57088900	1.97892100	0.00000000
B	−0.06005000	3.40844000	0.00000000
B	−1.49019200	3.96513700	0.00000000

B	−2.91883100	3.39498100	0.00000000
H	−4.08722300	3.27101700	0.00000000
C	0.00085900	−0.69383500	0.00000000
B	2.91883100	−3.39498100	0.00000000

28 $C_{2h}(B_5CSi)_2H_2$

Si	1.55954000	−1.83194100	0.00000000
B	−0.52897100	−2.00830900	0.00000000
B	0.10950400	−3.40009800	0.00000000
B	1.55954000	−3.89215400	0.00000000
C	−0.00027400	0.67584200	0.00000000
Si	−1.55954000	1.83194100	0.00000000
B	0.52897100	2.00830900	0.00000000
B	−0.10950400	3.40009800	0.00000000
B	−1.55954000	3.89215400	0.00000000
B	−3.00743600	3.25287900	0.00000000
C	0.00027400	−0.67584200	0.00000000
B	3.00743600	−3.25287900	0.00000000
B	3.60013700	−1.84923000	0.00000000
H	4.31484300	−0.91592700	0.00000000
B	−3.60013700	1.84923000	0.00000000
H	−4.31484300	0.91592700	0.00000000

29 $C_{2h}(B_4CSiSi)_2H_2$

Si	−0.00062300	1.54625400	0.00000000
B	−1.41202200	2.99334200	0.00000000
B	0.00062300	3.61566200	0.00000000
B	1.42323100	2.98836100	0.00000000
Si	0.00062300	−1.54625400	0.00000000
B	1.99877100	−1.53966400	0.00000000
B	1.41202200	−2.99334200	0.00000000
B	−0.00062300	−3.61566200	0.00000000
B	−1.42323100	−2.98836100	0.00000000
B	−1.99877100	1.53966400	0.00000000
Si	−2.85574500	−0.15144500	0.00000000
Si	2.85574500	0.15144500	0.00000000
H	−4.31724000	−0.35816700	0.00000000
H	4.31724000	0.35816700	0.00000000
C	−1.87550800	−1.62880700	0.00000000
C	1.87550800	1.62880700	0.00000000

30 $D_{2h}(B_6SiSi)_2H_2$

Si	2.35407100	0.00000000	0.00000000

B	3.25810300	1.89205700	0.00000000
B	4.32853100	0.76533600	0.00000000
B	4.32853100	−0.76533600	0.00000000
Si	−2.35407100	0.00000000	0.00000000
B	−3.25810300	−1.89205700	0.00000000
B	−4.32853100	−0.76533600	0.00000000
B	−4.32853100	0.76533600	0.00000000
B	−3.25810300	1.89205700	0.00000000
B	3.25810300	−1.89205700	0.00000000
B	1.72713400	−1.98004600	0.00000000
B	−1.72713400	1.98004600	0.00000000
B	1.72713400	1.98004600	0.00000000
B	−1.72713400	−1.98004600	0.00000000
Si	0.00000000	2.76286700	0.00000000
Si	0.00000000	−2.76286700	0.00000000
H	0.00000000	4.24566000	0.00000000
H	0.00000000	−4.24566000	0.00000000

31 C_{8v} Al©B$_8^-$

B	0.00000000	2.04908600	−0.12418700
B	−1.44892200	−1.44892200	−0.12418700
B	−2.04908600	0.00000000	−0.12418700
B	−1.44892200	1.44892200	−0.12418700
B	1.44892200	1.44892200	−0.12418700
B	2.04908600	0.00000000	−0.12418700
B	1.44892200	−1.44892200	−0.12418700
B	0.00000000	−2.04908600	−0.12418700
Al	0.00000000	0.00000000	0.38211500

32 C_{8v} Ga©B$_8^-$

B	0.00000000	2.05444700	−0.27196400
B	−1.45271300	−1.45271300	−0.27196400
B	−2.05444700	0.00000000	−0.27196400
B	−1.45271300	1.45271300	−0.27196400
B	1.45271300	1.45271300	−0.27196400
B	2.05444700	0.00000000	−0.27196400
B	1.45271300	−1.45271300	−0.27196400
B	0.00000000	−2.05444700	−0.27196400
Ga	0.00000000	0.00000000	0.35092100

33 D_{9h} Al©B$_9$

B	0.00000000	2.25157700	0.00000000
B	1.44728600	1.72480800	0.00000000
B	−1.44728600	1.72480800	0.00000000

B	−2.21737000	0.39098200	0.00000000
B	−1.94992300	−1.12578800	0.00000000
B	−0.77008500	−2.11579000	0.00000000
B	0.77008500	−2.11579000	0.00000000
B	1.94992300	−1.12578800	0.00000000
B	2.21737000	0.39098200	0.00000000
Al	0.00000000	0.00000000	0.00000000

34 D_{9h} Ga©B$_9$

B	1.45431700	−1.73231400	0.00000000
B	2.22887200	−0.39246600	0.00000000
B	0.00000000	−2.26254600	0.00000000
B	−1.45431700	−1.73231400	0.00000000
B	−2.22887200	−0.39246600	0.00000000
B	−1.95887900	1.13144800	0.00000000
B	−0.77358200	2.12634500	0.00000000
B	0.77358200	2.12634500	0.00000000
B	1.95887900	1.13144800	0.00000000
Ga	0.00000000	−0.00056100	0.00000000

35 D_{9h} Au©B$_9^{2-}$

B	0.00000000	2.30561500	0.00000000
B	1.48202000	1.76620300	0.00000000
B	−1.48202000	1.76620300	0.00000000
B	−2.27058700	0.40036600	0.00000000
B	−1.99672100	−1.15280700	0.00000000
B	−0.78856700	−2.16656900	0.00000000
B	0.78856700	−2.16656900	0.00000000
B	1.99672100	−1.15280700	0.00000000
B	2.27058700	0.40036600	0.00000000
Au	0.00000000	0.00000000	0.00000000

36 D_{9h} Au©B$_9$

B	0.00000000	−2.29886600	0.00000000
B	−1.47768300	−1.76103300	0.00000000
B	1.47768300	−1.76103300	0.00000000
B	2.26394100	−0.39919400	0.00000000
B	1.99087600	1.14943300	0.00000000
B	0.78625800	2.16022700	0.00000000
B	−0.78625800	2.16022700	0.00000000
B	−1.99087600	1.14943300	0.00000000
B	−2.26394100	−0.39919400	0.00000000
Au	0.00000000	0.00000000	0.00000000

37 D_{10h} Au©B_{10}^{-}

B	0.76842800	−2.36559000	0.00000000
B	−0.76863900	−2.36575000	0.00000000
B	−2.01210700	−1.46217900	0.00000000
B	−2.48744500	−0.00045400	0.00000000
B	2.01213800	−1.46239500	0.00000000
B	2.48684700	−0.00044200	0.00000000
B	2.01186100	1.46142800	0.00000000
B	0.76842800	2.36504000	0.00000000
B	−0.76864000	2.36482600	0.00000000
B	−2.01214500	1.46131400	0.00000000
Au	0.00008100	0.00026600	0.00000000

38 D_{9h} Ag©B_{9}^{2-}

B	0.00000000	2.30124400	0.00000000
B	1.47921100	1.76285500	0.00000000
B	−1.47921100	1.76285500	0.00000000
B	−2.26628300	0.39960700	0.00000000
B	−1.99293600	−1.15062200	0.00000000
B	−0.78707200	−2.16246200	0.00000000
B	0.78707200	−2.16246200	0.00000000
B	1.99293600	−1.15062200	0.00000000
B	2.26628300	0.39960700	0.00000000
Ag	0.00000000	0.00000000	0.00000000

39 C_{9v} Ag©B_{9}

B	0.00000000	2.28410000	−0.28002400
B	−1.46819100	1.74972200	−0.28002400
B	1.46819100	1.74972200	−0.28002400
B	2.24939900	0.39663000	−0.28002400
B	1.97808800	−1.14205000	−0.28002400
B	0.78120800	−2.14635200	−0.28002400
B	−0.78120800	−2.14635200	−0.28002400
B	−1.97808800	−1.14205000	−0.28002400
B	−2.24939900	0.39663000	−0.28002400
Ag	0.00000000	0.00000000	0.26810800

40 D_{10h} Ag©B_{10}^{-}

B	−1.42414200	−2.04229000	0.00000000
B	0.04812000	−2.48951600	0.00000000
B	1.50201000	−1.98573900	0.00000000
B	2.38244400	−0.72384700	0.00000000
B	−2.35266600	−0.81535500	0.00000000
B	−2.38221500	0.72306900	0.00000000
B	−1.50204000	1.98519300	0.00000000
B	−0.04812400	2.48903400	0.00000000
B	1.42416800	2.04174700	0.00000000
B	2.35244500	0.81456900	0.00000000
Ag	0.00000000	0.00033300	0.00000000

41 D_{10h} Cd©B_{10}

B	0.00000000	2.50468800	0.00000000
B	1.47221900	2.02633500	0.00000000
B	2.38210000	0.77399100	0.00000000
B	2.38210000	−0.77399100	0.00000000
B	−1.47221900	2.02633500	0.00000000
B	−2.38210000	0.77399100	0.00000000
B	−2.38210000	−0.77399100	0.00000000
B	−1.47221900	−2.02633500	0.00000000
B	0.00000000	−2.50468800	0.00000000
B	1.47221900	−2.02633500	0.00000000
Cd	0.00000000	0.00000000	0.00000000

42 D_{10h} Hg©B_{10}

B	0.00000000	2.50679400	0.00000000
B	1.47345600	2.02803900	0.00000000
B	2.38410200	0.77464200	0.00000000
B	2.38410200	−0.77464200	0.00000000
B	−1.47345600	2.02803900	0.00000000
B	−2.38410200	0.77464200	0.00000000
B	−2.38410200	−0.77464200	0.00000000
B	−1.47345600	−2.02803900	0.00000000
B	0.00000000	−2.50679400	0.00000000
B	1.47345600	−2.02803900	0.00000000
Hg	0.00000000	0.00000000	0.00000000

43 D_{10h} In©B_{10}^{+}

B	0.00000000	2.51386700	0.00000000
B	1.47761400	2.03376100	0.00000000
B	2.39083000	0.77682800	0.00000000
B	2.39083000	−0.77682800	0.00000000
B	−1.47761400	2.03376100	0.00000000
B	−2.39083000	0.77682800	0.00000000
B	−2.39083000	−0.77682800	0.00000000
B	−1.47761400	−2.03376100	0.00000000
B	0.00000000	−2.51386700	0.00000000

B	1.47761400	−2.03376100	0.00000000
In	0.00000000	0.00000000	0.00000000

44 D_{10h} Tl©B$_{10}^+$

B	0.00000000	2.52862000	0.00000000
B	1.48628500	2.04569600	0.00000000
B	2.40486000	0.78138600	0.00000000
B	2.40486000	−0.78138600	0.00000000
B	−1.48628500	2.04569600	0.00000000
B	−2.40486000	0.78138600	0.00000000
B	−2.40486000	−0.78138600	0.00000000
B	−1.48628500	−2.04569600	0.00000000
B	0.00000000	−2.52862000	0.00000000
B	1.48628500	−2.04569600	0.00000000
Tl	0.00000000	0.00000000	0.00000000